腾讯游戏开发精粹

腾讯游戏 编著

电子工业出版社
Publishing House of Electronics Industry
北京·BEIJING

内 容 简 介

《腾讯游戏开发精粹》是腾讯游戏研发团队的技术结晶，由 10 多名腾讯游戏资深技术专家撰写而成，整理了团队在自主游戏研发的道路上积累沉淀的技术方案，具有较强的通用性及时效性，内容涵盖游戏脚本系统及开发工具、数学和物理、计算机图形、人工智能与后台架构等。

未经许可，不得以任何方式复制或抄袭本书之部分或全部内容。
版权所有，侵权必究。

图书在版编目（CIP）数据

腾讯游戏开发精粹/腾讯游戏编著. —北京：电子工业出版社，2019.9
ISBN 978-7-121-36602-4

Ⅰ. ①腾… Ⅱ. ①腾… Ⅲ. ①游戏程序－程序设计－文集 Ⅳ. ①TP317.6-53

中国版本图书馆 CIP 数据核字（2019）第 096804 号

责任编辑：张春雨
印　　刷：山东华立印务有限公司
装　　订：山东华立印务有限公司
出版发行：电子工业出版社
　　　　　北京市海淀区万寿路 173 信箱　邮编：100036
开　　本：787×980　1/16　印张：18.25　字数：419 千字
版　　次：2019 年 9 月第 1 版
印　　次：2021 年 11 月第 4 次印刷
定　　价：79.00 元

凡所购买电子工业出版社图书有缺损问题，请向购买书店调换。若书店售缺，请与本社发行部联系，联系及邮购电话：（010）88254888，88258888。
质量投诉请发邮件至 zlts@phei.com.cn，盗版侵权举报请发邮件至 dbqq@phei.com.cn。
本书咨询联系方式：tencentgamesgems@tencent.com。

编委会

顾　问：崔晓春　夏　琳　马冰冰
主　编：叶劲峰
编　委：郭　智　刘安健　匡西尼
　　　　安柏霖　王杨军　沙　鹰
审　校：董　磊　刘　雅　陈若毅

推荐序

前不久，一位高中生物老师，也是我小孩同班同学的妈妈，主动问我这几年新开设的游戏设计和电子竞技专业是否值得报考，她的孩子对制作游戏非常有兴趣。听到这个咨询，我长舒了一口气：游戏正逐渐被越来越多的人认可。

我们知道，电子游戏是"第九艺术"，是各种艺术和技术能力的集大成者。记得在10多年前，我参与开发腾讯第一款自研游戏《QQ幻想》的时候，随着项目的进展，我深深体会到，开发出一款高质量的MMORPG游戏需要很强的、综合的技术能力。比如一些技术细节：如何在最大限度限制瞬移外挂的情况下，处理弱网络环境下角色的移动拉扯和同步？怎样高效地实现基于决策树的各种NPC的AI，使得NPC的行为更贴近自然和有趣？游戏内经济系统的平衡，各种角色之间能力的平衡，还有上百万用户同时在线时的稳定性、热更新、热切换……诸如此类，在当时的技术背景下，是颇为严峻的挑战。

我们也知道，知识只有分享才更有价值。站在巨人的肩膀上，会看得更远；有了前辈的经验加持，也会成长得更快。《腾讯游戏开发精粹》这本书汇集了腾讯游戏在游戏开发中的部分精华，从客户端到服务器端，从物理引擎到工具链，从图形学到AI，各领域均有被验证过的解决方案呈现。腾讯是一家具有高度社会责任感的企业，它愿意将这些能力和经验无私奉献给大家，为行业的发展贡献自己的一点力量。互相学习，一起进步，是我们的希望。

我们还知道，电子游戏的特征之一是互动，在饭桌、在房间、在地铁……我们都可以看到各种玩游戏情景的开心愉快，它已经融入我们的日常生活之中。娱乐是人的天性，但让生活更美好，是我们每一个游戏从业者的使命。从虚拟世界到现实生活，再从现实生活到虚拟世界，用技术的手段来改变生活，未来就靠你了！

崔晓春

腾讯互动娱乐 公共研发运营体系负责人

编者序

游戏开发对于一般软件开发者来说，总像蒙上了一层神秘面纱。这可能是由多个原因造成的。首先，游戏开发的技术范畴比较广，一些技术如计算机图形学、物理模拟、实时网络同步等比较少应用在一般软件开发中。其次，游戏开发属于创意工业，对各类型游戏的需求有很多区别，不少技术没有形成标准，各家的技术方案、工作流程等也会有不少差异。最后，公司之间甚至公司之内也可能有技术壁垒，影响知识和技术的流通。这些情况不利于有兴趣的朋友进入此行业，从业者的进步也会受限，长远影响行业的发展，难以面对全球的激烈竞争。

编者在 20 世纪 90 年代的香港，互联网未普及之前，只能通过 BBS 收集一些国外"漂流"过来的游戏开发技术文档，例如《德军总部 3D》的三维室内场景渲染及纹理贴图技术、如何使用非标准的 Mode X 去做 VGA 256 色双缓冲区渲染等。在那个资讯匮乏的年代，每次遇到新技术的解密文档，编者都兴奋得如获至宝。

而在国内做游戏开发的"老鸟"，大概都会翻过千禧年代的《游戏编程精粹（*Game Programming Gems*）》系列丛书。这套丛书影响了一整代的开发者，让我们能一窥世界各地游戏开发者的各种秘技，解决在游戏开发中遇到的各种共同问题，同时可以激发灵感，研发比书中更好的解决方案。

进入互联网信息爆炸的年代，我们能在网上接触无数的博客、问答等信息，可以更快速地知悉各种新技术。但同时，网上信息相对于传统出版来说，通常较为零散，品质参差不齐。从业者也基于保密原因，不会随便公开一些游戏开发中使用到的新技术。

本书受《游戏编程精粹》系列丛书的启发，希望鼓励腾讯游戏的工程师与业界同行分享一些实际应用在游戏里的技术，与行业共享。通过内部审核及编辑等机制，尽量筛选可对外公开、高品质的文章，也保证技术具有一定的通用性及时效性。对国内业界而言，希望这本书能成为一小步，促进更开放的未来，提升整体技术水平。

本书从提案到出版长达一年半的时间，除了依靠各位作者在忙碌的开发任务中抽空撰文，还必须感谢腾讯游戏学院院长夏琳女士的大力支持，也要感谢腾讯游戏学院的董磊、刘雅和陈若毅使项目成功推进。我也衷心感谢本书的编委郭智、刘安健、匡西尼、安柏霖、王杨军和沙鹰（排名不分先后），他们都是腾讯游戏各个部门的技术专家，悉心为文章的内容把关。也非常感谢电子工业出版社的张春雨和葛娜协助出版事宜。

最后，希望本书能对读者有所帮助，如有任何意见请不吝通过邮件反馈给我们：tencentgamesgems@tencent.com，期望在续篇再见。

叶劲峰
《腾讯游戏开发精粹》主编
腾讯互动娱乐 魔方工作室群技术总监

目 录

第一部分 游戏数学

第 1 章 基于 SDF 的摇杆移动 ·· 2
    摘要 ·· 2
    1.1 引言 ·· 3
    1.2 有号距离场（SDF） ·· 3
    1.3 利用栅格数据预计算 SDF ···································· 4
    1.4 SDF 的碰撞检测与碰撞响应 ·································· 5
    1.5 避免往返 ·· 8
    1.6 利用多边形数据预计算 SDF ·································· 9
    1.7 其他需求 ·· 10
        1.7.1 如何将角色从障碍区域中移出 ······················· 10
        1.7.2 角色不能越过障碍物的远距离移动 ··················· 11
    1.8 动态障碍物 ·· 12
    1.9 AI 寻路 ·· 14
    1.10 动态地图 ··· 14
    1.11 总结 ··· 17
    参考文献 ·· 17

第 2 章 高性能的定点数实现方案 ··································· 18
    摘要 ·· 18
    2.1 引言 ·· 18
        2.1.1 浮点数简介 ··· 18
        2.1.2 32 位浮点数（单精度）表示原理 ····················· 19
    2.2 基于整数的二进制表示的定点数原理 ······················· 19

	2.2.1 32位定点数表示原理	19
	2.2.2 64位定点数表示原理	20
2.3	定点数的四则运算	21
	2.3.1 加法与减法	22
	2.3.2 乘法	22
	2.3.3 除法	23
2.4	定点数开方与超越函数实现方法	23
	2.4.1 多项式拟合	24
	2.4.2 正弦/余弦函数	25
	2.4.3 指数函数	26
	2.4.4 对数函数	27
	2.4.5 开方运算	27
	2.4.6 开方求倒数	28
	2.4.7 为什么不用查表法	30
2.5	定点数的误差对比与性能测试	30
	2.5.1 超越函数及开方的误差测试	30
	2.5.2 性能测试	30
2.6	总结	31
参考文献		31

第二部分　游戏物理

第3章　一种高效的弧长参数化路径系统 …… 34

摘要 …… 34

3.1 引言 …… 34

3.2 端点间二次样条的构建 …… 35

3.3 路径的构建 …… 38

3.4 曲线的弧长参数化 …… 39

3.5 曲线上的简单运动 …… 42

　　3.5.1 跑动 …… 42

　　3.5.2 跳跃 …… 43

目录

- 3.5.3 相邻路径的切换 ... 44
- 3.5.4 曲线上的旋转插值 ... 45
- 3.6 总结 ... 46
- 参考文献 ... 46

第4章 船的物理模拟及同步设计 ... 47
- 摘要 ... 47
- 4.1 浮力系统 ... 48
  - 4.1.1 浮力 ... 48
  - 4.1.2 升力 ... 52
  - 4.1.3 拉力 ... 52
  - 4.1.4 拍击力 ... 53
  - 4.1.5 阻力上限 ... 54
- 4.2 引擎系统 ... 55
  - 4.2.1 移动、转向模拟 ... 55
  - 4.2.2 向心力计算 ... 56
- 4.3 Entity-Component 及同步概览 ... 56
- 4.4 浮力系统物理更新机制 ... 57
- 4.5 总结 ... 59
- 参考文献 ... 59

第5章 3D游戏碰撞之体素内存、效率优化 ... 60
- 摘要 ... 60
- 5.1 背景介绍 ... 60
- 5.2 体素生成 ... 62
- 5.3 体素内存优化 ... 62
  - 5.3.1 体素合并的原理 ... 62
  - 5.3.2 体素合并的算法 ... 64
  - 5.3.3 地面处理 ... 65
  - 5.3.4 水的处理 ... 66
  - 5.3.5 范围控制 ... 67
  - 5.3.6 内存自管理 ... 67

  5.3.7 体素内存优化算法的效果 ... 68
  5.3.8 体素效率优化 ... 69
 5.4 NavMesh 生成 ... 69
  5.4.1 体素生成 NavMesh ... 69
  5.4.2 获取地面高度 ... 70
  5.4.3 后台阻挡图 ... 71
  5.4.4 前台优先级 NavMesh ... 71
  5.4.5 锯齿 ... 72
 5.5 行走、轻功、摄像机碰撞 ... 73
  5.5.1 行走 ... 73
  5.5.2 轻功 ... 75
  5.5.3 摄像机碰撞 ... 75
参考文献 ... 76

第三部分 计算机图形

第 6 章 移动端体育类写实模型优化 ... 78

摘要 ... 78
 6.1 引言 ... 79
 6.2 方案设计思路 ... 79
  6.2.1 角色统一与差异元素分析 ... 79
  6.2.2 角色表现=人体+服饰 ... 80
  6.2.3 角色资源整理 ... 83
  6.2.4 资源制作与实现 ... 84
 6.3 具体实现 ... 92
  6.3.1 实现流程 ... 92
  6.3.2 CPU 逻辑 ... 93
  6.3.3 GPU 渲染 ... 97
 6.4 效果收益、性能分析和结语 ... 97
  6.4.1 方案优劣势 ... 98
  6.4.2 方案补充 ... 99

6.4.3 应用场景 99

参考文献 100

第 7 章 大规模 3D 模型数据的优化压缩与精细渐进加载 101

摘要 101

7.1 引言 102

7.2 顶点数据优化 102

 7.2.1 顶点数据合并去重 103

 7.2.2 索引数据合并 104

 7.2.3 顶点数据排序 104

 7.2.4 子网格的拆分与合并 105

 7.2.5 顶点数据编码压缩 105

7.3 有利于渐进加载的数据组织方式 112

7.4 总结 113

参考文献 114

第四部分 人工智能及后台架构

第 8 章 游戏 AI 开发框架组件 behaviac 和元编程 116

摘要 116

8.1 behaviac 的工作原理 117

 8.1.1 类型信息 117

 8.1.2 什么是行为树 118

 8.1.3 例子 1 119

 8.1.4 执行说明 119

 8.1.5 进阶 120

 8.1.6 例子 2 120

 8.1.7 再进阶 123

 8.1.8 总结 123

8.2 元编程在 behaviac 中的应用 125

 8.2.1 模板特化 126

 8.2.2 加载中的特例化 126

8.2.3 运行中的特例化 ··· 129

第 9 章 跳点搜索算法的效率、内存、路径优化方法 ·········· 131

摘要 ··· 131
9.1 引言 ·· 132
9.2 JPS 算法 ·· 133
    9.2.1 算法介绍 ··· 133
    9.2.2 A*算法流程 ··· 133
    9.2.3 JPS 算法流程 ·· 135
    9.2.4 JPS 算法的"两个定义、三个规则" ····································· 135
    9.2.5 算法举例 ··· 137
9.3 JPS 算法优化 ·· 138
    9.3.1 JPS 效率优化算法 ·· 138
    9.3.2 JPS 内存优化 ·· 144
    9.3.3 路径优化 ··· 145
9.4 GPPC 比赛解读 ·· 146
    9.4.1 GPPC 比赛与地图数据集 ··· 146
    9.4.2 GPPC 的评价体系 ·· 148
    9.4.3 GPPC 参赛算法及其比较 ··· 150
参考文献 ··· 151

第 10 章 优化 MMORPG 开发效率及性能的有限多线程模型 ······ 152

摘要 ··· 152
10.1 引言 ·· 152
    10.1.1 多进程单线程模型 ·· 153
    10.1.2 单进程多线程模型 ·· 153
    10.1.3 单进程单线程模型 ·· 153
10.2 有限多线程模型 ·· 154
10.3 使用 OpenMP 框架快速实现有限多线程模型 ······················ 156
10.4 控制多线程逻辑代码 ·· 158
10.5 异步化解决数据安全问题 ·· 159
10.6 对"不安全"访问的防范 ·· 160

10.7	拆解大锁	161
10.8	其他建议	163

参考文献 164

第五部分 游戏脚本系统

第 11 章 Lua 翻译工具——C#转 Lua 166

摘要 166

- 11.1 设计初衷 166
- 11.2 实现原理 167
  - 11.2.1 参考对比行业内类似的解决方案 167
  - 11.2.2 翻译原理 168
  - 11.2.3 翻译流程 168
- 11.3 翻译示例 170
- 11.4 实现细节 174
  - 11.4.1 连续赋值 175
  - 11.4.2 switch 175
  - 11.4.3 continue 176
  - 11.4.4 不定参数 177
  - 11.4.5 条件表达式 178
- 11.5 运行性能 179
- 11.6 TKLua 翻译蓝图 179
  - 11.6.1 类关系 180
  - 11.6.2 类成员 180
  - 11.6.3 方法体 181
- 11.7 发展方向 182
- 11.8 总结 184

参考文献 185

第 12 章 Unreal Engine 4 集成 Lua 186

摘要 186

- 12.1 引言 186

12.2 UE4 元信息 ··· 187
12.2.1 介绍 ·· 187
12.2.2 Lua 通过元信息与 UE4 交互 ·· 189
12.2.3 读写成员变量 ·· 189
12.2.4 函数调用 ·· 190
12.2.5 C++调用 Lua ··· 191
12.2.6 小结 ·· 192
12.3 通过模板元编程生成"胶水"代码 ·· 192
12.3.1 接口设计 ·· 193
12.3.2 实现 ·· 195
12.3.3 读写成员变量 ·· 197
12.3.4 引用类型 ·· 198
12.3.5 导出函数 ·· 199
12.3.6 默认实参 ·· 200
12.3.7 默认生成的函数 ·· 202
12.3.8 C++调用 Lua ··· 203
12.3.9 小结 ·· 203
12.4 优化 ·· 203
12.4.1 UObject 指针与 Table ·· 203
12.4.2 结构体 ·· 204
12.4.3 运行时热加载 ·· 205

第六部分　开发工具

第 13 章 使用 FASTBuild 助力 Unreal Engine 4 ··· 208
摘要 ··· 208
13.1 引言 ·· 209
13.2 UE4 分布式工具 ·· 209
13.2.1 Derived Data Cache（DDC）··· 209
13.2.2 Swarm ··· 210
13.2.3 IncrediBuild ·· 210

	13.2.4 FASTBuild	211
13.3	在 Windows 系统下搭建 FASTBuild 工作环境	213
	13.3.1 网络架构	213
	13.3.2 搭建基本环境	214
	13.3.3 可用性验证	215
13.4	使用 FASTBuild 分布式编译 UE4 代码和项目代码	219
	13.4.1 准备工作	219
	13.4.2 部署多机 FASTBuild 环境	220
	13.4.3 编译 UE4 代码及对比测试	220
	13.4.4 优化 FASTBuild	224
	13.4.5 再次测试分布式编译 UE4 代码	227
13.5	"秒"编 UE4 着色器	228
	13.5.1 准备工作	229
	13.5.2 大规模着色器编译测试	237
	13.5.3 材质编辑器内着色器编译测试	240
13.6	总结	243

第 14 章 一种高效的帧同步全过程日志输出方案 244

摘要		244
14.1	引言	244
14.2	帧同步的基础理论	245
	14.2.1 基本原理	245
	14.2.2 系统抽象	246
14.3	本方案最终解决的问题	247
14.4	全日志的自动插入	250
	14.4.1 在函数第一行代码之前自动插入日志代码	250
	14.4.2 处理手动插入的日志代码	251
	14.4.3 对每行日志代码进行唯一编码	251
	14.4.4 构建版本	252
	14.4.5 整体工具流程及代码清单	252
	14.4.6 为什么不采用 IL 注入	256
14.5	运行时的日志收集	256

14.5.1	整体业务流程	256
14.5.2	高效的存储格式	258
14.5.3	高性能的日志输出	259
14.5.4	正确选择合适的校验算法	259

14.6 导出可读性日志信息 260
14.7 本方案思路的可移植性 260
14.8 总结 261

第 15 章 基于解析符号表，使用注入的方式进行 Profiler 采样的技术 262

摘要 262

15.1 进行测量之前的准备工作 263

15.1.1	注入的简单例子	263
15.1.2	注入额外的代码	264
15.1.3	注入的注意事项	265

15.2 性能的测量 267

15.2.1	时间的统计方法	267
15.2.2	针对函数的采样	268
15.2.3	测量实战	273

15.3 总结 276

第一部分

游戏数学

第 1 章

基于 SDF 的摇杆移动*

作者：郑贵荣、叶劲峰

摘　　要

当前主流的 MOBA 手游均采用摇杆移动，为了有更好的用户体验，摇杆移动需要解决遇到障碍物后绕障碍物滑行的问题，在此提供一种基于 SDF 的摇杆移动解决方案。

SDF（Signed Distance Field）即有号距离场，表示空间中点到形状表面的最短距离，一般用正值表示形状外部，用负值表示形状内部。

因为 SDF 数据的生成较为耗时，因此需要预计算生成。顶视角 MOBA 游戏只需要做二维 SDF 计算，为减少数据存储量，先栅格化地图，通过点到多边形（障碍物）的距离离线计算栅格顶点的有号距离，从而生成 SDF 数据。运行时使用双线性过滤采样可以获得地图任意点的有号距离值，与角色碰撞半径比较判断是否和障碍物发生碰撞，检测过程只需查表和进行插值乘法计算，时间复杂度为 $O(1)$。

SDF 的梯度方向代表最大的变化方向，因此可以将梯度算子作为边界法线，当角色与障碍物发生碰撞后可沿着法线垂直方向滑行，同样可以根据梯度方向快速迭代来处理在 MOBA 游戏中击飞后"卡"在障碍物中的问题。对于瞬间位移（比如闪现）且不能穿越障碍物的需求，可以采用圆盘投射，以有号距离作为迭代步长。对于 AI 寻路，SDF 也可以通过修改探索函数（判断有号距离与碰撞半径的大小）来实现，且可以修改碰撞半径搜索贴近或远离障碍物的路径，打破寻路对称性。

前面讲到的 SDF 是离线预生成的，那么对于 MOBA 游戏中动态障碍物的处理，可以使用

---

* 本章相关内容已申请技术专利。

程序式 SDF 和 CSG 运算来实现。不过，SDF 在提高效率的同时也存在着存储空间大、较难动态更新（地形发生大的变化）的问题。

1.1 引言

在当前 MOBA 手游中，移动方式大多采用摇杆移动，摇杆移动首先要解决的问题是与障碍物的碰撞检测，以及发生碰撞后如何行走（碰撞后直接停止的体验非常糟糕）。根据地图数据的不同，摇杆移动的碰撞检测方式有多种。

（1）物理碰撞方式：直接使用点（或圆）与多边形进行碰撞检测，然后绕多边形的边移动。

（2）NavMesh 方式：同样需要做点（或圆）与多边形碰撞检测，然后绕多边形的边移动。

（3）栅格方式：检测点是否在阻挡栅格内，或者圆与阻挡栅格的距离，碰撞后移动方向不好确定。

这里提供一种更为高效的且更为方便地解决其他移动相关需求的方案，即：基于 SDF 的摇杆移动。

1.2 有号距离场（SDF）

先简要解释一下有号距离场的概念。有号距离场（Signed Distance Field，SDF）表示空间中的点到形状表面（比如障碍物）的最短距离（纯量场），一般用距离的负值表示形状内部，用正值表示形状的外部，如图 1.1 所示。

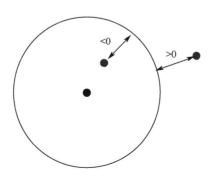

图1.1 SDF

用数学公式表示，首先定义 $\phi: \mathbb{R}^n \to \mathbb{R}$ 对于一个形状点集 S，有

$$\phi(x) = \begin{cases} \min_{y \in S} \| x - y \|, & \text{if } x \notin S \\ -\min_{y \notin S} \| x - y \|, & \text{if } x \in S \end{cases}$$

检测某点 x 是否在形状（障碍物）之内表示为：$\phi(x) \leqslant 0$，如果预先知道每个点的有号距离 $\phi(x)$，那么碰撞检测只需要一次查表即可。

1.3 利用栅格数据预计算 SDF

SDF 记录的是点到障碍物的距离，核心思想即空间换时间；如果动态计算点 x 的有号距离 $\phi(x)$，那么复杂度跟物理碰撞检测的方案没什么区别。因此，我们需要预计算得到整张地图的 SDF 数据，因为不可能存储地图上所有的点，需要根据障碍精度对地图进行栅格化，比如主流 MOBA 游戏的 5v5 地图可以使用 256×256 的栅格。

首先介绍一种基于栅格的 SDF 预计算方法。

根据场景障碍生成如图 1.2 所示的栅格地图，灰色表示阻挡，白色表示可行走区域。使用 Meijster 算法[1]计算栅格中任意格子 (x, y) 到栅格阻挡区中最近格子的距离：

$$d(x, y) = \sqrt{\text{EDT}(x, y)}$$

$$\text{EDT}(x, y) = \min(i, j : 0 \leqslant i < m \wedge 0 \leqslant j < n \wedge b(i, j) : (x-i)^2 + (y-j)^2)$$

从而得到一张栅格地图的 SDF 数据，如图 1.3 所示。

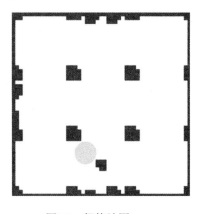

图1.2　栅格地图

第 1 章 基于 SDF 的摇杆移动

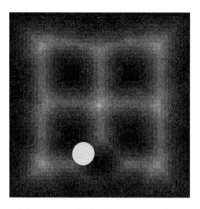

图1.3 SDF颜色越深，ϕ 值越小

如果使用 2 字节表示每个格子的 SDF，256×256 栅格地图的内存大小为 256×256×2 = 128(KB)。在得到栅格地图的 SDF 数据后，如何检测角色（图 1.3 中的圆）与障碍物发生了碰撞呢？发生碰撞后角色又该如何移动呢？

1.4 SDF 的碰撞检测与碰撞响应

前面提到 $\phi(x) \leqslant 0$ 表示点 x 在障碍物内，那么碰撞检测只需要得到点的 ϕ 值，然后与碰撞半径 r 比较即可，$\phi(x) \leqslant r$ 表示角色与障碍物发生了碰撞。由于栅格地图的 SDF 数据是离散存储的，但角色移动是连续的，不能把角色在一个栅格内任意位置的 ϕ 值等同于栅格顶点，否则会在栅格边界产生巨变。因此，在移动是连续的情况下，无法直接查表获取角色所在位置的 ϕ 值，如图 1.4 所示圆的圆心位置，需要根据周边栅格顶点的 ϕ 值采样获取。

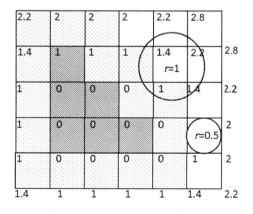

图1.4 如何计算圆心的 ϕ 值

因为距离本身是线性的，可以采用双线性过滤（Bilinear Filtering）采样角色位置的 ϕ 值，根据角色所处栅格的四个顶点线性插值可得到场景任意点的 ϕ 值，如图 1.5 所示。

$$\phi(x,y) = (1-x)(1-y)\phi(0,0) + x(1-y)\phi(1,0) + (1-x)y\phi(0,1) + xy\phi(1,1)$$

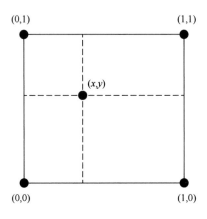

图1.5　双线性过滤示意图

由此完成 SDF 的碰撞检测，只需要查表和乘法计算，时间复杂度为 $O(1)$。以下为插值获得场景任意点的 SD 值的代码。

```
// 计算位置 pos 的 SD 值
// 每个栅格的实际尺寸为 grid，横向栅格数量为 width
public float Sample(Vector2 pos) {
    pos = pos / grid;
    int fx = Mathf.FloorToInt(pos.x);
    int fy = Mathf.FloorToInt(pos.y);
    float rx = pos.x - fx;
    float ry = pos.y - fy;
    int i = fy * width + fx;
    return
        (sdf[i        ] * (1 - rx) + sdf[i         + 1] * rx) * (1 - ry) +
        (sdf[i + width] * (1 - rx) + sdf[i + width + 1] * rx) * ry;
}
```

当前几乎所有的 MOBA 手游在摇杆移动过程中，碰到障碍物之后均是绕着障碍物滑行的，而不是直接停止，因为停止的体验实在很糟糕。那么 SDF 在发生碰撞后如何处理绕障碍物滑行的问题呢？

如图 1.6 所示，v 表示摇杆方向（角色原始移动方向），当与障碍物发生碰撞后需要沿着 v' 方向滑行，v' 和 v 的关系是

$$v' = v - (v \cdot \hat{n})\hat{n}$$

上式中，n 为碰撞法线，如何获取呢？

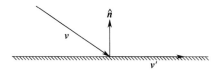

图1.6　滑行

SDF 为纯量场，纯量场中某一点上的梯度（Gradient）指向纯量场增长最快的方向，因此可以利用 SDF 的梯度作为碰撞法线：

$$\nabla \phi(x) = \begin{bmatrix} \dfrac{\partial \phi}{\partial x} & \dfrac{\partial \phi}{\partial y} \end{bmatrix}$$

同时，$\phi(x)$ 几乎随处可导，可以使用有限差分法（Finite Difference）求出 x 处的梯度：

$$\nabla \phi(x, y) \approx \begin{bmatrix} \dfrac{\phi(x+\Delta, y) - \phi(x-\Delta, y)}{2\Delta} & \dfrac{\phi(x, y+\Delta) - \phi(x, y-\Delta)}{2\Delta} \end{bmatrix}$$

从而得到碰撞法线 n，求出在滑行方向实现碰撞后绕障碍物滑行。以下为求梯度方向的代码。

```csharp
// 求位置 pos 的梯度方向
public Vector2 Gradient(Vector2 pos) {
    float delta = 1f;
    return 0.5f * new Vector2(
        Sample(new Vector2(pos.x + delta, pos.y)) -
        Sample(new Vector2(pos.x - delta, pos.y)),
        Sample(new Vector2(pos.x, pos.y + delta)) -
        Sample(new Vector2(pos.x, pos.y - delta)));
}
```

至此，得到当角色按摇杆方向移动时的实际移动方向代码。

```csharp
// 获取在移动过程中使用 SDF 得到的最佳位置
public Vector2 GetVaildPositionBySDF(Vector2 pos, Vector2 dir, float speed) {
    Vector2 newPos = pos + dir * speed;
    float SD = Sample(newPos);

    // 不可行走
    if (SD < playerRadius) {
        Vector2 gradient = Gradient(newPos);
```

```
    Vector2 adjustDir = dir - gradient * Vector2.Dot(gradient, dir);
    newPos = pos + adjustDir.normalized * speed;

    // 多次迭代
    for (int i = 0; i < 3; i++) {
        SD = Sample(newPos);
        if (SD >= playerRadius) break;
        newPos += Gradient(newPos) * (playerRadius - SD);
    }

    // 避免往返
    if (Vector2.Dot(newPos - pos, dir) < 0)
        newPos = pos;
}
return newPos;
}
```

1.5 避免往返

虽然 SDF 能很好地解决绕障碍物滑行的问题,但在实际使用中如遇到凹形障碍物,则会出现角色在障碍物内不断往返的情况。

如图 1.7 所示,实线箭头表示摇杆方向,虚线箭头表示角色遇到障碍物后绕障碍物滑行的方向,如果摇杆方向一直保持不变,则角色在 A 处向右下滑行,到达 B 处后又会向右上滑行,从而导致角色在凹型槽内 A、B 间不断往返走不出来。那么,当前后滑行方向相差大于 90 度时停止滑动,重新拨动摇杆才能再次移动。

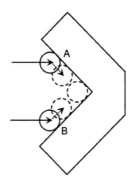

图1.7 往返

1.6 利用多边形数据预计算 SDF

在实际使用中存在的另一个问题是,绕行障碍物时角色有明显的抖动感,而期望的结果是平滑滑行。回到之前的 SDF 数据生成流程中,先离散栅格化地图,然后根据栅格数据计算生成 SDF 数据,如图 1.8 所示。

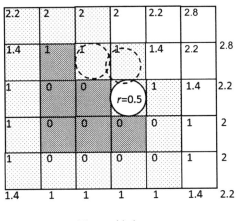

图1.8　抖动

角色(圆形)半径 $r = 0.5$,在绕障碍物滑行时的轨迹呈锯齿状,因为 SDF 数据本身就呈明显的锯齿状。而期望的结果如图 1.9 所示。

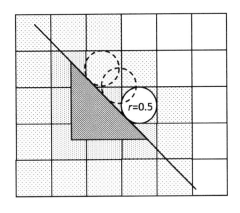

图1.9　平滑

因此需要优化 SDF 的计算。前面的 SDF 计算是栅格顶点到阻挡栅格的距离,阻挡区域本身是由多边形构成的,那么实际角色应该是绕着多边形的边做直线移动的,因此可采用点到多边形的距离来计算栅格顶点的 ϕ 值,在多边形内部的点距离值为负,外部为正,得到如图 1.10 所示的 SDF 数据。

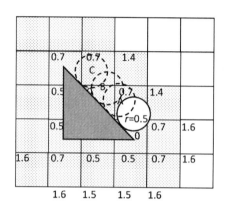

图1.10　根据点到多边形的距离计算 ϕ 值

通过双线性过滤方法,可得角色半径 $r = 0.5$ 在 A、B、C 三处的 ϕ 值均为 0.5,因此角色在绕行障碍物时可以做到沿边平滑移动。

1.7　其他需求

1.7.1　如何将角色从障碍区域中移出

在 MOBA 游戏中有大量的击飞、击退等技能,角色被击中难免会"卡"在障碍区域中,对于这种情况,需要能够快速地将角色移动到最近的合适位置。因为梯度表示最大的变化方向,所以可以用梯度快速查找合适位置:

$$x' = x + \nabla \phi(x)(r_{\text{avatar}} - \phi(x))$$

如图 1.11 所示,n 为梯度方向,$r = 0.5$ 为角色半径,实线圈位于障碍物内,圆心 $\phi = -0.1$;虚线圈位于合适位置,圆心 $\phi = 0.6$, $0.6 = r - (-0.1)$。

当障碍是凸区域时一次迭代就能找到合适位置,是非凸区域时一次迭代可能无法找到合适位置,而 MOBA 游戏地图大多是非凸区域,因此需要多次迭代,直到 $\phi(x') \geqslant r$ 时停止。以下为迭代计算合适位置的代码。

```
Vector2 newPos = pos;
for (int i = 0; i < 3; i++) {
    float SD = Sample(newPos);
    if (SD >= playerRadius)
        break;
    newPos += Gradient(newPos) * (playerRadius - SD);
}
```

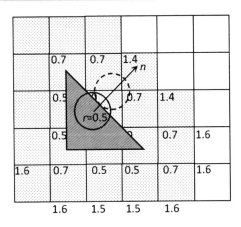

图1.11 查找合适位置示意图

1.7.2 角色不能越过障碍物的远距离移动

当角色进行瞬时远距离移动,比如闪现,但又要求不能越过障碍物(能越过障碍物的情况则使用上面的方法)时,就需要进行连续碰撞检测来规避穿越障碍物的情况。建设使用圆盘投射(Disk Casting)进行规避,基于 SDF 的圆盘投射的优势在于迭代步进可以使用当前位置的 ϕ 值,如图 1.12 所示,这大大减少了迭代次数。

以下为圆盘投射计算位置的代码。

```
// oriPos:原始位置, dir: 冲刺方向, radius: 角色半径, maxDist: 最大冲刺距离
public Vector2 DiskCast(Vector2 origin, Vector2 dir, float radius, float maxDist)
{
    float t = 0f;
    while (true) {
        Vector2 p = origin + dir * t;
        float sd = Sample(p);
        if (sd <= radius) return p;
        t += sd - radius;
```

```
        if (t >= maxDist) return origin + dir * maxDist;
    }
}
```

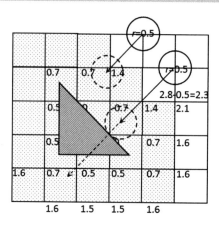

图1.12 白线为最大冲刺距离,灰线为实际移动距离

1.8 动态障碍物

以上介绍均建立在预生成 SDF 的基础上,但在 MOBA 游戏中英雄技能带有阻挡效果是非常常见的,会在运行时生成动态障碍物。前面提到生成整张地图 SDF 的计算量大,因此根据动态障碍物重新生成整张地图的 SDF 不现实。要解决动态障碍物的情况,我们先来看一下 SDF 的 CSG 运算规则。

- 交集: $\phi_{A \cap B} = \max(\phi_A, \phi_B)$
- 并集: $\phi_{A \cup B} = \min(\phi_A, \phi_B)$
- 补集: $\phi_{A \setminus B} = \phi_{A \cap B^C} = \max(\phi_A, -\phi_B)$

那么对于动态障碍物的情况,可以使用预生成的静态地图 SDF 和动态障碍 SDF 的叠加,即取二者的交集。同时动态障碍 SDF 可以直接用程序表示[2],比如常用的如图 1.13 所示的圆盘 SDF 和图 1.14 所示的矩形 SDF。

圆盘 SDF:

$$\phi(x) = \| x - c \| - r$$

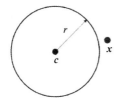
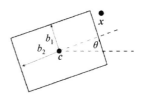

图1.13 圆盘SDF　　　　　　　图1.14 矩形SDF

以下为计算圆盘 SDF 的代码。

```
// x 为任意点坐标，c 为圆盘中心， r 为圆盘半径
float sdCircle(Vector2 x, Vector2 c, float r) {
    return (x - c).Length() - r;
}
```

矩形 SDF：

$$d = (x - c)R(-\theta) - b$$

$$\phi(x) = \min(\max(d_x, d_y), 0) + \| \max(d, 0) \|$$

以下为计算矩形 SDF 的代码。

```
// x 为任意点坐标，c 为矩形中心，rot 为矩形旋转角度，b 为矩形边长
float sdBox(Vector2 x, Vector2 c, Vector2 rot, Vector2 b) {
    Vector2 p = Vector2.Dot(x - c, -rot);
    Vector2 d = Vector2.Abs(p) - b;
    return Mathf.Min(Mathf.Max(d.x, d.y), 0f) + Vector2.Max(d, Vector2.zero).Length();
}
```

盘为内部不可行走的动态阻挡，对于内部可以行走的环形阻挡则可视为外盘对内盘的补集，如图 1.15 所示。

图1.15 环形SDF可视为外盘对内盘的补集

对于部分英雄技能的打洞等跨越障碍物的功能，通过补集运算即可实现，非常容易。

至此，通过 SDF 的运算规则很好地解决了动态障碍物的问题，但程序 SDF 的计算量要比静态 SDF 查表插值的计算量大，因此不适合具有大量动态障碍物的情况。如果大量动态障碍物分布稀疏，则可以通过空间分割管理动态障碍物，从而减少程序 SDF 的计算次数。

1.9　AI 寻路

MOBA 游戏的小兵、野怪、陪玩角色 AI 都需要用到寻路，SDF 也能很好地处理这个问题。寻路算法可用经典的 AStar 或者 JPS，通过修改探索函数，以 SDF 生成可行走的节点即可。而判断探索节点的邻节点位置是否可以行走，只需要判断其是否满足 $\phi(x) \geq r$ 就行。

对于可行走对象寻完路径之后在行进过程中遇到动态障碍物的情况，如果在已寻路径中按照摇杆移动方式从当前节点向下一个节点行走，则会自动绕障碍物滑行，无须重新寻路。遇到前面提到的在凹形障碍物中走不出来（即前后位置无变化）的情况，再进行一次寻路即可。

基于 SDF 的 AStar 寻路，还能通过将 ϕ 加入代价评估中，从而非常容易地打破对称性，通过修改行走对象的半径 r 实现远离或者贴近障碍物。

1.10　动态地图

使用预计算得到的 SDF 地图较难实现动态更新，因为重新计算 SDF 比较耗时。那么如何能实现动态地图的需求呢？对于特殊游戏类型，如地牢游戏（Rouge-like）中的地图，本身就是由均匀网格所组成的，我们可以为其输入数据，将每一个网格都看作一个矩形，可以用上文中提到的矩形 SDF 公式来表示单个矩形。

在均匀网格地图上，当角色在一帧内行走的距离不会超过单个网格的大小时，可以通过检测每一帧与玩家所在网格相邻的 8 个网格的碰撞来实现规避障碍物的功能。如图 1.16 所示，当玩家行走之后位于网格 4 时，图中最右边的圆圈代表玩家，此时我们只需要检测网格 6、0、5 与玩家的最近距离来进行碰撞规避。

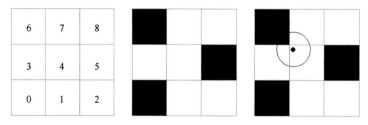

图1.16　角色在均匀网格地图上移动的例子

整个过程的伪代码如下：

```
float EvalSDF(Vector2 p) {
    int x = posToGridX(p);        // 坐标离散成网格
    int y = posToGridY(p);
    float dist = cellSize;
    int center = grid[y * width + x];
    if (center == WALL)           // WALL 格子不可行走
        dist = min(dist, sdBox(centerPos - vecTopLeft, cellExtents));
    int topleft = grid[(y - 1) * width + (x - 1)];
    if (topleft == WALL)
        dist = min(dist, sdBox(centerPos - vecTop, cellExtents));
    int top = grid[(y - 1) * width + x];
    // ...
    return dist;
}

Vector2 EvalGradient(Vector2 p) { /*... */ }

void Update() {
    // 新目标位置
    Vector2 nextPlayerPos = playerPos + moveDir * moveSpeed;
    // 目标位置的最近距离
    float d = EvalSDF(nextPlayerPos);
    // 距离小于玩家半径，有穿插
    if (d < playerRadius) {
        // 计算最近表面的法线
        Vector2 n = EvalGradient(nextPlayerPos);
        // 将玩家推出障碍区域
        nextPlayerPos = nextPlayerPos + n * (playerRadius - d);
    }
    playerPos = nextPlayerPos;
}
```

SDF 数据是通过读取网格地图中的可通过标记来决定这个网格是否参与计算的，因此就可以实现动态修改均匀网格地图，可以在运行时标记某个网格的通过性。

可以通过取距离场的梯度得到朝向向量，对于简单的几何图形，可以通过几何方法求出，比如圆形：

```
Vector2 GradSphere(Vector2 p) {
    return p.Normalized();
}
```

对于矩形，假设坐标系原点在矩形中心，矩形的四个象限是相互镜像的，则可将此问题退化为在一个象限内求解：

```
Vector2 GradBox(Vector2 p) {
    // 退化为在+x, +y 象限内求解
    Vector2 d = Vector2.Abs(p) - halfSize;
    // 记录符号,用来还原原始象限
    Vector2 sign = Sign(p);
    // 假设以 halfSize 为中心, p 落在右上区域中, p-halfSize 即为所求
    if (d.x > 0 && d.y > 0)
        return (d * sign).Normalized();

    // 以 halfSize 为中心,检测距离 x 轴和 y 轴哪个更近
    float max = Max(d.x, d.y);
    // 距离 x 轴近,法线为 y 轴;反之,相反
    Vector2 grad = new Vector2(max == d.x ? 1 : 0, max == d.y ? 1 : 0 );
    return (grad * sign).Normalized();
}
```

刚才的方法是不考虑地图中会出现如图 1.17 所示的障碍物卡住玩家的情况的。

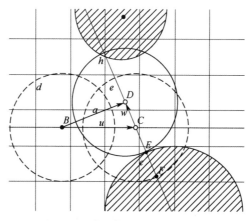

图1.17　障碍物卡住玩家的情况

要解决此问题,只需进行多次迭代求出最终修正的位置即可。而当玩家移动步幅较大时,如闪现等,需要进行连续碰撞检测。与基于预计算的离散 SDF 数据有所不同的是,均匀网格的 SDF 数据都是以函数计算的高精度连续的值,因此计算方法与前文稍有不同。

```
bool DiskCast(Vector2 origin, Vector2 dir, float r, float maxDist, out float t)
{
    t = 0;
    while (true) {
        // 根据当前 t 求出当前采样点 p
        Vector2 p = origin + dir * t;
        // 采样出最近距离
```

```
        float d = EvalSDF(p);
        // 若距离<0，则 p 点在障碍区域中，结束迭代
        if (d < 0)
            return false;

        // 当距离与角色半径的差距大于阈值时，继续迭代
        if (d > radius + 0.001f)
            t += d - radius;
        else // 当距离与角色半径的差距小于阈值时，结束迭代
            return false;

        // 当 t 大于最大迭代距离时，结束迭代
        if (t >= maxDist) {
            t = maxDist;
            return true;
        }
    }
}
```

而场景中的其他障碍物，如较大的汽车、其他玩家等，则可通过矩形、圆形的 SDF 函数来表示，并将结果与网格地图取出的 SDF 做交集操作。

1.11 总结

基于 SDF 的摇杆移动，利用空间换时间，以较小的数据存储换来 $O(1)$ 的碰撞检测效率，且能利用梯度高效率实现将角色从障碍物移动到可行走边界，做不越过障碍物的瞬时远距离移动。通过 SDF 的 CSG 运算规则能很好地处理动态障碍物的问题，针对 AI 寻路能比较容易做到打破对称性，寻出远离或贴近障碍物的路径。

当然，SDF 也有不足的地方，即较难实现地图的动态变更，大量动态更新需要程序 SDF，从而导致增加了计算量。但对于天然使用均匀网格地图的游戏来说，也可以借由实现运行时修改网格的可通过性，来实现地图的动态变更。

参 考 文 献

[1] Meijster, Arnold, Jos BTM Roerdink, and Wim H Hesselink. A General Algorithm for Computing Distance Transforms in Linear Time. In Mathematical Morphology and Its Applications to Image and Signal Processing. Springer. 331–40, 2002.

[2] Quilez, Inigo. Modeling with Distance Functions, 2008. http://iquilezles.org/www/articles/distfunctions/distfunctions.htm.

第 2 章

高性能的定点数实现方案

作者：周轩、白如冰

摘　　要

现代游戏程序通常使用浮点数来表示实数，但各个软硬件平台并没有严格遵守浮点数标准 IEEE 754，导致浮点数的运算结果在不同平台上难以做到严格一致，也就是浮点数的运算结果具有不确定性。这对于依赖计算确定性的锁步同步（帧同步）游戏有严重影响，因为微小的误差会累积，导致不同平台上的模拟产生巨大分歧。

本章介绍的定点数，可以保证在不同平台上计算结果的一致性，从而解决了这个问题。本章介绍了定点数的表示原理，以及四则运算、开方、超越函数等运算的实现。定点数的运算基于整数运算实现，因此在不同的软硬件平台上可以实现一致的结果，适合对确定性有需求的技术方案，例如确定性的数学库、物理引擎，以及上层的游戏逻辑。定点数支持常用的数学运算后，使用起来就可以像使用浮点数一样简单、方便。本章还对定点数运算的精度、性能和原生浮点数进行了比较。本章介绍的方案最早由本书主编叶劲峰实现，已应用于 *War Song*、《激战狂潮》和《线条大作战》等游戏中。

2.1　引言

2.1.1　浮点数简介

浮点数，顾名思义，它的小数点位置是浮动的，跟随最高位变动，因此它的绝对精度也是变动的。在 CPU 架构中，浮点数运算通常由 FPU（CPU 的协处理器）来处理，指令集参照 IEEE 754 实现，但是实践中不一定会完全严格遵守这个标准。例如：在同一个 CPU 里 FPU 和 SSE

指令得到的结果不一致,因此对确定性有要求的程序不能直接使用浮点数来计算。而整数运算是确定的,本章在整数运算的基础上,实现了一种简单且高效的定点数运算方案。

2.1.2 32 位浮点数(单精度)表示原理

在游戏开发中,如果使用浮点数,则通常使用 32 位的单精度浮点数。如表 2.1 所示为 32 位浮点数的结构。

表 2.1 32 位浮点数的结构

符号位(S)	阶码部分(E)					尾数部分(M)					
31	30	29	…	24	23	22	21	…	2	1	0

数学公式为

$$x = (-1)^S \times (1.M) \times 2^{E-127}$$

其中,S 为符号位,$S=0$ 时为正数,$S=1$ 时为负数。E 为阶码,能表示 0~255 的范围,对应 2 的幂次 -127~128。M 表示尾数,表示范围为 0~8 388 607,对应 1.0~1.99999988。

这里,浮点数的精度是不固定的,有效数的位数为 7~8 位。

2.2 基于整数的二进制表示的定点数原理

把整数的二进制表示中较低的 n 位视为小数部分,那么一个整数的二进制形式表示的定点数值其实就是这个整数值除以 2^n。设 a 为定点数,$f(a)$ 为这个定点数对应的整数值,即 $f(a)$ 是一个整数,a 是它所表示的定点数,那么有

$$a = 2^{-n} f(a)$$

定点数对应的整数值可以实现为定点数类的成员变量。

2.2.1 32 位定点数表示原理

如下为 32 位定点数的实现方法。

```
class FScalar
{
    std::int32_t rawValue;
    static const std::int32_t fractionBits = 10; // 小数位数
```

```
    static const std::int32_t wholeBits = 22;        // 整数位数
}
```

如表 2.2 所示为 32 位定点数的结构。

表 2.2 32 位定点数的结构

符号位（S）	整数部分（W）				小数部分（F）					
31	30	29	...	11	10	9	8	...	2	1	0

内部的原始表示方式为 32 位整数，采用 22.10 定点数格式，即 22 位有符号整数，10 位小数。可表示精度为

$$\frac{1}{2^{10}} = \frac{1}{1024} = 0.0009765625$$

数学上的范围为

$$[-2^{21}, 2^{21} - 2^{-10}]$$

实际值为

$$-2097152.0 \sim 2097151.990234375$$

2.2.2 64 位定点数表示原理

上一节讲的基于 32 位整数的定点数方案最早由本书主编叶劲峰实现，之后在他的指导下由笔者扩充实现为基于 64 位整数的版本。因为 64 位定点数有着更高的精度，所以可以实现更复杂的超越函数运算。

如下为 64 位定点数的实现方法。

```
class FDouble
{
    std::int64_t rawValue;
    static const std::int32_t fractionBits = 32; // 小数位数
    static const std::int32_t wholeBits = 32;    // 整数位数
}
```

如表 2.3 所示为 64 位定点数的结构。

表 2.3 64 位定点数的结构

符号位（S）	整数部分（W）				小数部分（F）					
63	62	61	...	33	32	31	30	...	2	1	0

内部的原始表示方式为 64 位整数，采用 32.32 定点数格式，即 32 位有符号整数，32 位小数。可表示精度为

$$\frac{1}{2^{32}} = \frac{1}{4294967296} = 0.00000000023283064365386962890625$$

数学上的范围为

$$[-2^{31}, 2^{31} - 2^{-32}]$$

实际值为

$$-2147483648.0 \sim 2147483647.9999999997671693563461$$

其中，32 位定点数选择了 10 位小数，64 位定点数选择了 32 位小数。也可以根据实际情况，按所需精度来确定小数位数。

2.3 定点数的四则运算

考虑两个定点数 a, b 的四则运算，它们对应的整数分别是 $f(a), f(b)$，暂不考虑溢出等问题。

$$a + b = 2^{-n}(f(a) + f(b))$$
$$a - b = 2^{-n}(f(a) - f(b))$$

这意味着两个定点数的和/差，就是这两个定点数对应的整数的和/差表示的定点数。

$$ab = (2^{-n})^2 f(a)f(b) = 2^{-n}(2^{-n} f(a)f(b))$$

其中，$f(a)f(b)$ 是两个定点数对应的整数的乘积，$2^{-n}(2^{-n} f(a)f(b))$ 是这个乘积再除以 2^n 得到的整数所表示的定点数。

$$\frac{a}{b} = \frac{f(a)}{f(b)} = 2^{-n}\left(2^n \frac{f(a)}{f(b)}\right)$$

其中，$\frac{f(a)}{f(b)}$ 是两个定点数对应的整数的商，$2^{-n}\left(2^n \frac{f(a)}{f(b)}\right)$ 是这个商再乘以 2^n 得到的整数所表示的定点数。而乘以、除以 2^n 的运算可以方便地通过移位操作来实现。

2.3.1 加法与减法

浮点数的加减需要先对齐阶码（相当对齐小数点），然后再相加减。而定点数的小数点是对齐的，按照我们之前讲的原理，可以直接使用对应的整数的加减法。

2.3.2 乘法

浮点数的乘法是通过整数部分相乘、阶码相加实现的。

对于 32 位定点数，按照前面所讲的原理可以实现为

```
std::int32_t a;
std::int32_t b;
std::int32_t value = (std::int64_t(a) * b) >> 10;
```

这里做右移 44.20(64) → 32.10(32) 时存在数据信息丢失和溢出的可能。在使用时要注意这一点。

对于 64 位定点数，直接将两个定点数的内部 64 位整数相乘，需要一个 128 位的整数才能完整表示结果。

对于 GCC，可以使用 _int128_t 128 位类型，能直接使用 128 位乘法。

```
_int64_t value = (_int128_t(a) * b) >> 32;
```

而对于 VC，目前还没有 128 位整数类型，可以使用 intrinsic function _mul128 来计算，并用两个 std::int64_t 来存储结果。

```
std::int64_t retHigh = 0;
std::int64_t retLow = _mul128(a, b, &retHigh);
```

在函数的第三个参数中传入高 64 位变量的地址，即可以得出计算结果的高 64 位。

可以自定义简单的 128 位数据来存储内部 64 位整数相乘的完整结果。例如：

```
struct Multiply128
{
    std::uint64_t Low;
    std::int64_t High;
}
```

2.3.3 除法

按照前面所讲的原理，做除法运算需要乘以 2^{32}，为避免溢出需要引入 128 位的运算。对于 GCC 可以直接使用 128 位整数除法：

```
__int64_t value = (__int128_t(a) << 32) / b;
```

但对于 VC 就不行了，在 intrinsic function 中没有 128 位整数除法。但是可以用汇编代码来实现。

在 C++中声明：

```
extern "C" std::int64_t _Div128_64(
    std::int64_t    a_low,
    std::int64_t    a_high,
    std::int64_t    b,
    std::int64_t*   ret );
```

这里把 a_low 的值传给寄存器 rcx，把 a_high 的值传给 rdx，把 b 的值传给 r8，把 ret 的指针传给 r9。

用汇编代码实现：

```
.code
Div128_64 proc
    mov rax, rcx        ; 将 a_low 的值由 rcx 传给 rax
    idiv r8             ; rdx - rax(128 位被除数) / r8(除数) = rdx(余数), rax(商)
    mov[r9], rdx        ; 通过指针传出余数
    ret                 ; 返回商
ret;
Div128_64 endp
END
```

需要注意的是，除出来的商不能超过 64 位，否则 CPU 会报出异常。

在审稿阶段，笔者发现最新版本的 Visual Studio 2019 已经提供了 128 位整数除法的 intrinsic function _div128()，与汇编版本的功能一致。

2.4 定点数开方与超越函数实现方法

计算机在实现不能通过有限次的四则运算计算的函数时，会用多项式/有理式拟合法、迭代法和查表法。因为定点数的除法性能消耗较大，所以这里我们主要使用多项式拟合。当然，也会探讨其他方法的优劣。

2.4.1 多项式拟合

在区间 $[a,b]$ 上可以用 n 次多项式 $P_n(x)$ 近似求解我们要求解的函数 $f(x)$。多项式 $P_n(x)$ 和要求解的函数 $f(x)$ 的误差绝对值也是一个函数 $|P_n(x)-f(x)|$。多项式 $P_n(x)$ 有多种选择，在泰勒展开式中截取前 $n+1$ 项：

$$f(a)+f'(a)(x-a)+\frac{f''(a)}{2!}(x-a)^2+\cdots+\frac{f^{(n)}(a)}{n!}(x-a)^n$$

就是一个例子。泰勒展开式的误差是

$$R_n(x)=\frac{f^{(n+1)}(\theta)}{(n+1)!}(x-a)^{n+1},\theta\in(a,x)$$

可以看出，x 如果离 a 很远的话，误差也会很大。

本书的主编叶劲峰提出了下面这种方法，误差绝对值函数在区间 $[a,b]$ 上有最大值：

$$\max_{x\in[a,b]}|P_n(x)-f(x)|$$

对于给定的 n，我们的目标就是求出 P_n 的系数，使得误差绝对值函数的最大值最小：

$$\min_{P_n}\max_{x\in[a,b]}|P_n(x)-f(x)|$$

这里使用数学软件 Mathematica 求拟合多项式的系数。在 Mathematica 中依次输入如下命令：

```
<< FunctionApproximations`  // 表示导入函数拟合工具包
CoefficientList[
    MiniMaxApproximation[Exp[x], {x, {1, 2}, 4, 0}][[2, 1]], x]
```

其中，{x, {1, 2}, 4, 0} 表示在区间[1,2]上逼近，用分子 4 次多项式、分母 0 次多项式的有理式进行逼近。得到的结果为

```
{1.17974, 0.380661, 1.32348, -0.350357, 0.184801}
```

意思是在区间[1,2]上，

$$e^x \approx 1.17974+0.380661x+1.32348x^2-0.350357x^3+0.184801x^4$$

```
Floor[CoefficientList[
    MiniMaxApproximation[Exp[x], {x, {1, 2}, 4, 0}][[2, 1]], x]*2^32]
```

乘以 2^{32} 再取整就是为了把系数表示为定点数形式。具体的其他用法请参考软件的帮助文档。

需要再次强调的是，使用 MiniMaxApproximation 求解出的多项式都只是在指定区间上接近我们要求解的函数。所以，如果要求的点落在这个区间以外，那么就要利用函数的性质转换成这个区间内的点。

2.4.2 正弦/余弦函数

我们可以利用正弦/余弦函数的周期性、对称性等，把一般的角度 x 转换成小区间范围内的角度进行计算：

$$x = k_1 \frac{\pi}{4} + x_1, k_1 \in \mathbb{Z}, x_1 \in \left[0, \frac{\pi}{4}\right)$$

我们可以让 k_1 对 8 取余：

$$k = k_1 \bmod 8$$

那么角度的终边就落在 $[k\pi/4, (k+1)\pi/4]$ 范围内。换言之，我们把平面均分成八块，需要确认角度的终边落在哪一块。接下来的思路就是求解终边和最近的坐标轴所在直线的夹角的正弦值和余弦值，再转换为我们要求解的角度的正弦值和余弦值。注意：这里强调的是和坐标轴所在直线的夹角，而非和坐标轴的夹角，因为和坐标轴的夹角一般指的是和坐标轴正向所成的角度，而和坐标轴所在直线的夹角指的是小于或等于直角的那个角度。这里记角的终边和最近的坐标轴所在直线的夹角为 θ。如果 k 是偶数，那么 $\theta = x_1$；如果 k 是奇数，那么 $\theta = \pi/4 - x_1$。我们利用拟合多项式求出 $\theta/2$ 的正弦值和余弦值，再利用二倍角公式得到 $\sin\theta, \cos\theta$：

$$\sin\theta = 2\sin\frac{\theta}{2}\cos\frac{\theta}{2}$$

$$\cos\theta = \cos^2\frac{\theta}{2} - \sin^2\frac{\theta}{2}$$

然后根据角的终边所在的位置，我们就可以得到所要求的三角函数和 $\sin\theta, \cos\theta$ 之间的关系。比如 $k_1 = 5$，角的终边落在 $[5\pi/4, 3\pi/2]$ 范围内，那么就有

$$\cos x = -\sin\theta$$

$$\sin x = -\cos\theta$$

如图 2.1 所示是定点数与编译器自带的正弦函数的相对误差（这里 x 的范围非常大，所以图中采用了对数刻度）。

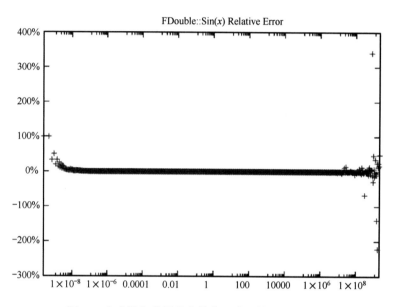

图2.1　定点数与编译器自带的正弦函数的相对误差

2.4.3　指数函数

指数函数增长非常迅速，幸好我们可以把输入的 x 值拆分成整数部分和小数部分：

$$x = [x] + \{x\}$$

$$e^x = e^{[x]}e^{\{x\}}$$

其中，$e^{[x]}$ 是 e 的整数次方，很容易求解。而 $\{x\}$ 属于 [0,1] 区间，在这个区间范围内指数函数可以方便地用多项式拟合。

如图 2.2 所示是定点数与编译器自带的指数函数的相对误差，使用这种方法求出 Exp 的误差对比（这里 x 的范围比较小，图中使用了均匀刻度）。

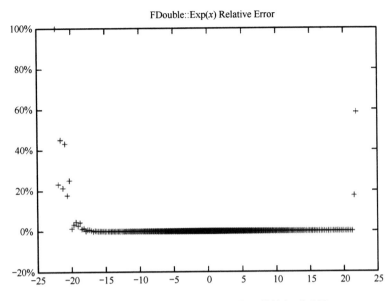

图2.2 定点数与编译器自带的指数函数的相对误差

2.4.4 对数函数

因为这里的定点数是基于整数的二进制表示的,所以求解以2为底的对数会比较方便,一般的对数也可以使用换底公式进行转换:

$$\log_m x = \frac{\log_2 x}{\log_2 m}$$

x 可以约化为

$$x = 2^n y, n \in \mathbb{Z}, y \in [0,1)$$

那么

$$\log_2 x = n + \log_2 y$$

因为这里的定点数是基于整数的二进制实现的,所以知道最高位的1的位置就可以求出 n。余下的部分可以用拟合多项式求解。

2.4.5 开方运算

在3D运算中,有大量的求向量长度的运算,其中会用到开方。开方有很多方法,如下所示。

(1) 牛顿迭代法：后面一项可以通过前面一项简单地运算得出。对于定点数运算来说，这里有除法，不是理想的计算方式。

$$x_{k+1} = \frac{1}{2}\left(x_k + \frac{n}{x_k}\right), k \geq 0, x_0 > 0$$

(2) 借用浮点数开方运算：已知定点数 y，我们要求定点数 x 使得 $x^2=y$。根据之前对定点数的运算和它对应的整数运算的关系，有：

$$(f(x))^2 = 2^n f(y)$$

其中，$f(x), f(y)$ 分别是定点数 x, y 对应的整数，我们可以先把整数 $2^n f(y)$ 转换为浮点数开根号再取整，那么 $f(x)$ 只能取 $\left[\sqrt{2^n f(y)}\right]$ 附近一定范围内的整数。我们选取平方后和 $2^n f(y)$ 最接近的一项，在大部分情况下比较 $\left[\sqrt{2^n f(y)}\right], \left[\sqrt{2^n f(y)}\right]+1$ 两项即可（数学上说只能是这两项之一，但浮点数开根号运算也不是完全精确的）。

(3) 整数开方法：可以根据之前论述的定点数的值和它对应的整数值之间的关系，对其对应的整数开方。整数开方可以参考 Jack W. Crenshaw 的论文 *Integer Square Roots* [1]，把整数视为一个 2 的幂次多项式，使用类似于长除法的手段，过程类似于手算开根号（日常的手算开根号方法是基于整数的十进制表示的），时间复杂度直接和整数位数相关。

(4) 本章提倡的 MinMax 多项式拟合法。

2.4.6 开方求倒数

在 3D 运算中，有大量的向量单位化的运算，其中会用到开方求倒数。以向量 $V(x, y, z)$ 为例：

$$V_{normal} = \frac{V}{\sqrt{x^2 + y^2 + z^2}}$$

将其归一化（单位化）的方法是 V 乘以向量 x, y, z 分量平方和的开方倒数。引擎通常提供一个函数 InvSqrt()。还记得卡马克实现的版本吗？先求一个近似值，然后通过牛顿迭代法再计算一次，这样得到一个相对精确的值。这里我们先用 4 次多项式模拟找到一个较精确的值（最大误差为 0.001%），如图 2.3 所示。

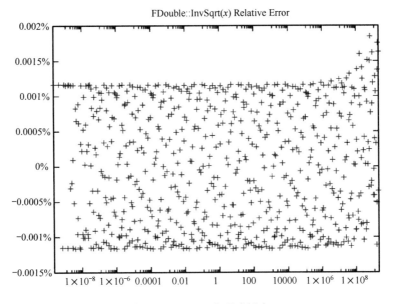

图2.3 InvSqrt：多项式拟合

然后通过牛顿迭代法再计算一次（相对误差能缩小到 0.00001%以内），如图 2.4 所示。

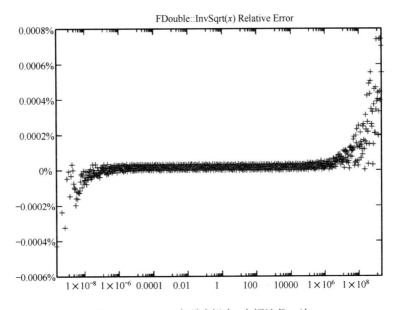

图2.4 InvSqrt：多项式拟合+牛顿迭代一次

2.4.7 为什么不用查表法

需要注意的是,使用查表法时,表中的数值是整数,最好将其放在代码中,或者通过配置加载,但不能通过初始时的浮点数运算再转换得来。只有在没有较好的多项式拟合方法时才会选择使用查表法。查表法的优点是实现简单,缺点有两个:

(1)非常依赖定点数的表示,一旦对定点数的表示格式做出微小调整,表中所有数据都要更新。

(2)在进行密集的数学运算时,查表法对高速缓存利用率高;对于其他常用情况,则容易遇到缓存命中失败的情况。

2.5 定点数的误差对比与性能测试

2.5.1 超越函数及开方的误差测试

以 double(双精度)的运算函数作为测试基准,对比 float(单精度)和 fixedpoint(32.32)的计算误差,其中测试的对比函数有标准库的 std::sqrt、std::pow、std::log、std::exp、std::sin 和 std::asin,两者的误差列于表 2.4 中。

表 2.4 超越函数及开方的误差比较

计算函数	float		fixedpoint	
	平均误差	最大误差	平均误差	最大误差
sqrt	0.00000224%	0.00000766%	0.00442%	0.00713%
pow	0.0000674%	0.00171%	0.00748%	0.00752%
log	0.0000265e%	0.00005.82%	0.00327%	0.381%
exp	0.0000188%	0.0001%	0.0000189%	0.000924%
sin	0.0000851%	0.171%	0.00000413%	0.0676%
asin	0.00000454%	0.00234%	0.0059%	0.0113%

在 fixedpoint(32.32)能表示的实数范围内,对比 double(双精度)在标准库的实现,平均误差都小于万分之一。

2.5.2 性能测试

我们在两个平台上测试浮点数(单精度)与定点数(32.32)的性能,每个测试量度运算

1 000 000 次的总耗时。测试使用的硬件如表 2.5 所示。性能结果列于表 2.6 中。

表 2.5 测试使用的硬件

操作系统	编译器	CPU
macOS 10.13.16	XCode 10.1	i7-8750H（Max 4.1GHz）
Windows 10	VS 2017	i9-9900K（Max 5.0GHz）

表 2.6 性能结果（运算耗时统计，单位为 ms）

运算	macOS		Windows	
	float	fixedpoint	float	fixedpoint
add	1.053	0.782	0.86	0.96
multiply	1.04	0.893	0.893	1.17
divide	1.09	12.75	0.985	10.9
sqrt	4.458	8.858	4.01	8.04
pow	11.22	18.858	45	17.7
log	19.8	5.657	4	7.45
exp	6.97	13.364	37.26	12.2
sin	10.7	8.414	9.13	10.32
asin	16.375	15.357	12	15.92

其中，除除法两者差距大外，其他函数的执行都在同一个量级内，在部分情况下，例如 add、sin，定点数的运算还快一些。

2.6 总结

本章从最基础的计算机整数的表示和运算开始，介绍了一种基于整数的定点数运算方案，并和单精度浮点数的计算性能和精度进行了比较。通过使用原生的 64 位整数运算，最大限度地利用了 CPU 的整数运算能力，因此比较高效。其性能跟硬件实现的浮点数（单精度）接近（基本都在 1 倍以内）。本章介绍的方案非常适合于需要确定性（决定性）、绝对精度不变的应用场合。

参 考 文 献

[1] Crenshaw, Jack W.. Integer Square Roots, 1998. https://www.embedded.com/electronics-blogs/programmer-s-toolbox/4219659/Integer-Square-Roots.

第二部分

游戏物理

第 3 章
一种高效的弧长参数化路径系统

作者：王清源

摘　　要

2015 年在某跑酷类游戏中想要实现一些创意玩法，需要一个路径系统，人物的移动靠路径引导，并且在路径上有简单的物理运动（走、跑、跳和碰撞反馈）。当时考察了一系列 Unity 与路径相关的插件，它们均不能满足需求。特别是弧长参数化的特性，即令曲线的参数 t 与曲线的长度 L 为线性关系，从而将参数 t 的线性变化映射到长度的线性变化上，实现曲线上的匀线速度运动，这一点是实现路径上物理运动的基础[1]。个别插件实现了类似的功能，但是其原理为暴力的线性插值，根据设定的精度将曲线拆成折线段组成的查找表，需要序列化和缓存大量的数据，对内存和包量并不友好。

该路径系统的主要流程如下：

（1）使用最小二乘法，用多项式拟合路径曲线的长度函数的反函数，利用拟合的反函数实现弧长参数化，这样只需要保存少数的多项式系数，运行时对多项式求值即可，无须保存一个巨大的查找表和进行查表操作，而可以直接求解。

（2）根据实际需求，没有使用常见的三次多项式曲线，而是构造了一条二次多项式样条曲线，目的是简化各种曲线的求交计算，同时维持 C1 连续。

（3）在弧长参数化的基础上，把普通的运动计算映射到曲线上，以曲线的局部切空间标架为基准实现了曲线上的简单物理运动，在曲线上也有可信的运动表现。

3.1　引言

在 2015 年参与的某跑酷类游戏中，策划者不满足于普通的、平直的跑动场景，想要尝试一些有趣的、弯曲的跑动场景,例如滑轨、过山车跑道等。对于当时的手游跑酷类游戏而言,跑动实际是沿着一条一维的直线路径移动的,跳跃等垂直方向的移动也是以这个路径为基准的,而水平方向左右移动可以被看作是路径的切换,那么自然而然想到用曲线路径代替直线路径来引导角色的跑动,并将简单的物理运动转换到曲线路径上。

结合游戏侧的需求,对这样一个曲线路径系统有如下要求:

(1)路径布置简单,最直观的就是布置路点。

(2)修改具有局部性,修改一个路点只会影响上、下游。

(3)曲线至少具有C1连续性,满足基本的光滑需求。

(4)两个路点间的曲线可以是异面曲线,等同于可以自由控制邻接路点曲线的方向。

(5)与曲线相关的计算要尽量简单,尽量少地进行迭代计算。

要求(1)意味着曲线要过每一个控制点,所以排除了 Bezier 曲线。要求(2)则排除了 Natural 曲线这类会影响全局的曲线,剩下可选的流行曲线有 Catmull-Rom[2]。在要求(5)中,希望曲线的计算尽量简单,特别是长度的计算和与平面求交的计算,这两类计算和各种逻辑操作相关,而曲线形式简单也会让一些迭代的计算量变小。所以最终并没有采用三次曲线,而是选择在两个控制点之间生成二次样条,两条二次曲线的拼接点用方程确定,并不需要手工编辑。另外,在路径编辑的过程中,模仿 Catmull-Rom 引入了 Cardinal 类曲线的构造方式以方便操作。

3.2 端点间二次样条的构建

在两个路点之间生成曲线,并且要求两个路点可以自由控制位置和朝向(切线方向)时,使用单一的一段二次曲线会遇到自由度不够的问题。这里构造了如下两条拼接的二次曲线来解决这个问题(见图 3.1)。

给定起点 P_0、起点切线 T_0、终点 P_1 和终点切线 T_1,有二次曲线 $f_1(t)$ 和 $f_2(t)$,令其满足如下条件:

$$f_1(0) = P_0$$
$$f_1'(0) = T_0$$
$$f_2(1) = P_1$$
$$f_2'(1) = T_1$$

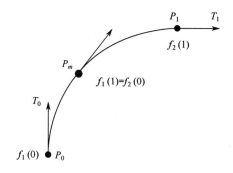

图3.1 二次样条曲线示意图

对于 $f_1(1)$ 和 $f_2(0)$，假设有一动点 P_m，在该点处曲线满足：

$$f_1(1) = f_2(0)$$
$$f_1'(1) = f_2'(0)$$

从而可以得到两条曲线的系数方程组：

$$\begin{pmatrix} 0 & 0 & 1 & 0 & 0 & 0 \\ 0 & 1 & 0 & 0 & 0 & 0 \\ 1 & 1 & 1 & 0 & 0 & -1 \\ 2 & 1 & 1 & 1 & -1 & 0 \\ 0 & 0 & 0 & 1 & 1 & 1 \\ 0 & 0 & 0 & 2 & 1 & 0 \end{pmatrix} \begin{pmatrix} a_1 \\ b_1 \\ c_1 \\ a_2 \\ b_2 \\ c_2 \end{pmatrix} = \begin{pmatrix} P_0 \\ T_0 \\ 0 \\ 0 \\ P_1 \\ T_1 \end{pmatrix}$$

该方程组的解为

$$b_1 = T_0$$
$$c_1 = P_0$$
$$c_2 = (T_0 - T_1) \times 0.25 + (P_0 + P_1) \times 0.5$$
$$a_1 = c_2 - T_0 - P_0$$
$$a_2 = T_1 - P_1 + c_2$$
$$b_2 = (P_1 - c_2) \times 2 - T_1$$

则有

$$f_1(t) = a_1 t^2 + b_1 t + c_1$$
$$f_2(t) = a_2 t^2 + b_2 t + c_2$$

可以看到，最终动点 P_m 不会出现在方程中，它为隐含的点，对外部是透明的。为了将分段曲线当作一段曲线使用，还需要将两段子曲线的参数 t 归一化到统一的 $[0,1]$ 范围内。令 $f_s(t)$ 为参数 t 归一化后的分段二次曲线，有 $f_s(0) = P_0$，$f_s(1) = P_1$。这里使用每段子曲线占拼接曲线的比例来归一化曲线参数。设 L_1、L_2 分别为曲线 $\widehat{P_0 P_m}$ 和 $\widehat{P_m P_1}$ 的长度，则有

$$f_s(t) = \begin{cases} f_1\left(\dfrac{t(L_1 + L_2)}{L_1}\right), & \text{if } t \leqslant \dfrac{L_1}{L_1 + L_2} \\ f_2\left(\dfrac{t(L_1 + L_2) - L_1}{L_2}\right), & \text{if } t > \dfrac{L_1}{L_1 + L_2} \end{cases}$$

类似的，也可以得到曲线的长度方程 $L_s(t)$，由子曲线长度方程 $l_1(t)$ 和 $l_2(t)$ 表示的归一化方程：

$$L_s(t) = \begin{cases} l_1\left(\dfrac{t(L_1 + L_2)}{L_1}\right), & \text{if } t \leqslant \dfrac{L_1}{L_1 + L_2} \\ l_2\left(\dfrac{t(L_1 + L_2) - L_1}{L_2}\right), & \text{if } t > \dfrac{L_1}{L_1 + L_2} \end{cases}$$

为此需要计算曲线 $f_1(t)$ 和 $f_2(t)$ 的曲线段 $\widehat{P_0 P_m}$ 和 $\widehat{P_m P_1}$ 的长度。对于二次曲线而言，曲线的线积分有解析解（分部积分）：

$$\begin{aligned} l(t) &= \int_0^t \sqrt{x'^2(k) + y'^2(k) + z'^2(k)} \, \mathrm{d}k \\ &= \int_0^t \sqrt{Ak^2 + Bk + C} \, \mathrm{d}k \\ &= \int_0^t \sqrt{\left(\sqrt{A}k + \frac{B}{2\sqrt{A}}\right)^2 + \left(\frac{\sqrt{4AC - B^2}}{2\sqrt{A}}\right)^2} \, \mathrm{d}k \\ &= \frac{1}{2\sqrt{A}} \left(s\sqrt{s^2 + \alpha^2} + \alpha^2 \ln\left(s + \sqrt{s^2 + \alpha^2}\right) \right) \Bigg|_{\frac{B}{2\sqrt{A}}}^{\sqrt{A}t + \frac{B}{2\sqrt{A}}} \end{aligned}$$

其中：

$$s = \sqrt{A}k + \frac{B}{2\sqrt{A}}$$

$$\alpha = \frac{\sqrt{4AC - B^2}}{2\sqrt{A}}$$

$$A = 4(a_x^2 + a_y^2 + a_z^2)$$
$$B = 4(a_x b_x + a_y b_y + a_z b_z)$$
$$C = b_x^2 + b_y^2 + b_z^2$$

这些系数可以离线预计算好（静态路径），或者在运行时初始化曲线的时候计算（动态构建路径）。该公式较为复杂，但是多用于曲线归一化的预处理过程中。如果进一步完成了曲线的弧长参数化，将会使用更为简单的线性长度计算。

3.3 路径的构建

路径为路点间曲线的拼接，共路点的两段曲线在邻接处可以共享相同的切线以保证C1连续，也可以设置成非共享切线，用来拼接切换了方向的直线路径等。路径系统只负责拼接和提供路点的信息，并没有限制曲线的类型，所以路径系统本身是支持多种类型曲线的拼接的。

路径上的每个路点都可以设置自己的方向（切线），虽然灵活，但每一个都要手工指定，也会比较烦琐，所以在切线的设置上模仿了 Catmull-Rom 这类 Cardinal 曲线的做法，即路点 i 处的切线由路点 $i-1$ 和路点 $i+1$ 的位置 P_{i-1} 和 P_{i+1} 决定：

$$T_i = \tau(P_{i+1} - P_{i-1})$$

τ 为切线的缩放因子（张弛因子），如图 3.2 所示，这样在大部分情况下，只需要指定路径两个端点路点的切线，中间的路点只需要调整端点位置来影响路点的切线方向，调整缩放因子来影响曲线的弯曲程度。

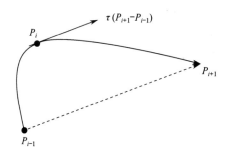

图3.2　Cardinal曲线切线的设置

在实现上，路径上的路点在使用邻接路点的信息构建曲线时，总是将邻接路点转换到自己的局部坐标系下，即在由路点 $P_i P_{i+1}$ 构建的曲线中，P_i 处于坐标点 (0,0,0) 且旋转为 (0,0,0)。所以，在使用路径时，每一段曲线的计算结果还要做一次局部坐标系到世界坐标系的转换。这样处理的好处是路径作为一个整体不受刚体变换的影响，特别适合游戏中场景动态拼接的需求。

3.4 曲线的弧长参数化[3]

有了路径，还需要能够方便地在路径上匀速运动，其他运动可以由匀速运动变化和复合得到。从朴素的需求角度出发，我们希望曲线的参数 t 与曲线的长度 L 为线性关系：

$$L(t) = Lt, t \in [0,1]$$

此时，我们可以仅通过参数 t 的匀速变化得到点在曲线上的匀速移动。显而易见，这个关系只有直线自然成立。

对于大于一次的多项式曲线，这里采用如下处理方式。

设 $f(t)$ 为连接点 P_i, P_{i+1} 的曲线，其在 P_i, P_{i+1} 间的长度为 L；另设参数 u，建立和曲线长度的线性关系：

$$\tilde{L}(u) = Lu, u \in [0,1]$$

即由参数 u 表达的曲线长度计算函数；设一个参数 u 到参数 t 的变换 $t(u)$，且满足 $t(0) = 0$，$t(1) = 1$。将变换带入曲线参数方程中，可以得到一个新的曲线参数方程：

$$g(u) = f(t(u))$$

由于 $g(u)$ 的长度函数为 $\tilde{L}(u)$，在此变换下对应的长度函数应有

$$L(t(u)) = \tilde{L}(u) = Lu, u \in [0,1]$$

从而变换 $t(u)$ 为

$$t = t(u) = L^{-1}(Lu), u \in [0,1]$$

为得到变换 $t(u)$，需要求出 $L(t)$ 的反函数 $t = L^{-1}(l)$。

由于 $L^{-1}(l)$ 没有解析解，这里采用最小二乘法进行拟合求近似解 $\tilde{L}^{-1}(l)$。

（1）在 [0,1] 区间进行等曲线长度的划分，得到 n 条等长曲线段 $\widehat{P_0 P_1}, \widehat{P_1 P_2}, \cdots, \widehat{P_{n-1} P_n}$，对应的参数区间为 $[0, t_1], [t_1, t_2], \cdots, [t_{n-1}, 1]$。

（2）对每一条曲线段 $\widehat{P_i P_{i+1}}$，采样 m 个 $L(t)$ 在该区间的值，得到点集 $(t_{i_0}, l_{i_0}), (t_{i_1}, l_{i_1}), \cdots,$

$(t_{i_{(m-1)}}, l_{i_{(m-1)}})$，其中 $t_{i_0} = t_i$，$t_{i_{(m-1)}} = t_{i+1}$。

（3）以长度为自变量，用最小二乘法拟合满足采样点 (l_{i_0}, t_{i_0})，(l_{i_1}, t_{i_1})，$\cdots$，$(l_{i_{(m-1)}}, t_{i_{(m-1)}})$ 的多项式方程，得到 $L^{-1}(l)$ 在 $[t_i, t_{i+1}]$ 区间的近似解 $\tilde{L}^{-1}_{[t_i, t_{i+1}]}(l)$。

（4）在剩余的区间重复步骤2和步骤3，求出 $L^{-1}(l)$ 在所有区间的近似解，则 $\tilde{L}^{-1}(l)$ 为 $\tilde{L}^{-1}_{[t_i, t_{i+1}]}(l)$ 组成的分段函数。

步骤 1 划分等曲线长度区间的目的是消除使用 $\tilde{L}^{-1}(l)$ 时查找分段函数表的遍历操作。当使用三次多项式作为拟合的基函数时，其系数可以用 Vector4 保存，则 $\tilde{L}^{-1}(l)$ 的分段函数可以保存为 Vector4 的数组 Vector4[n]。对于给定的长度 l，在等曲线长度的划分下，其对应的分段函数的系数索引为 Clamp((int)((l/L)*n), 0, n-1)。如果是其他形式的不满足等曲线长度的划分，则需要额外记录每个划分的长度，在使用 $\tilde{L}^{-1}(l)$ 时遍历 Vector4[n] 找到 l 对应的分段函数的系数。

在步骤 1 使用等曲线长度区间划分时，由于此时 $\tilde{L}^{-1}(l)$ 尚未求出，只能使用迭代法寻找等长划分点。这里使用 Newton-Raphson 法[4]来求解方程：

$$F(t_i) = L(t_i) - l_i = 0$$

其迭代形式为

$$t_{i(n+1)} = t_{i(n)} - \frac{L(t_{i(n)}) - l_i}{\sqrt{A^2 t_{i(n)} + B t_{i(n)} + C}}$$

其中，A、B、C 参见"端点间二次样条的构建"。$L(t)$ 为严格单调函数，适合使用 Newton-Raphson 法。可以将同样划分数量下同序号的等参间隔点作为迭代的初值 $t_{i(0)}$ 以加速收敛。

构造 $\tilde{L}^{-1}(l)$ 的计算量分析如下：

（1）寻找等曲线长度的划分点，默认最大迭代次数为 10，在实际计算过程中到不了这个次数就会收敛。n 个划分需要求解 $n-1$ 个划分点，总迭代次数 $\leq 10(n-1)$。

（2）对每条曲线段进行 m 次 $L(t)$ 的采样，排除两个已经计算的端点，总的 $L(t)$ 调用次数为 $n(m-2)$。

（3）在最小二乘法拟合部分，设 K_p 为拟合多项式的阶数，则构造方程系数矩阵的复杂度为 $O(K_p^2 mn)$，用高斯消元法求解部分的复杂度为 $O(K_p^3 n)$。

（4）$\tilde{L}^{-1}(l)$ 的计算不受刚体变换的影响，不需要针对刚体变换重新计算。

项目中，$n=20$，$m=11$，$K_p=3$，连接两个路点的曲线需要用 80 个浮点数表示。如果需要运行时动态构建曲线，为避免计算量过大造成卡顿，可以采用分帧计算的方法将计算量分摊到多帧。注意到每段路径之间没有相互依赖，只共享路点信息，也可以采用多线程并行计算。另外，根据项目情况也可以适当降低分段数目和采样点数目。

将 $\tilde{L}^{-1}(l)$ 表示的 $t(u)$ 带入原曲线方程中，得到新的归一化曲线方程：

$$g_s(u) = f_s(\tilde{L}^{-1}(Lu)) = \begin{cases} f_1\left(\dfrac{\tilde{L}^{-1}(Lu)L}{L_1}\right), & \text{if } u \leqslant \dfrac{L_1}{L_1+L_2} \\ f_2\left(\dfrac{\tilde{L}^{-1}(Lu)L-L_1}{L_2}\right), & \text{if } u > \dfrac{L_1}{L_1+L_2} \end{cases}$$

其对应的长度计算为

$$\tilde{L}(u) = Lu, u \in [0,1]$$

对于使用弧长参数化后的曲线方程 $g_s(u)$，其求值的计算比原始的曲线方程 $f_s(t)$ 多一次多项式求值的计算（具体而言，使用三次多项式拟合，多了 3 次加法、5 次乘法、1 次除法），但是对应的长度计算大幅简化，只需要 1 次乘法。

弧长参数化后的曲线方程 $g_s(u)$ 与原始的曲线方程 $f_s(t)$ 在等参取点时的对比如图 3.3 所示。

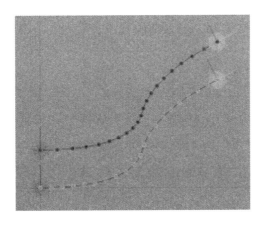

图3.3 弧长参数化后的曲线与原始曲线等参点对比

图中上面的为原始曲线，下面的为弧长参数化后的曲线，重参数化后，等参对应曲线上的等距。

3.5 曲线上的简单运动

对于曲线上任意的点 P，指定该点处法平面上的一个向量作为法向量，然后结合该点处的切向量通过向量外积得到副法向量，由此可以建立一个局部坐标系。这里指定法向量 N 为 up 向量，代表垂直的轴向；副法向量 B 为 right 向量，代表左右轴向；切向量 T 为 forward 向量，代表前后轴向。

由曲线引导的运动，这里定义为不"脱离"曲线的运动，即物体的运动必须要有对应的曲线上的线速度 v_s。首先由该线速度计算出在曲线上向前（或向后，由速度的符号而定）经过 t 后移动到达的新点 P 及其局部坐标系 (T,B,N)，然后以此作为物体运动位置新的基准，并且保证物体运动后的位置位于点 P 的法平面上，所以任意时刻的运动位置总是处在曲线上某点的法平面上，即曲线的"旁侧"。我们注意到，这种运动计算方式只关心当前曲线上的基准点及其局部坐标系，以及经过 t 后的曲线上的基准点及其局部坐标系，而基准点和局部坐标系是否由曲线得来并不重要，所以在实现物理模块时可以和具体的曲线解耦，仅以基准点及其局部坐标系数据作为物理模块的输入。

在具体实例上，这里只讨论在实际游戏中实现的跑动和跳跃（跌落）两种运动。在这两种运动中，曲线还有地面的作用，阻止物体的不断下落；基准点局部坐标系的 up 向量的负方向为重力的方向。

3.5.1 跑动

曲线上的跑动需要处理悬空（跌落）问题，以及碰到障碍物的问题。

悬空主要有两种情况，一种是遇到较陡的向下的坡，一种是走出支撑物的外沿，二者可以用统一的方式处理。

设当前的基准点和局部坐标系为 (P_i, T_i, B_i, N_i)，经过 t 后新的基准点和局部坐标系为 $(P_{i+1}, T_{i+1}, B_{i+1}, N_{i+1})$，当前对象位置为 Loc_i，相对于新的基准点的高差为

$$H = (\text{Loc}_i - P_{i+1}) \cdot N_{i+1}$$

当遇到较陡的向下的坡或者在高出曲线的支撑物上移动时，有 $H > 0$，此时先尝试将对象移动到点 P_H：

$$P_H = P_{i+1} + N_{i+1} \cdot H$$

然后从该位置沿着$-N_{i+1}$方向在跌落阈值F_H范围内测试是否存在碰撞体可以作为支撑物：如果存在支撑物，若$H > F_H$，则沿着$-N_{i+1}$方向移动到和支撑物接触的位置，若$H \leqslant F_H$，则直接移动到曲线上的点P_{i+1}；如果不存在支撑物，若$H > F_H$，则从跑动状态转为跌落状态，结束本帧的处理，若$H \leqslant F_H$，则移动到曲线上的点P_{i+1}。对于$H \leqslant 0$的情况，曲线为平直的或上坡，可以直接将对象移动到点P_{i+1}。

在移动对象的过程中，可能碰上带有碰撞的障碍物。根据位移向量和碰撞体表面法线的关系以及接触位置可以分为两类：一类是无法沿着接触表面移动或绕过的障碍物，导致当前的运动发生截断，停留在接触的位置上，阻止对象继续产生位移；另一类是可以沿着接触表面滑动或绕过的障碍物，这种情况无法将对象移动到预期的位置，但是可以持续移动到基准点的法平面上。一般的商业引擎对这样的情况都有处理，如Unity3D的CharacterController。

3.5.2 跳跃

跳跃状态的触发来自跑动状态的转换（自然跌落）和玩家（主动跳跃）。

一般场合下的跳跃会分成水平和垂直两个方向分别处理，曲线上的跳跃也做相同的处理，其中水平速度分量始终为曲线上的线速度，是一种曲线上投影速度恒定的做法，与对象实际经过的位移过程无关。所以，同时运动且具有相同水平速度的两个对象，无论实际运动路径如何，总是处在相同基准点的法平面上。

同跑动，设当前的基准点和局部坐标系为(P_i, T_i, B_i, N_i)，经过t后新的基准点和局部坐标系为$(P_{i+1}, T_{i+1}, B_{i+1}, N_{i+1})$，当前对象位置为$\text{Loc}_i$。由$\text{Loc}_i$和$N_i$可以构建一个平面：

$$N_i \cdot (x - \text{Loc}_i) = 0$$

该平面和直线

$$N(t) = N_{i+1} t + P_{i+1}$$

的交点记为P_{NN}，显然P_{NN}在P_{i+1}的法平面上。这里将对象移动到P_{NN}，位移向量

$$S_H = P_{NN} - \text{Loc}_i$$

和P_i的切平面平行，可以看作是原水平运动方向T_i被引导曲线改变了方向，围绕N_i发生了旋

转,使其指向新的基准点 P_{i+1} 的 N 轴。

对于垂直方向,根据重力加速度更新速度的标量值:

$$|vn_{i+1}|=|vn_i|+g\Delta t$$

使用新的基准点 P_{i+1} 的 $-N_{i+1}$ 向量作为重力方向计算垂直方向的位移向量:

$$\boldsymbol{S}_V = -|vn_{i+1}|\Delta t \boldsymbol{N}_{i+1}$$

最终的位置为

$$\mathrm{Loc}_{i+1} = P_{NN} + \boldsymbol{S}_V$$

在下落过程中如果遇到可以作为支撑的碰撞体,则转为跑动状态。其他碰撞体的处理方式类似于跑动。

3.5.3 相邻路径的切换

跑酷类游戏有切换跑道的操作。得益于物理计算与具体曲线的解耦,路径的切换也可以对物理计算透明。

设当前路径曲线为 $g_1(u)$,切换的目标路径曲线为 $g_2(u)$,触发切换路径时,设当前在 $g_1(u)$ 上的基准点为 $(P_{g1}, \boldsymbol{T}_{g1}, \boldsymbol{B}_{g1}, \boldsymbol{N}_{g1},)$,其法平面为

$$\boldsymbol{T}_{g1} \cdot (x - P_{g1}) = 0$$

计算该法平面与曲线 $g_2(u)$ 的交点 P_{g2},该交点对应的曲线参数为 u_{g2},局部坐标系为 $(\boldsymbol{T}_{g2}, \boldsymbol{B}_{g2}, \boldsymbol{N}_{g2})$。该点为 $g_1(u)$ 基准点 P_{g1} 在 $g_2(u)$ 上的等位点,在此将路径切换到 $g_2(u)$,且从等位点 u_{g2} 开始接替在 $g_1(u)$ 上的移动计算。路径的切换不能瞬间完成,需要一个将对象从路径 $g_1(u)$ 移动到路径 $g_2(u)$ 的过程。为此,将 $(P_{g1}, \boldsymbol{T}_{g1}, \boldsymbol{B}_{g1}, \boldsymbol{N}_{g1})$ 变换到 $g_2(u)$ 上基准点的局部坐标系下,这里设其变换后的值为 $(P'_{g1}, \boldsymbol{T}'_{g1}, \boldsymbol{B}'_{g1}, \boldsymbol{N}'_{g1})$,在对象完全移动到路径 $g_2(u)$ 之前,将 $(P'_{g1}, \boldsymbol{T}'_{g1}, \boldsymbol{B}'_{g1}, \boldsymbol{N}'_{g1})$ 和 (O, X, Y, Z)(O 为局部坐标系的原点 $(0,0,0)$,X, Y, Z 为局部坐标系的三个坐标轴 $(1,0,0), (0,1,0), (0,0,1)$)插值的结果转换到世界坐标系,作为当前基准点及关联的局部坐标系输入给物理模块。将 $(P_{g1}, \boldsymbol{T}_{g1}, \boldsymbol{B}_{g1}, \boldsymbol{N}_{g1})$ 变换到 $g_2(u)$ 上基准点的局部坐标系下,好处是路径切换一旦开始,就只与目标路径相关,源路径如何变化不会影响切换的过程,例如,在路径的切换过程中两条路径走向了不同方向。图 3.4 展示了路径切换的过程,其中绿色虚线为实际的移动路径,由 $(P'_{g1}, \boldsymbol{T}'_{g1}, \boldsymbol{B}'_{g1}, \boldsymbol{N}'_{g1})$ 和 (O, X, Y, Z) 插值而来;橙色虚线表示转换到 $g_2(u)$ 局部坐

标系后发生路径切换时的 $g_1(u)$ 的基准点 $(P'_{g1}, T'_{g1}, B'_{g1}, N'_{g1})$。

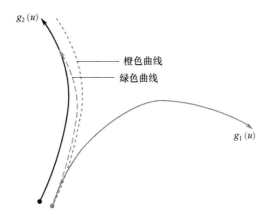

图3.4 路径切换插值轨迹

3.5.4 曲线上的旋转插值

每一个路点都有位置和旋转属性。旋转可以分解出三个坐标轴，所以物理计算所依赖的基准点局部坐标系(T, B, N)可以通过分解基准点处的旋转获得，而基准点处的旋转通过对两个路点的旋转插值获得。根据不同的需求，还可以选择插值得到的旋转是否对齐到曲线的切线。旋转插值对比如图 3.5 所示。

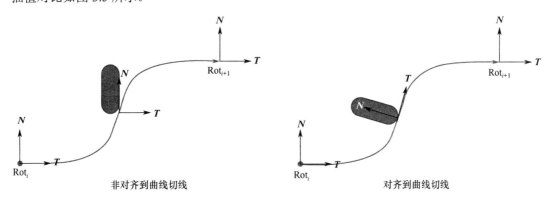

图3.5 旋转插值对比

对于二次曲线构成的路径而言，需要注意相机的旋转最好不要和曲线的切线相关联（如将镜头对齐到曲线上），而是独立计算相机的运动。由于二次曲线只有C1连续，相机的朝向和曲线的切线方向关联会令镜头朝向的变化产生人眼可察觉的生硬感。

3.6 总结

本章实现了一种简单、高效的路径系统，其优点如下：

- 计算简单，运行时性能良好，弧长参数化后也只增加了少量计算。
- 支持在路径上进行线性定位，相关预计算的数据量小，并且适当改造也可以用合理的性能在运行时构建。
- 曲线参数使用路点的局部坐标系构建，支持动态拼接。
- 实现了路径引导的简单物理运动，且计算过程与具体的曲线类型解耦。

该路径系统并不追求强一致性和连续性，适当放弃一些连续性条件可以实现不同类型曲线的拼接。我们的项目中只使用了二次曲线，但是其框架也同样适用于三次曲线。

参 考 文 献

[1] Cook, John D. Unit Speed Curve Parameterization, 2018. https://www.johndcook.com/blog/2018/07/15/unit-speed-curve/.

[2] Parametric Curves and Splines; Cubic Splines: Hermite, Cardinal, Catmull-Rom. http://web.eecs.umich.edu/~sugih/courses/eecs487/syllabus.html; University of Michigan.

[3] Length and Natural Parametrization. https://en.wikipedia.org/wiki/Differential_geometry_of_curves#Length_and_natural_parametrization; wikipedia.

[4] Newton's Method. https://en.wikipedia.org/wiki/Newton%27s_method; wikipedia.

第 4 章
船的物理模拟及同步设计*

作者：周茗琪

摘　　要

　　船只模拟在游戏中比较常见，无论是帆船、汽艇还是游艇，在模拟上都可以简化成动力、浮力和水的阻力的叠加。如果是匀速行驶在平静海面上的大船，则可以进一步忽略水的阻力。如何近似地计算这些力，从而在物理引擎的模拟下有逼真的表现，是一个难点。

　　最常见的方法是将船底离散化成若干采样点，分别采样水面高度，然后积分入水高度，得到浮力。这种方法忽略了水中其他力的存在，得到的结果不够真实。另一种方法是利用流体力学公式，计算船在水中受的力。这种方法则过于复杂，不适合应用于对实时性要求高的地方，比如游戏。本章从一个全新的视角，将物体在水中受到的力分解成与入水体积相关的浮力、与速度相关的升力、与入水体积变化相关的阻力，兼顾了高效与真实度，非常适合在游戏中使用。

　　本章的算法在《无限法则》中使用，能适应各种天气的水面，也能充分发挥各种类型船只的特点。

　　本章的第一节介绍了浮力系统，包括物体入水后受到的浮力、移动中产生的升力以及水的两种阻力：拉力和拍击力；第二节介绍了引擎系统，包括如何模拟船只的动力和向心力；第三节介绍了如何将前两节的内容应用到实际工程中，包括类的设计思路以及为什么要这样设计；第四节介绍了怎样更新浮力，使得在多人游戏中第一方（本地玩家）和第三方（非本地玩家）都能有自然、合理的表现；最后一节则对本章内容进行了总结。

---

* 本章相关内容已申请技术专利。

4.1 浮力系统

本章所讲的浮力是通过经典的阿基米德原理计算得到的，计算船身的浮力需要用到入水体积，因此计算复杂度是正比于船身几何体的顶点个数的。在实际应用中，推荐顶点个数小于25个，这样既可以保留不同几何体的特征，又在计算上尽可能高效。另外，由于船身是动态刚体（Dynamic Rigidbody），大部分物理引擎会要求是凸多边形（Convex）的。这两个前提使得用于做物理模拟的船身刚体形状不够精确，我们的做法是另外做一个动力学动态刚体（Kinematic Rigidbody）的射击碰撞，专门用于做精确的射击检测，并且每帧根据船身刚体的位置动态更新。

图 4.1 分别展示了两种船的刚体。图 4.1（a）和图 4.1（b）是用于计算浮力的动态刚体，一般称为"移动碰撞体"，顾名思义，是用来参与物理引擎动态模拟的刚体，由单个凸的多面体组成。可以看出，不同的船有着不同形状的动态刚体。圆点是动态刚体的重心，重心通常并不是几何中心，这符合真实世界的设定。

图 4.1（c）和图 4.1（d）是用来做射击检测的动力学动态刚体，一般称为"射击碰撞体"，由多个形状组成。这些形状可以是多面体（凸或者非凸），如图中船身的大部分；基础物理碰撞形状（球、长方体、胶囊体），如图中船的栏杆部分。由于不参与物理引擎的模拟，仅跟随"移动碰撞体"移动，因此对性能的影响很低。

图4.1 船的刚体示例

4.1.1 浮力

根据阿基米德原理，浮力（Buoyancy）大小可以由入水体积计算得到：

$$F_b = \rho g V$$

其中，ρ 代表水的密度，g 是重力加速度，V 代表入水体积。浮力方向是竖直的，作用位置在入水体积的中心。当物体在水面上静止时，其受到的重力和浮力大小相同，方向相反。由于入水体积的中心并不总是和物体的质心位置相同，所以会产生浮力力矩。浮力力矩计算如下：

$$T_b = F_b \times r$$

其中，F_b 代表浮力，来自上一个公式，r 是质心到入水体积的中心的向量。在游戏的实际计算中，我们发现使用浮力计算力矩会很不稳定，特别是在有大浪的情况下。因此，在实际计算时，我们扩展为下面的公式：

$$T_b = \max(-mg, F_b) \times r$$

同时，为了更自由地调试浮力的手感，我们提供了浮力力矩参数 ParamT_b，最终的浮力计算公式为

$$T_b = ((\max(-mg, F_b) \times r)\boldsymbol{R}^T \cdot \text{ParamT}_b)\boldsymbol{R}$$

这里的 $\boldsymbol{R}$ 是指物体的旋转矩阵，旋转矩阵是正交的，在计算中直接使用其转置矩阵代替求逆，以计算模型空间内的浮力力矩。

有了浮力计算的基础公式，下一步要解决的问题就是如何计算入水体积 V 以及体积的中心。Randy Gaul 的博客[1]中提出了一种计算入水体积的方法，本章在其基础上稍加改进。

首先介绍的是求多面体体积的公式。取一个参考点 P，使得多面体的每一个三角面都能和点 P 连成一个四面体。如图 4.2 所示，每个四面体的体积都可以用下面的公式算出来：

$$V_i = \frac{\boldsymbol{u} \times \boldsymbol{v} \cdot \boldsymbol{w}}{6}$$

当 $\boldsymbol{u}, \boldsymbol{v}, \boldsymbol{w}$ 三个向量逆时针排列时，点 P 在三角面 ABC 的正面，V 是大于 0 的；反之，点 P 在三角面 ABC 的反面，V 是小于 0 的。因此，计算所有的面和点 P 形成的四面体体积之和，就能得到多面体的体积了。

下面介绍的是求四面体的几何中心的公式。

$$C_i = \frac{P + A + B + C}{4}$$

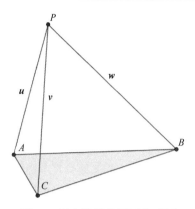

图4.2 浮力计算的四面体示例

以体积作为权重，可以得到整个多面体的几何中心。整个多面体体积和几何中心的计算公式如下：

$$V = \sum V_i$$

$$C = \frac{\sum V_i C_i}{V}$$

有了多面体体积和几何中心的求解公式，下一个要解决的问题是入水体积。还是先从三角面出发，一个三角面只可能处于三种状态中的一种：完全入水、完全出水、部分入水。

接下来分别分析三种情况。

情况一，三角面完全入水：特点是 A,B,C 三个点均低于水面高度，三角面可以和点 P 形成四面体为入水体积。但是需要注意，点 P 必须在水面上。

情况二，三角面完全出水：特点是 A,B,C 三个点均高于水面高度，丢弃该三角面。

情况三，三角面部分入水，这又分成两种可能：两个点入水或者一个点入水。

- 两个点入水，如图 4.3 所示。根据和水面的交点，ABC 被分成了 3 个三角形：X 符合情况二，丢弃；Y、Z 符合情况一，计算入水体积。

- 一个点入水，如图 4.4 所示。根据和水面的交点，ABC 被分成了 3 个三角形：X 符合情况一，计算入水体积；Y、Z 符合情况二，丢弃。

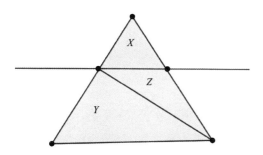 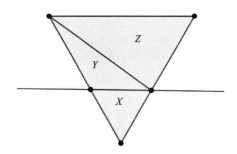

图4.3 三角面的两个点入水的情况　　　　图4.4 三角面的一个点入水的情况

由此，入水体积求解收敛为两个问题。

- 求一个四面体的体积，上面已经做了介绍。
- 已知三角形的顶点 A,B,C，求与水面交点的问题。解法简单，在此不赘述了。

对于任意一个凸多面体，我们可以根据三角面和水面高度的关系得到所有入水三角面列表，接下来是合理设定参考点 P，以计算入水体积。

我们使用多面体的中点在水面上的投影点作为 P 点，这种做法需要注意以下问题。

- 简化了水面模型：假设从多面体边缘到多面体中心的水面连线是一条直线。如果无法接受这种精度的丢失，则可以考虑从三角面向水面投影出一个上下面不平行的棱柱，计算体积。如图 4.5 所示，DFE 平面是水平面，棱柱的上下平面并不平行。

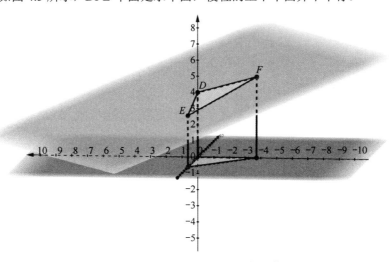

图4.5 复杂的水面下入水体积的计算

- 计算出的 V 可以大于多面体的体积或者为负数。

4.1.2 升力

在设计船的底面时，会让水在其周围形成环状流场，这个流场最终会形成升力（Lift）。当船移动时，流体会被船身分成两段：一段贴近船身流动，称为上游（Upstream）；一段在上游的外层，远离船身流动，称为下游（Downstream）。由于水面是有黏度的，下游会被更底层的水流牵扯，移动更慢。这样就会在船尾形成一个间隙，上游则会填充这个间隙，从而形成环流。这个环流会在船底板上形成升力。我们将升力简化为两部分：

第一部分是 Wilson[2] 提出的，升力大小的公式为

$$\text{Lift} = \frac{1}{2}\rho C S v^2$$

其中，ρ 是流体的密度，C 是升力系数，和物体的表面形状以及朝向有关，S 是浸没在水中的面积，v 是离物体很远处水的相对速度。在实际运用中，我们假定水是没有流速的，v 是船的速率。S 正比于接触水面的面积，我们使用接触水面的长度乘以一个定值来表示。

第二部分和入水长度的平方成正比，这么做能让船在水中开起来以后迅速获得足够的升力。

综合第一部分和第二部分，升力大小的最终公式为

$$F_1 = \text{ParamL}_1 \cdot l v^2 + \text{ParamL}_2 \cdot l^2$$

公式中的 ParamL_1 和 ParamL_2 分别对应了第一项和第二项中的常量项，可以配置。l 是船头的入水点和船尾的入水点之间的距离，可以在计算入水体积时，将所有入水三角面的坐标转换到船的模型空间内，计算得出。公式定义了升力的大小，升力的朝向是竖直向上的。

升力同样有力矩。我们在计算力矩时，将力臂定义为船的模型空间沿着负的船舷方向的单位向量。例如在游戏中，$+z$ 是模型的前方，那么可以得到：

$$T_1 = \text{ParamT}_1 \cdot (F_1 \times ((0\quad 0\quad 1)\boldsymbol{R} - \text{massCenter}))$$

公式中的 ParamT_1 是升力力矩系数，$\boldsymbol{R}$ 是物体的旋转矩阵，massCenter 是物体的质心。

4.1.3 拉力

在水中运动的物体会受到水的阻力（Drag），根据流体力学中的经典阻力方程：

$$F = \frac{1}{2}\rho C S v^2$$

物体在流体中受到的力为 F，ρ 是流体的密度，C 是阻力系数，S 是参考面积，一般定义为运动方向上的正交投影面积，v 是速度。和计算升力时一样，我们假定水的流速为 0，v 等于船的速率。S 的大小正比于 $\sqrt{入水体积}$。

水的拉力还和入水体积的变化有关，当入水体积加大时，需要排出更多的水；当入水体积减小时，会有水被填入。上面的公式是根据每帧物体的入水情况算出的阻力，下面的公式则是根据两帧间的变化而算出的额外阻力，它们之间是相互补充的。

$$F = \frac{-vm}{V_{\text{total}}}(\text{Param}_{\text{inc}} \cdot V_{\text{inc}} + \text{Param}_{\text{dec}} \cdot V_{\text{dec}})$$

公式中 V_{total} 是物体的体积，m 是物体的重量，v 是速度，V_{inc} 和 V_{dec} 分别代表增加的体积和减小的体积，$\text{Param}_{\text{inc}}$ 和 $\text{Param}_{\text{dec}}$ 则分别是两个开放的系数。在计算增加和减小的体积时，不是按照总的入水体积计算的，而是按照每个三角面形成的四面体分别计算的。

将本节介绍的两个公式结合起来，就得到最终的拉力公式，拉力方向和速度方向相反：

$$F_{\text{d}} = -v\left(\text{Param}_{\text{d}} \cdot \sqrt{V_{\text{immerse}}}\, v + \frac{m}{V_{\text{total}}}(\text{Param}_{\text{inc}} \cdot V_{\text{inc}} + \text{Param}_{\text{dec}} \cdot V_{\text{dec}})\right)$$

其中，Param_{d} 是本节第一个公式中的常量项，即 $\frac{1}{2}\rho C$；V_{immerse} 是入水体积。

拉力同样有力矩，拉力的力矩是相对于物体的角速度的，定义为

$$T_{\text{d}} = \frac{-wm}{V_{\text{total}}}\text{ParamT}_{\text{d}} \cdot V_{\text{immerse}}$$

这里的 ParamT_{d} 是一个与物体有关的常量。

4.1.4 拍击力

有了以上几种力，船在水中的运动已经非常接近真实世界了。但是船从空中落入水中时没有明显的减速，因此我们增加了拍击力（Slam）。与增加/减小体积类似，在计算每个三角面对应四面体的入水体积时，还会跟踪新增体积。

除了新增体积的大小，还需要计算新增体积三角面的朝向。以新增体积作为权重，求和各

个三角面的法线,得到新增体积表面的法向量。我们在计算拍击力时,仅使用投影带法向量的速度分量。因为水的表面是作用在物体表面的,每当一个面从空中进入水里时,受到的阻力一定是垂直该表面的。比如由于风浪船的尾部入水了,但是由于该表面和速度方向的夹角大于 90°,并不产生阻力;反之,若船的头部入水了,则应该产生平行于法向量、大小正比于速度的阻力。

$$N_{\text{dir}} = \sum_i (\overrightarrow{A_iB_i} \times \overrightarrow{A_iC_i}) V_{i_{\text{new}}}$$

$$N_{\text{new}} = \frac{N_{\text{dir}}}{|N_{\text{dir}}|}$$

$$F_{\text{s}} = -(N_{\text{new}} \cdot v) N_{\text{new}} \frac{m}{V_{\text{total}}} \text{Param}_{\text{s}} \cdot V_{\text{new}}$$

公式中的 Param_{s} 是调节拍击力影响的常量。V_{new} 是针对每个三角面形成的四面体 $V_{i_{\text{new}}}$ 分别计算再求和的。只有当四面体入水体积从 0 变成非 0 时才会算作 V_{new},否则算作 V_{inc}。

4.1.5 阻力上限

拉力和拍击力都属于阻力,它们只能让速度和角速度减小,却不能反向,所以需要将阻力控制在一定范围内。

设定 $F_{\text{r}} = F_{\text{d}} + F_{\text{s}}$,$T_{\text{r}} = T_{\text{d}}$,我们需要保证:

- $F_{\text{r}} \leqslant \frac{1}{\Delta t} m \cdot v$ 对向量的每个分量都满足。之所以要对每个分量分别检测,是因为 F_{r} 的朝向和 v 的朝向是不同的。这里的 m 是质量。

- $|T_{\text{r}}| \leqslant |\frac{1}{\Delta t}((w R^{\text{T}}) \cdot I) R|$ 两者模长相等。之所以只用模长相等,是因为 T_{r} 是正比于 w 的。

这里的 I 是惯性张量,在游戏中一般为一个三维向量。R 和前文中的定义相同,是旋转矩阵。

如图 4.6 所示是船在台风下受力示意图。点 A 和 F_{b} 分别代表浮力的作用点和浮力的大小,方向是竖直向上的;点 B 和 F_{l}(非常小)分别代表升力的作用点和大小,方向也是竖直向上的;F_{d} 代表水的拉力,F_{s} 代表拍击力,这两个力合称阻力,方向与 4.1.3 节和 4.1.4 节中介绍的相同。由于发生在船刚从空中接触水面时,所以升力较小,而拍击力非常大。如果在平静的水面上移动,拍击力则非常小。

图4.6 船在台风下受力示意图

4.2 引擎系统

船只引擎系统主要解决船的移动和转向模拟,并且提供了向心力。首先我们会判断引擎是否在水面下,以决定移动/转向是否响应。移动、转向、向心力的计算最终都是以力和力矩的形式施加在刚体上的。在介绍具体算法前,先介绍一下会用到的符号及其含义,详见表4.1。

表 4.1 符号及其含义

符 号	含 义
fwd	物体旋转矩阵的 forward 向量
up	物体旋转矩阵的 up 向量
right	物体旋转矩阵的 right 向量

4.2.1 移动、转向模拟

当有输入且引擎在水面下时,可以移动和转向。好的移动算法会模拟功率和档位,这不是本章的重点,在此不进行赘述。移动是以力的形式施加在刚体上的,假设已经算出功率 P,P 为负数代表倒退,为正数代表前进,我们可以得到移动的力:$F_{\text{move}} = \text{fwd} \cdot \dfrac{P}{v}$。转向需要求出转向力矩,假设已经算出转向力矩的大小 T,T 为负数代表朝左转,为正数代表朝右转,我们可以得到转向的力矩:$T_{\text{turn}} = \text{up} \cdot T$。

当没有输入或者引擎在水面上时,由于船在水中受到水的拉力会减速。如果发现减速效果不自然，就需要调整 4.1 节中介绍的水中阻力参数了。

4.2.2 向心力计算

船只在转弯时，船身会向转弯的方向倾斜。为了有操控感，我们并没有施加向心力，只是以力矩的形式施加在刚体上。计算向心力的第一步是求出模型空间下的速度 v_{local} 和角速度 w_{local}，它们都可以直接用速度和角速度与旋转矩阵的转置矩阵相乘得到。向心力的计算公式为

$$F_c = \text{right} \times v_{local}.\text{fwd} \times w_{local}.\text{up} \times \text{Param}_c$$

Param_c 是一个控制向心力大小的常量，和物体质量成正比。这里的 $v_{local}.\text{fwd}$ 和 $w_{local}.\text{up}$ 分别是指 v_{local} 向量中代表前的分量和 w_{local} 向量中代表上的分量，均为一个浮点数。比如在 Unity 中，y 是 up 方向，z 是 forward 方向，则上面的公式变为

$$F_c = \text{right} \times v_{local}.z \times w_{local}.y \times \text{Param}_c$$

这里使用的力臂是物体的半高，因此向心力力矩为

$$T_c = \frac{-1}{2}\text{height} \cdot \text{up} \times F_c$$

4.3 Entity-Component 及同步概览

本节将介绍浮力系统和引擎系统是如何集成的，还将对第三方同步组件进行简单说明。本节并不是实践 ECS 系统，文中的 Component 并不是纯数据。类似于 Unity，Entity 持有一组 Component，并且会每帧定时 tick 这些 Component。浮力系统（BuoyancyComponent）、引擎系统（EngineComponent）和第三方同步组件（SyncComponent）都是一个 Component，可以挂在 Entity 上。

如图 4.7 所示，在同步系统中，玩家控制的单位叫第一方，而其他玩家控制的单位叫第三方。第一方使用 EngineComponent 和 BuoyancyComponent，第三方使用 SyncComponent 和 BuoyancyComponent。

在带有动态刚体的第三方同步中，无论是 dead-reckoning 还是影子跟随，都会先在逻辑层算好每帧物体应该在的位置，然后再设置物理属性，当物理模拟结束后，物体能处在正确的位置。

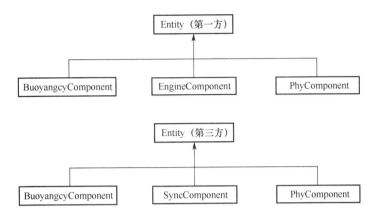

图4.7 第一方和第三方的Component示例

第三方位置同步的方法有三种。

（1）设置位置：这种方法会造成物体瞬移，并且在物理模拟上不够逼真。不推荐这种方法。

（2）设置速度：通过计算位移差求出速度，在物理引擎进行物理模拟前应用到动态刚体上。这种方法比较顺滑，适合绝大多数情况。有时会因为位置偏差造成第三方物体被其他刚体卡住，此时就需要设置位置。

（3）设置力：这种方法增加了一层间接性，控制难度加大。

这里的 SyncComponent 使用的是第二种方法，每次物理引擎进行物理模拟前都会更新第三方的物理速度。另外，让不同客户端的水面高度一样，特别是在有大波浪的情况下，是非常困难的，通常我们允许客户端的水面高度不一致，这时两个客户端的船只都需要运行浮力模拟，以适应不同的水面高度。

这时就出现问题了：第三方同步组件会每帧更新刚体的速度，而浮力组件则会每帧更新刚体受到的力，就会造成位置的不一致。例如，第三方刚体本来应该以速度 v 移动到位置 X，但是浮力组件在速度方向上施加了阻力、浮力和升力，从而使物理系统算出的速度会和 v 有偏差，最终导致物理模拟结束时物体的位置不是 X。

4.4 浮力系统物理更新机制

本节将介绍一种通用的浮力系统物理更新机制，可以解决第三方同步的速度设置问题。正如之前提到的，第三方通过设置速度来移动物体，因此第三方的浮力系统也应该设置刚体的速度,并且只覆盖部分速度分量,兼顾同步的精确和水中的真实感。浮力系统根据是否是第一方选择最终计算结果是力还是速度。在 4.1 节介绍浮力时,算出来的是力和力矩,我们在不改变所有计算公式的情况下实现这种机制。

图 4.8 展示了 Component 物理更新的过程。第一方通过引擎组件(EngineComponent)计算出驱动力,通过浮力组件(BuoyancyComponent)计算出浮力,将这些力在物理引擎进行物理模拟之前统一施加在刚体组件(PhyComponent)上;第三方通过同步组件(SyncComponent)计算出下一帧的同步速度,通过浮力组件(BuoyancyComponent)计算出的浮力推算出下一帧的浮力速度,将这两个速度糅合后,在物理引擎进行物理模拟之前设置在刚体组件(PhyComponent)上。

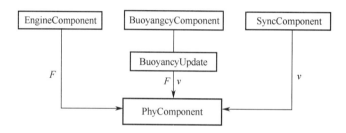

图4.8 Component物理更新的过程

物理更新机制的核心是 BuoyancyUpdate 类,它有以下三个接口。

(1)AddForce:累计力到变量 linearMomentumChange 中。

(2)AddTorque:累计力矩到 angularMomentumChange 中。

(3)Apply:根据物理模拟的时长,计算速度/力,并施加在动态刚体上。

linearMomentumChange 和 angularMomentumChange 对应了力和力矩的累计数据,均为矢量,每帧会清空,在浮力计算完成后会将所有累计的力和力矩数据统一设置给物体的物理系统。

- 如果是第一方,则直接将累计的力和力矩输出。这样做的好处是结合刚体本身的阻尼,物理表现更自然。同时和 EngineComponent 以力的方式输出的移动力、转向力矩和向心力力矩保持一致。
- 如果是第三方,则利用公式 $F\Delta t = m\Delta v$ 更新速度 v_{new}:

$$v_{new} = v_{old} + \frac{\text{linearMomentumChange}}{m}\Delta t$$

公式中的 m 代表质量。

类似的，更新角速度 w_{new}：

$$w_{new} = w_{old} + ((angularMomentumChange \cdot R^T) \cdot I^{(-1)})R \Delta t$$

其中，R 代表物体旋转矩阵，I 是惯性张量。

为了让第三方能有合理的表现，我们将用 BuoyancyUpdate 的部分数据覆盖同步速度。首先，为了贴合水面高度，保留了 v_{new}.up，也就是保留了速度中代表上的分量；其次，为了贴合水面上波动的感觉，保留了 w_{new}.fwd 和 w_{new}.right，角速度中的 up 分量对应了游戏里的 yaw，应该保持同步。

我们仅在物体接近水面时计算浮力，从而降低了 CPU 开销。

4.5 总结

本章介绍了一种船只模拟算法，可以模拟任意凸多面体在水中的受力，又能根据第一方和第三方提供令人满意的表现。

通过将水中的力分解成与入水体积正相关的浮力、与入水/出水体积相关的拍击力、与速度相关的拉力、简化的流体力学升力，以及简单的引擎系统，当船只在水中时可以提供加速度和转向功能，同时根据是否转向增加了向心力。我们把船只在水中受力的计算封装在浮力组件中，把驾驶操控和向心力计算封装在驾驶组件中，通过自由搭配组件，可以让任意的实体拥有浮力。

对于第三方同步问题，我们需要保留部分本地物理模拟的结果，覆盖部分值；而第一方又需要最真实的体验，我们根据是否是第一方将浮力计算结果换算成力或者速度，结合同步组件算出的第三方速度，最终施加于物理系统，得到自然合理的结果。

参 考 文 献

[1] Randy Gaul. Buoyancy, Rigid Bodies and Water Surface[EB/OL]. [2014-02-14]. http://www.randygaul.net/2014/02/14/buoyancy-rigid-bodies-and-water-surface/.

[2] Wilson Ryan M. The physics of sailing[J]. JILA and Department of Physics, Colorado. University of Colorado, Boulder, 2010: 1998-2010.

第5章
3D 游戏碰撞之体素内存、效率优化*

作者：王杰

摘　　要

本章介绍 3D 游戏体素的内存、效率优化，适用于前端、后台。体素是 3D 空间的最小表示单位，为了表述方便，将垂直方向若干体素合并后的长方体仍称为体素。体素在游戏中可用于行走、飞行、摄像机等碰撞检测，但体素也因为内存过大，难以普及。目前 3D 游戏碰撞检测的普遍做法是采用 Bounding Volume Hierarchy（层次包围盒），但这种基于 Tree 的检索效率并不是太高，尤其是对后台压力很大。本章致力于体素内存、性能的优化。在内存上，通过体素合并、地面省略下表面高度、水不生成体素、控制体素生成范围、内存自管理等方式优化，优化后 18 个场景，平均大小为 800m×800m，体素总大小为 124MB，最大场景占用 15MB，最小场景占用 1MB，平均占用 6.9MB，客户端在每个场景中只需要加载当前场景体素，所以客户端运行时由于体素带来的内存增加最大为 15MB；后台需要加载所有场景体素，所以后台由于体素内存增加 124MB。在效率上，因为自管理内存，查找某个位置的所有体素，时间复杂度为 $O(1)$；再通过预计算每个体素可到邻居的哪个体素，从当前体素移动到邻居体素，时间复杂度近似于 $O(1)$。在体素体系下，本章讲解有关获取地面高度、后台阻挡图、前台优先级 NavMesh、锯齿平滑、行走、轻功、摄像机碰撞等功能的实现方法。

5.1 背景介绍

MMORPG 游戏已经基本进入 3D 时代，3D 游戏的玩法不仅仅在地面上，还包括空中飞行、战斗等。目前 3D 游戏有三种做法：

---

* 本章相关内容已申请技术专利。

（1）体素，在腾讯最先由《天涯明月刀》项目组提出[1]。

（2）多边形网格，缺点是查找效率较低，后台性能压力大。

（3）分层，缺点是地面以上很难划分层的界线，而且复杂的建筑层数太多，内存太大。

体素是 3D 空间的最小表示单位，类比于 2D 空间的像素，如图 5.1 所示为汽车的体素模型，图 5.2 所示为场景原图，图 5.3 所示为原图体素化后的模型（树叶不生成体素）。

图5.1　汽车体素模型

图5.2　场景原图

本章介绍 3D 游戏体素的内存、效率优化，适用于前端、后台。2014 年《天涯明月刀》项目组曾分享了体素的内存、性能优化，然而因为体素内存占用之大，很多项目望而却步。但通过本章介绍的优化，18 个场景平均大小为 800m×800m，体素总大小为 124MB，最大场景占用 15MB，最小场景占用 1MB，平均占用 6.9MB，客户端在每个场景中只需要加载当前场景体素，所以客户端运行时由于体素带来的内存增加最大为 15MB；后台需要加载所有场景体素，所以后台由于体素内存增加 124MB。通过自管理内存，将查找时间复杂度降低为 $O(1)$。后文介绍内存优化、效率优化所使用的场景大小为长 800m、宽 800m、高 400m。

图5.3 原图体素化后的模型

5.2 体素生成

体素生成受开源项目 Recast Navigation[2]的启发，该项目由 Mesh 经过体素化、地区生成、轮廓生成、多边形网格生成、高度细节生成等步骤生成 NavMesh，因此将 Recast Navigation 对 Mesh 体素化的代码抽出来即可生成体素。

5.3 体素内存优化

5.3.1 体素合并的原理

每个体素都是一个长方体，表示有实物占据了该长方体（比如后面的图 5.6 所示为石头的体素模型，该体素模型完全由长方体拼成，每个长方体的上、下表面均为正方形，长、宽均为 0.5m）。

假设在(x,y)处有两个体素，第一个体素的上、下表面高度分别为 4m 和 3m；第二个体素的上、下表面高度分别为 10m 和 5m。第一个体素的上表面和第二个体素的下表面之间的空间为 1m，而人物身高为 1.8m，该空间无法使人通过，因此这两个体素可以合并成一个体素，上、下表面高度分别为 10m 和 3m。如果第二个体素的下表面高度为 6m，第一个体素的上表面和第二个体素的下表面之间的空间为 2m，可以使人通过，因此不用合并。通过这种方式可以将场景的体素大小从 44MB 降到 36MB。

在场景中，虽然很多模型是封闭的，但因为 Mesh 只覆盖表面，生成的体素是空心的。例如图 5.4 所示的石头，该石头虽然是封闭的，但生成的体素是空心的，如图 5.5 所示。石头的上、下表面会用两个体素表示，但这两个体素可以合并成一个，因为人物无法进入石头内部。通过连通区搜索，可以标记出石头内部和外部不连通，不连通区域的上、下表面体素可以合并，合并后的体素模型如图 5.6 所示。通过这种方式可以将体素大小从 36MB 降到 31MB。

图5.4　场景中的石头

图5.5　合并前的体素模型

图5.6　合并后的体素模型

这里就需要对美术有要求：所有玩家进不去的空间，都做成封闭的。如图 5.7 箭头所示，建筑的基座下面虽然是不可进去的，但基座内部和外部是连通的，如图 5.8 所示，这样基座生成的体素也会是空心的，造成内存浪费。

图5.7　建筑的基座

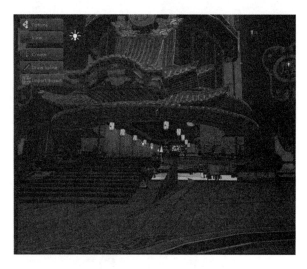

图5.8　建筑的空心基座

5.3.2　体素合并的算法

首先选择一个种子点，然后通过种子点向前、后、左、右扩散，无法扩散到的空间，即为不连通的，需要被合并上、下表面体素。在实现层面，直观的想法是构造一个三维矩阵，然后在三维矩阵里宽度优先搜索（深度优先一定会栈溢出）。但这里体素的精度是长、宽分别为 0.5m，三维矩阵大小为 1600×1600×4000，内存占 10GB，宽度搜索一次需要 20min 完成。本章提出一种搜索方法，在 1s 内完成搜索。

首先，构建原体素的反体素，原体素表示被实物占据的空间，反体素则表示没有被实物占据的空间。spans 记录场景的体素集合，antiSpans 则记录场景的反体素集合。spans[x + y ∗ w] 为一个链表，该链表存(x,y)处的所有体素。height 为整个场景最高飞行高度，如果 spans[x + y ∗ w] 为空，表示(x,y)处没有体素，则该位置以上没有实物，因此(x,y)处的反体素只有一个，上、下表面高度分别为 height、0。lastmax 记录(x,y)处上一个被遍历体素的上表面高度，如果下一个被遍历体素的下表面高度 smin 和 lastmax 之差大于人的高度，则可以在(x,y)处加入一个反体素，上、下表面高度分别为 smin、lastmax；否则，无须加入反体素，因为没有被实物占据的空间高度小于人的高度，人无法通过。如果遍历到最后一个体素，场景最高飞行高度 height 和 lastmax 的差值大于人的高度，则在(x,y)处加入一个反体素，上、下表面高度分别为 height、lastmax。

其次，标记连通区。在 antiSpans 中采用宽度优先搜索，首先在队列中放入一个可行走区上方的反体素，从该反体素开始标记整个场景的连通反体素。取出队顶反体素 frontSpan，从前、后、左、右四个方向遍历邻居，找出 frontSpan 和邻居反体素 s 的交集(min,max)，如果 max 和 min 之差大于人的高度，则表示可以从 frontSpan 到达 s，将 s 的 flag 标记为 1，表示连通，并将 s 压入队列中，直到队列为空，则标记完所有连通区。

最后，在 antiSpans 中删除所有 flag 为 0 的非连通反体素，并根据 antiSpans 重新构建 spans。通过这种方式，合并体素的算法内存降低为 10MB 左右，时间在 1s 以内。

5.3.3　地面处理

地面在整个场景中体素最多，但玩家不可能到地面以下，因此地面体素的下表面高度省略，统一认为 0，体素内存从 31MB 降到 21MB。这里假设场景的第一层体素即为地面（并不准确，在后文中会有详细说明）。但场景中某些建筑的边沿下没有地面，因此，会认为建筑边沿的下表面高度为 0，玩家也无法到建筑边沿下。因此，需要在建筑边沿下，场景最低可达高度之下 1m 位置，加一个小片，该小片生成体素。在场景中不显示该小片，该小片生成的体素没有下表面高度。建筑边沿因为不是第一层体素，因此会有下表面高度，同时又因为该小片在最低可达高度以下，因此玩家也无法到达该小片。如图 5.9 所示，建筑下有一部分是悬空的，下面也没有地面，因此该部分生成的体素省略下表面高度，统一认为下表面高度为 0，体素如图 5.10 所示。建筑下完全被体素挡住，建筑下的石头也无法飞行过去，采用加小片的方式，新生成的体素如图 5.11 所示。建筑下虽然没有地面，但体素生成正常。

图5.9　地面处理1　　　　　　　　　图5.10　地面处理2

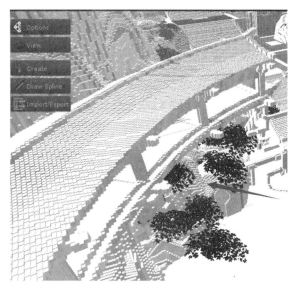

图5.11　地面处理3

5.3.4　水的处理

在游戏中，个别场景有水，如果水生成体素，则需要标记该体素为水，每个体素就多带一个标记。然而，只有个别场景有水，如果为所有场景的体素均加一个标记，并不合理。所以，这里对水并不生成体素，水的高度单独记录。最直观的做法是开辟二维矩阵，在每个(x,y)处记录水的高度，如果场景没有水，则不开辟该二维矩阵。使用这种方式，会造成内存的极大浪费，因为绝大部分区域都没有水。因此，对水采用分块存储方式，每一块大小为 100×100，再开辟一个二维指针数组，数组的每个元素都为指针，如果该区域有水，则指针指向 100×100 二维数组；否则，该指针为空。例如查找(172,567)处水的高度，则首先检查二维指针数组在(1,5)处的指针是否为空，如果为空，则无水；如果不为空，则代表有水，继续在二维指针数组在(1,5)处的指针指向的 100×100 二维数组里查找(72,67)处的高度。查找时间复杂度仍然为 $O(1)$，但存储空间却大大减小了。

5.3.5　范围控制

虽然很多场景都很大，但玩家实际活动的区域并没有那么大。如图 5.12 所示，箭头 1 所指的外框为场景大小，箭头 2 所指的内框为允许玩家实际活动的区域。因为玩家无法到内框以外，因此在内框以外无须生成体素。内框限制了地图边界，地图的前、后、左、右、上边界是内框规定的边界，但下边界比内框边界高 2m，因为内框边界以下都不生成体素。为了防止出现建筑悬空、建筑以下被遮挡的情况，需要在内框边界以上 1m 位置加小片，该小片生成体素。但为了防止玩家落到小片上，需要地图下边界比小片略高，因此地图下边界比内框边界高 2m。如果内框边界以下地形复杂，因为内框边界以下不生成体素，则也可节省一部分内存。

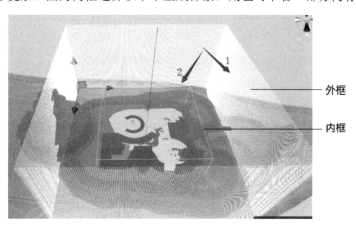

图5.12　范围控制

5.3.6　内存自管理

目前在内存中存储体素有三种方案。

（1）地面全部存储，地面以上分块存储，类似于水的存储方式。因为地面以上体素较少，分块存储可省掉大部分没有体素的区域。然而，该方案仍然有相当大的内存浪费，首先，需要指向每个块的指针；其次，在每个块内也有相当大的区域没有体素。

（2）四叉树：该方案虽然不会给没有体素的区域开辟空间，但查找时间复杂度为 $O(\log n)$，而且需要父节点到子节点的指针。

（3）在每个(x,y)处 new 出来一个数组，在数组内存储(x,y)处的所有体素信息。需要 new 出来 1600×1600 个数组，指针所占空间为 1600×1600×4byte，如果使用 Unity、C#在 64 位机器上指针占 8byte，则指针所占空间为 20MB。另外，如此多的 new 操作，必然带来大量内存碎片，而且查找邻居体素会导致 cache miss，因为(x,y)和(x,y)邻居的指针指向的空间在内存上并不连续。

以上三种方案或多或少在内存和性能上都有问题。

本章自行管理体素的内存组织方式：一维数组 spanArr 记录所有体素信息，spanArr 的每个元素都为 short 类型，因为体素高度以 0.1m 为粒度，如果 short 值为 64，则代表高度为 6.4m；一维数组 indexArr 记录(x,y)处的体素在 spanArr 中的位置。将场景中的所有体素高度按顺序写入 spanArr 中，(x,y)处第一个体素只写入上表面高度，非第一个体素上、下表面高度均写入。查找(x,y)处的所有体素，首先在 indexArr 中查找(x,y)处体素在 spanArr 中的起始位置 start 和个数 count，start 即为 indexArr 在(x,y)处的元素，count 即为 indexArr 在$(x,y+1)$处的元素减去在(x,y)处的元素加 1 除以 2。因为(x,y)处第一个体素省略下表面高度，所以如果(x,y)处有两个体素，第一个体素上、下表面高度分别为 4、3，第二个体素上、下表面高度分别为 10、7，则 spanArr 在(x,y)处会记录三个元素 4、7、10。因此，体素数目为(3+1)/2，即为 2。接下来，根据 start 和 count 在 spanArr 中找出(x,y)处的所有体素。这种存储方式，就是将上文中方案 3 的指针自行管理，但避免了大量的 new 操作和空间不连续，以及 cache miss。

如果项目中场景不复杂，则可以继续采用下述优化方式。例如(x,y)和$(x,y+1)$、$(x+1,y)$、$(x+1,y+1)$处均有 k 个体素，且 k 个体素上、下表面高度完全相同，则在 spanArr 中存储(x,y)处第一个体素时，在 short 上加个标记，表示其三个邻居体素和(x,y)相同，且$(x,y+1)$、$(x+1,y)$、$(x+1,y+1)$三个邻居体素不写入 spanArr。这样在查找$(x+1,y)$处的体素时，首先查找(x,y)处第一个体素的标记，如果标记为真，则表示$(x+1,y)$处的体素和(x,y)完全相同，直接从 spanArr 取(x,y)处的体素即可；如果标记为假，再从 indexArr 中查找$(x+1,y)$处的体素在 spanArr 中的位置和数量，然后在 spanArr 中取$(x+1,y)$处的体素。在场景不复杂的情况下，内存会显著减小。

5.3.7 体素内存优化算法的效果

体素内存优化算法的效果如表 5.1 所示。无优化时占用内存 44MB，体素合并后内存为 31MB，不记录地面的下表面高度内存为 21MB，控制范围后内存为 13MB，内存自管理后内存为 8MB。

表 5.1　体素内存优化算法的效果

算　法	内　存（MB）	算　法	内　存（MB）
原始	44	范围控制	13
体素合并	31	内存自管理	8
地面处理	21		

5.3.8　体素效率优化

通过上文中介绍的内存自管理，查找(x,y)处的所有体素，时间复杂度是 $O(1)$。假设(x,y)处有两个体素，第一个体素上、下表面高度分别为 4、0，第二个体素上、下表面高度分别为 10、7；$(x,y+1)$处有三个体素，其上、下表面高度分别为 1、0，6、5 和 10、9。假设玩家站在(x,y)处第二个体素上，高度为 10m，往$(x,y+1)$方向走，需要遍历$(x,y+1)$处的三个体素，查找可以行走到的体素。在该例中，玩家可以到$(x,y+1)$处的第三个体素上，因为该体素上表面高度也为 10m。然而，在场景建筑复杂的情况下，这种遍历$(x,y+1)$处所有体素的方式时间消耗大，客户端只有玩家自己需要用体素行走，其他玩家行走都是通过转发过来的路点的，因此对客户端效率影响不大，但是后台需要对所有玩家校验，遍历的方式消耗太大。

因为(x,y)和其邻居的地形相差不大，所以，如果玩家站在(x,y)处的第二个体素上，那么他走到$(x,y+1)$处也很可能走到第二个体素上，或者第一个、第三个体素上。在每个体素上再加一个 short，存储 8 个方向能走到哪个体素上，每个方向两个 bit。例如，当前体素为(x,y)处的第 k 个体素，short 的前两个 bit 为 00，则代表可以走到$(x,y+1)$处的第 k 个体素上；为 01 代表可以走到$(x,y+1)$处的第 $k+1$ 个体素上；为 10 代表可以走到$(x,y+1)$处的第 $k-1$ 个体素上；为 11 代表$(x,y+1)$处的 $k-1$、k、$k+1$ 三个体素都不可走，需要遍历$(x,y+1)$处的所有体素。经统计，两个 bit 为 11 的情况不到 5%，因此只有极少的情况需要遍历邻居的所有体素，在体素之间行走的时间复杂度近似为 $O(1)$，效率提升近 10 倍，每个场景的平均体素大小由 6.9MB 降到 9.1MB。

5.4　NavMesh 生成

5.4.1　体素生成 NavMesh

NavMesh（导航网格）是 3D 游戏中用于实现自动寻路的一种技术，将游戏中复杂的结构组织关系简化为带有一定信息的网格，在这些网格的基础上通过一系列计算来实现自动寻路。NavMesh 是由 Mesh 经过体素化、地区生成、轮廓生成、多边形网格生成、高度细节生成等步骤生成的，然后在导航网格上通过 A*或 D*等算法生成连通多边形列表，并从列表中找出最优路径。

这里客户端寻路采用 NavMesh，后台寻路采用 Jump Point Search。因为客户端只有玩家自己寻路，性能没有压力，但是玩家的路径必须好，不能贴边走，分级 NavMesh 可以将路中间标记为高优先级，将路边缘标记为低优先级，这样寻出来的路径才可以避免贴边问题。后台需要对大量 NPC 寻路，所以后台的寻路重在快，Jump Point Search 寻路速度是 NavMesh 的几十倍，满足性能要求。虽然 Jump Point Search 路径存在贴边问题，但是 NPC 绝大多数都种在开阔地带，所以 NPC 的路径很少有贴边的情况，因此后台采用 Jump Point Search 寻路。

将生成的体素提取上表面 Mesh，提供给 Unity 并生成 NavMesh。为了生成精细的 NavMesh，这里为 NavMesh 生成的体素精度为 0.15m×0.15m×0.1m，而碰撞考虑到内存及效率，采用的体素精度为 0.5m×0.5m×0.1m。

5.4.2 获取地面高度

虽然整个场景体素化，但仍然需要地面高度。例如，策划者为了配置位置方便，在 NPC 出生位置只配置水平坐标，高度默认为地面高度。一种获取地面高度的方式是取地面 NavMesh 高度，但 NavMesh 高度不精准，比如在栏杆边缘附近。如图 5.13 所示，左、右两块为不同优先级 NavMesh，箭头所指的即为 NavMesh 在该位置的高度。体素第一层也不能作为地面高度，如图 5.14 所示，箭头 1 指向的才是地板，但第一层体素是箭头 3 所在的位置。这里的做法是，首先将生成的体素提取上表面 Mesh，提供给 Unity 并生成 NavMesh，然后给定一个扩散点，在体素上进行扩散，为所有能通过 NavMesh 行走到的体素都加上标记，最后删掉无法行走到的体素，剩下的体素即为地面的体素，这些体素的高度即为地面高度。

图5.13　获取地面高度1

图5.14 获取地面高度2

5.4.3 后台阻挡图

后台需要阻挡图标记哪些区域可行走，从而对客户端的位置进行校验。后台的寻路算法 Jump Point Search 也是在阻挡图上进行的。客户端有 NavMesh 的地方是可行走区域，为了和客户端保持一致，后台根据客户端 NavMesh 生成阻挡图，但客户端的 NavMesh 有多层，后台的阻挡图只有地面一层，因此在生成阻挡图时，客户端非地面的 NavMesh 需要过滤。通过上文所述方法获取地面体素，用地面体素上表面的 Mesh 重新生成 NavMesh，重新生成的 NavMesh 即为可行走区域，没有 NavMesh 的地方即为不可行走区域。

5.4.4 前台优先级 NavMesh

前台用 NavMesh 给玩家寻出来的路径如果贴边，则对玩家的体验不好，因此需要对 NavMesh 分优先级。路边的 NavMesh 优先级低，边的耗费代价高；路中间的 NavMesh 优先级高，边的耗费代价低，因此寻出来的路径会优先考虑路中间的 NavMesh。如图 5.15 所示，深色区域为高优先级 NavMesh，浅色区域为低优先级 NavMesh。Unity 支持对 NavMesh 分优先级，只需要提供 Mesh 标记优先级即可。

首先根据阻挡图，通过 Meijster 算法计算 SDF（Signed Distance Field），SDF 表示当前位置多大的半径内没有阻挡。通过上文所述方法获取地面体素，遍历地面体素，如果当前位置的 SDF 小于某个阈值，则该位置体素的上表面 Mesh 标记为低优先级；否则，该位置体素的上表面 Mesh

标记为高优先级。然后将地面体素标记了优先级的 Mesh 提供给 Unity 生成优先级 NavMesh。

图5.15　优先级NavMesh

5.4.5　锯齿

玩家贴着墙边走时，容易与墙边发生碰撞，但是碰撞时不能卡住，需要沿着墙边的切线方向平滑移动。如图 5.16 所示，灰色区域为墙，玩家欲从 A 到 C，会在 D 被卡住，此时需要在 D 处改变方向，沿墙边的切线方向移动到 B。获取切线一般通过 Mesh 计算，但 Mesh 占用空间大，因此这里采用 NavMesh 计算切线。

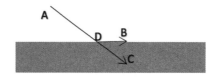

图5.16　碰撞模型

由体素的上表面 Mesh 生成的 NavMesh 如图 5.17 所示，因为体素的上表面 Mesh 有锯齿，因此生成的 NavMesh 也会有锯齿。如果用含有大量锯齿的 NavMesh 计算切线，并对玩家的移动做平滑，效果并不好。因此，这里在体素的 Mesh 下面再垫一层原场景的 Mesh，原场景 Mesh 都标记为低优先级。因为原场景 Mesh 的高度比体素 Mesh 的高度低，因此有体素 Mesh 的地方不会根据原场景 Mesh 生成 NavMesh，只有在边缘地带，没有体素的 Mesh，才会根据原场景 Mesh 生成 NavMesh。最终生成的 NavMesh 如图 5.18 所示，区域 2、区域 3 的 NavMesh 仍然由体素 Mesh 生成，而区域 1 的 NavMesh 由原场景 Mesh 生成，并且 NavMesh 是平滑的，可以根据其切线对玩家移动做平滑。为了加速计算,边缘区域在体素上做标记,只有在边缘区域才对玩家做平滑。

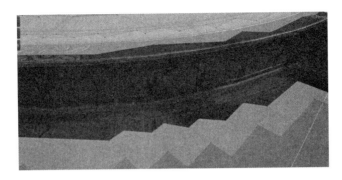

图5.17 带锯齿的NavMesh

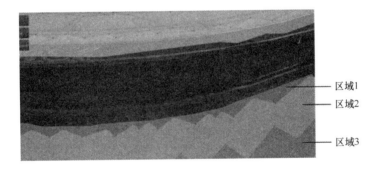

图5.18 消除锯齿的NavMesh

5.5 行走、轻功、摄像机碰撞

5.5.1 行走

这里的行走均在体素上进行,在每个心跳里,根据移动方向和时间间隔算出新水平位置,并对新位置进行碰撞检测。

行走的碰撞情况有4种:

(1)邻居体素太高,超过向上走的最高高度,不可走。

(2)邻居体素太低,超过向下走的最低高度,以某个速度垂直下落。

（3）走到邻居体素会碰头，根据前面介绍，体素合并保证该情况不会发生。

（4）可行走，直接走过去。然而，在这种情况下，因为体素的锯齿特性，导致行走并不平滑。

如图 5.19 所示为房顶，其生成的体素如图 5.20 所示。可以看出，在房顶上行走会如同走台阶一般，因此需要做插值平滑处理。

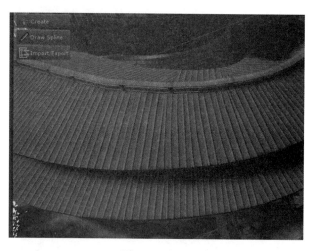

图5.19　房顶

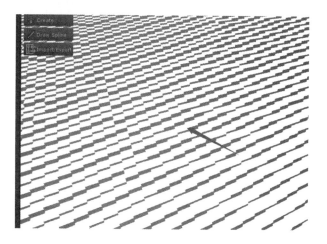

图5.20　房顶生成的体素

5.5.2 轻功

轻功有水平方向和垂直方向两条运动曲线。每个心跳在两条运动曲线上采样，算出玩家的新位置，然后对新位置进行碰撞检测。碰撞有 6 种情况：

（1）向上进体素，例如头部撞上房顶，需要以某个速度垂直下落。

（2）水平进体素，例如飞行中撞墙，舍弃玩家水平位移，只取垂直位移。

（3）向下进体素，例如落地，轻功结束。

（4）落水，水中无体素，转入游泳状态。

（5）无碰撞，玩家直接到新位置。

（6）超出地图边界，如果是向前、后、左、右、上超出地图边界，则需要以某个速度垂直下落；如果是向下超出地图边界，则需要拉回，拉回的位置是在轻功中以某个较长的时间间隔记录的垂直向下找到的可落脚地方。

5.5.3 摄像机碰撞

使用摄像机是为了拍摄玩家的可见区域，当玩家移动时，摄像机也需要移动并检测碰撞，当检测到碰撞时需要移动到合适位置。目前普遍做法是当玩家移动时，摄像机根据视线角度等计算位置，然后从玩家到摄像机打出一条射线，将摄像机放在射线和体素的第一个交点上。然而，玩家和摄像机的距离一般都在 5m 以上，每帧都在 5m 的距离内检测射线和体素的交点比较耗时。因此，这里只在摄像机进入体素，以及摄像机的旧位置和新位置之间有阻挡时，才将摄像机放在射线和体素的第一个交点上。检测摄像机是否在体素里很快，而摄像机是平滑移动的，摄像机的旧位置和新位置在一帧内很接近，所以检查摄像机的旧位置和新位置之间是否有体素也很快。这一步的目的是防止玩家和摄像机一直在墙的两边，导致看不到玩家。

这里采用 Bresenham 算法计算射线和体素的交点。Bresenham 是用来描绘由两点所决定的直线的算法，它会算出一条线段在 n 维光栅上最接近的点。这个算法只会用到较为快速的加法，常用于绘制电脑画面中的直线，是计算机图形学中最先发展出来的算法。

算法：设 startPos 为射线起点；endPos 为射线终点；dirInfo 表示在 x、y、z 方向走 1m，射线能走多少米；maxLength 表示 startPos 和 endPos 的距离；tMax 表示遇到立方体格子的下一个 x、y、z 边，需要从射线的起始位置走多远。如果 tMax.x 比 tMax.y、tMax.z 都小，则表示沿着射线走，先碰到立方体的 x 边；如果 tMax.x 大于 maxLength，则表示 startPos 和 endPos 之间没有体素，算法结束。如果当前位置在体素里，则表示 startPos 和 endPos 有阻挡。已知 startPos、沿着射线走的距离 tMax.x 和方向，因此可以计算出碰撞位置；否则，表示未到 endPos 且未遇到体素，tMax.x 增加 dirInfo.x。然后重新找出 tMax.x、tMax.y、tMax.z 中最小的，决定最先到立方体的 x、y、z 哪条边。

如图 5.21 所示为 Bresenham 算法二维示意图。startPos 为(0.5,0)，endPos 为(4,2)，需要找到 startPos 到 endPos 遇到的阻挡，即为黑色格子(3,2)。dirInfo 为(1.1517,2.0155)，tMax 为(0.5758,2.0155)。第一轮，tMax.x < tMax.y，当前格子为(1,0)，未遇到阻挡，tMax 为(1.7275,2.0155)；第二轮，tMax.x < tMax.y，当前格子为(2,0)，未遇到阻挡，tMax 为(2.8792,2.0155)；第三轮，tMax.x > tMax.y，当前格子为(2,1)，遇到阻挡，直接返回阻挡位置：(0.5,0) + 2.0155×(0.8683,0.4962)，即(2.25,1)，其中 (0.8683,0.4962)为 startPos 到 endPos 的方向向量。

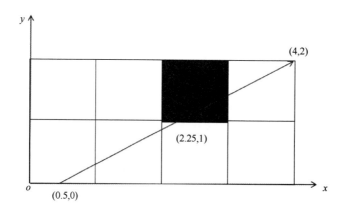

图5.21　Bresenham算法二维示意图

参 考 文 献

[1]《天涯明月刀》服务器端 3D 引擎设计与开发. 腾讯游戏学院, 2015. http://gad.qq.com/article/detail/10014.

[2] Recast & Detour. https://github.com/recastnavigation/recastnavigation.

第三部分

计算机图形

第 6 章

移动端体育类写实模型优化*

作者：冯宇、吴彬

摘　　要

本章方案使用统一的躯干模型、不同的头部模型以及统一的骨骼和动作，配合 GPU 中的顶点位移，实现了几百人的写实模型和几千套动作需求。首先，该方案使用统一的标准身体模型和骨骼，使多达几千套的动作可以通用；其次，配合多套服饰贴图和肤色贴图，覆盖了绝大部分角色躯干表现；第三，对不同人物角色使用不同的头部模型、头部贴图和个性化皮肤贴图（如文身）与躯干进行组合，达到表现上的差异化；第四，根据不同人物的体型特征对标准体型进行骨骼缩放变化以及 GPU 中顶点位移，实现了躯干部分不同高矮胖瘦的差异化处理。另外，通过统一的不同款式服饰模型替换原始的标准躯干模型和贴图，使用模型/贴图合并，实现了不同服饰需求。

该方案适用于移动端游戏，可以运行的最低配置是安卓手机（操作系统 Android 4.4，内存 2GB，CPU 4/8 核 1.5GHz）、苹果手机 iPhone 5S（iOS 9.0 及以上，内存 1GB，处理器 A7+M7）。该方案的制定和使用主要基于目前移动端硬件，综合考量了移动端的运算性能、内存、电量消耗、包体容量以及美术制作维护成本与表现上的平衡。该方案实现了角色在身高、体型、肤色、面部和发型上的元素差异化，以保证用户对不同角色的识别，忽略了对区分角色影响较小的其他因素（如手臂长短、手掌大小等）。对于主机端或者更真实细致的还原，可以在此方案的基础上进一步拓展，如缩放或者位移更多的关节节点，实现手臂和腿部的不同长短等。该方案适用于需要大量写实风格的真实角色（该众多角色为人们所广泛认识和辨识），以及超大量动作（几千套）的游戏，如体育竞技类游戏。

---

* 本章相关内容已申请技术专利。

6.1 引言

体育类游戏（运动游戏，Sport Game），即以体育运动为主要内容的游戏，这里特指写实风格的体育类游戏，与其他类型的游戏相比有着明显的特质。体育类写实游戏（如 EA 公司的 Fifa 系列、NBA Live 系列和 Madden NFL）最显著的一个特征是拥有大量（数百至上万个）真人写实角色，以及超大数量（上千至数万套）角色动作资源，远超其他类型游戏。另外，体育类写实游戏中的角色都对应于现实中的运动员，这些运动员多为人们所熟知，而游戏玩家通常又非常"硬核"，对明星运动员十分熟悉，甚至追逐和狂热。因此，游戏的角色设计制作必须高度符合真实人物，动作专业合理、丰富流畅且真实可信，这对角色的还原度和辨识度以及制作、实现都提出了极高的要求。

对于如何在移动端实现体育类游戏中的写实角色，我们主要面临下面两个问题。

（1）体育类写实角色需要上千至数万套动作资源，无论是出于制作成本还是内存占用的考虑，都需要进行优化，并尽量使角色可以共用同一套动作资源。另外，游戏角色和动作的还原度、辨识度要求不同角色存在明显差异。因此，如何在共用同一套动作资源的基础上差异化角色表现，比如身高、体型、肤色等，非常重要。

（2）移动平台相比于 PC、主机在内存、处理器和电量消耗上有更高的限制，而且机型众多，一部分低端机型的 CPU 运算和渲染能力都偏弱，如何兼容更多中低端硬件的机型也非常重要，这需要我们对角色进行更多的优化，来减少 CPU 和 GPU 的消耗。

本章主要围绕这两个问题，对移动端写实角色提出一种优化的制作和实现方案。文中示意所用的模型、贴图以及效果展示均来自游戏《最强 NBA》。

6.2 方案设计思路

我们希望通过对写实角色的构成元素进行整理，按照影响角色辨识的重要程度进行区分，寻找出所有角色可以统一共用的元素和差异专属的元素，然后依此规划具体资源的制作。同时，在这个过程中，尽量促使角色可以通用同一套动作资源。

6.2.1 角色统一与差异元素分析

体育类游戏的写实角色都是现实中的真实人物，并且穿着正常服饰，因此我们可以将"角色"归纳为"人体"和"服饰"两部分。我们对游戏角色的归纳分析，就具体转化为对人体和服饰的归纳分析。

6.2.2 角色表现=人体+服饰

首先，我们将人体和服饰再进一步细化成各种元素（不局限于下文所列，我们只挑选较为重要的元素），这些元素构成了一个完整的角色，如图6.1所示。

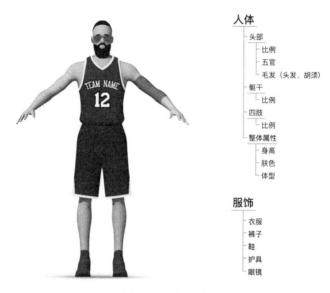

图6.1 角色构成

然后，我们进一步分析各元素对区分不同角色个体的重要程度，以便后面将元素进行归类，如表6.1和表6.2所示。

表6.1 人体元素

部位			描述	对于区分不同角色个体的重要程度
分类		元素		
人体	头部、躯干、四肢是所有人体的共同元素			
	头部	比例	头部与身体的比例、脖颈的长短，不同角色差异较小	中等
		五官	面部，不同角色个体差异较大	重要
		毛发	头发、胡须，不同角色个体差异较大	重要
	躯干	除去头颈以及肢体的部分，包含胸部及腹部		
		比例	胸部与腹部的长短、宽厚比例 不同角色个体差异在视觉上不明显	不重要

(续表)

分类	部位		描述	对于区分不同角色个体的重要程度
		元素		
人体	四肢		包含上臂、前臂与手掌，大腿、小腿与脚掌	
		比例	四肢与躯干的比例 上臂、前臂与手掌的比例 大腿、小腿与脚掌的比例 不同角色个体差异小	不重要
	整体属性		人体整体属性，在上述头部、躯干、四肢上都有体现	
		身高	不同角色个体差异较大	重要
		肤色	不同角色个体差异较大 此处包含皮肤上的文身	重要
		体型	肌肉、脂肪的比例在外形上的体现 可以区分人体的强弱、胖瘦，不同角色个体差异大 人体的肌肉结构，脂肪分布相同，但是比例含量（数值）不同	重要

表 6.2 服饰元素

分类		描述	对于区分不同角色个体的重要程度
服饰	衣服裤子	衣服与裤子，覆盖基本全部躯干和部分四肢 穿着相同的衣服、裤子的角色，无法通过衣服、裤子区分；穿着不同的衣服、裤子时，衣服和裤子是最容易区分不同角色个体的元素	
	俱乐部/球队服装	不同的角色个体属于不同的俱乐部/球队。不同的俱乐部拥有不同的球衣和球裤；相同的球衣和球裤设计统一，根据不同角色个体印有不同的号码	中等
	日常或时尚服装	日常/时尚服装，各有不同的款式外形和花纹图案 不同的角色可以穿着相同的衣服、裤子	不重要
	鞋	覆盖整个脚掌	
		同一款式没有差异 不同款式差异明显	不重要
		对于运动员，部分款式为某些角色专属特征，可以用于辅助区分并确定是哪个角色	中等
	护具眼镜…	护具包含护臂、护肘、手套等 同一款式没有差异 不同款式差异明显	不重要
		对于运动员，部分款式为某些角色专属特征，可以用于辅助区分并确定是哪个角色	中等

将重要程度定位为中等、不重要，说明不同角色间差异较小，比较相似，或者视觉感受不明显，不足以影响不同角色的区分；而将重要程度定位为重要，则说明不同角色间差异较大，或者视觉感受非常突出，缺少就无法区分角色。

最后，根据重要程度的不同，提取出不同角色间统一的元素和差异的元素。

- 统一的元素：将重要程度定位为中等、不重要的元素，不足以影响区分不同角色的特征。

- 差异的元素：将重要程度定位为重要的元素，缺少就无法区分不同角色。

另外，为了简化讨论，同时方便后续对资源规划时减少不必要的制作和浪费，我们再对一些部位和元素进行一定的整合简化。

首先，人体"整体属性"过于抽象，肤色和体型属性都会体现在人体的各个具体部位上，所以我们将这些属性具体赋予人体相应部位的元素，如"四肢"和"躯干"分别增加"体型"和"肤色"元素。对于"整体属性"中的体型和肤色则不再单独进行分析，仅保留身高。

其次，人体的躯干基本都被衣服和裤子所遮盖，不能被看到，所以我们可以忽略躯干的"肤色"属性。躯干的比例和体型属性，可以由覆盖在表面的衣服和裤子体现。比如，脂肪较多、体型较胖的人，衣服尺码更大，腹部的衣服也会被撑起，强壮的人拥有较大块的肌肉，衣服和裤子会在胸肌、手臂和大腿处被撑起。所以，我们可以用"衣服"和"裤子"来代替或等同于"躯干"，躯干 = 衣服 + 裤子，躯干的体型、比例等属性由衣服、裤子继承。这样，我们只讨论衣服和裤子即可，后续也不需要制作躯干的相关资源了，避免浪费。

最终整理出的结果如表 6.3 所示。

表 6.3　统一/差异元素整理

分　类	元　素	对于区分不同角色个体的重要程度	对元素的归类
头部	比例、五官、毛发	重要	差异的元素
衣服、裤子（躯干）	比例	不重要	统一的元素
	款式（俱乐部/球队服装）	中等	统一的元素
	款式（日常/时尚服装）	不重要	统一的元素
	体型	重要	差异的元素
四肢	比例	不重要	统一的元素
	肤色	重要	差异的元素
	体型	重要	差异的元素

（续表）

分 类	元 素	对于区分不同角色个体的重要程度	对元素的归类
身高		重要	差异的元素
其他服饰（鞋、护具等）	款式设计	不重要	统一的元素

6.2.3 角色资源整理

整理出了统一的元素和差异的元素后，我们就可以开始规划角色资源的安排了。我们把资源（游戏资产）区分为通用和专属两部分。

- 统一的元素，规划为通用资源，只存在一份，所有角色共用。

- 差异的元素，规划为专属资源，针对每个角色单独制作。

另外，3D游戏资源中的模型、材质、贴图和动作需要相互配合使用，因此我们要综合考虑这些资源间的相互关系和影响。其中，因为材质对于同类表面的物体是统一的，可以对应多个不同贴图，所以这里忽略材质，我们所讨论的资源主要指模型、贴图以及骨骼和动画资源。它们包含以下一些特性：

- 模型包含几何数据（空间位置、比例等）。

- 贴图包含颜色数据。

- 骨骼影响模型的几何数据（空间位置、比例等）。

- 一个模型可以对应不同的贴图。

- 同一个贴图可以给多个不同模型使用。

- 一个模型包含一套固定的骨骼蒙皮数据，因此一般只能使用对应该套骨骼的动作（动画）资源。

- 不同模型如果顶点几何数据相近，则可以对应同一套骨骼，进而可以共用相同的动作资源。

梳理出这些特性，可以帮助我们对应角色元素和资源的关系。

- 头部的比例、五官形状，衣服和裤子的比例、款式形状、体型，四肢的比例、体型和身高等，都与模型对应，由其几何数据体现。

- 头部的五官、毛发颜色、皮肤，衣服和裤子的款式设计、花纹颜色、四肢的皮肤等，与贴图对应，由其颜色数据体现。
- 头部的比例、衣服和裤子、四肢、体型和身高等受骨骼影响，因此我们可以考虑使用骨骼来控制体型、身高。
- 如果所有角色模型相近、高度相近，那么就可以使用相同的骨骼，进而可以共用同一套动作资源。

接下来，我们将资源对应到具体元素上，整理出的结果如表6.4所示。

表6.4 角色资源整理

分类	元素	归类	属性	相关资源
头部	比例	差异，专属资源	几何	模型和骨骼
	五官、毛发	差异，专属资源	几何	模型
			颜色	贴图
衣服、裤子（躯干）	比例	统一，通用资源	几何	模型
	款式（俱乐部/球队服装）	统一，通用资源	几何	模型
			颜色	贴图
	款式（日常/时尚服装）	统一，通用资源	几何	模型
			颜色	贴图
	体型	差异，专属资源	几何	模型
四肢	比例	统一，通用资源	几何	模型
	肤色	差异，专属资源	颜色	贴图
	体型	差异，专属资源	几何	模型
身高		差异，专属资源	几何	模型和骨骼
其他服饰（鞋、护具等）	款式设计	统一，通用资源	几何	模型
			颜色	贴图

注意：体型被赋予到衣服、裤子（躯干）和四肢分类中。

6.2.4 资源制作与实现

根据上一节的资源规划，我们将具体安排资源的制作。这里仍将按角色元素逐一对模型、贴图等进行分析。同时，因为骨骼也是资源的重要组成部分，并关乎角色通用所有动作的目标，所以这里也需要对骨骼进行分析。而体型元素相对复杂，我们放在后面单独分析。

头部的模型和贴图为专属资源，我们根据每个角色不同的头部形状、五官和毛发，为其单独制作。每个角色头部贴图中的肤色，会与其四肢的通用皮肤贴图（肤色由浅至深有 5 套皮肤贴图，详见后文）中的某一套一致。如果该角色拥有专属的四肢贴图（如：角色拥有文身），则头部贴图的肤色与专属的四肢贴图肤色保持一致。头部模型如图 6.2 所示，头部贴图如图 6.3 所示（为了尊重相关权益，对贴图做了模糊处理）。

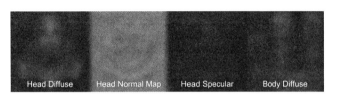

图6.2　头部模型　　　　　　　　图6.3　头部贴图

我们以俱乐部、球队为例，球衣、球裤的模型和贴图都是通用资源。所有球衣、球裤款式（几何形状）相同，我们制作一套通用的标准模型，如图 6.4 所示。

图6.4　球衣、球裤模型

在贴图部分，相同俱乐部、球队基础贴图一致：每个球队制作一套基础贴图的通用资源；每套球衣、球裤制作一套通用的 0~9 的数字贴图资源，可根据需求进行拼接组合；每个俱乐部、球队，包含主客场各一套通用球衣、球裤贴图和一套号码贴图，如图 6.5 所示。

图6.5　球衣、球裤贴图

日常和时尚款式的衣服、裤子，与球衣、球裤相似，对于相同外形款式制作通用的模型资源，对于相同外形款式、不同颜色花纹可以制作不同的贴图。

四肢的几何形状和比例属于通用资源，我们制作一套通用的标准模型，如图 6.6 所示。四肢贴图也属于通用资源，可以依照皮肤颜色由浅至深制作 5 套皮肤贴图，对于具有文身特征的角色，我们为其制作专属皮肤贴图资源，用来代替通用贴图，如图 6.7 所示。

图6.6　四肢模型

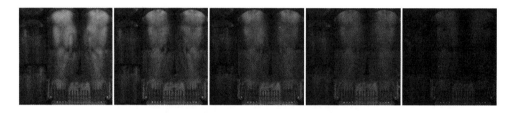

图6.7　四肢贴图

我们最初面临的一个主要问题就是尽可能使用同一套动作资源，以节省制作成本和降低性能消耗。上面我们分析了，如果所有角色模型相近、高度相近，那么就可以使用同一套骨骼，进而可以共用同一套动作资源。

前面我们已经规划了所有角色使用同一套通用的衣服、裤子和四肢模型，这些元素已经使用一套骨骼。我们再进一步将所有的角色头部模型统一尺寸和高度，保证与通用的衣服、裤子模型可以拼合，就能够使不同角色的头部也使用同一套骨骼。鞋的模型也是如此。这样所有角色模型都具有相同的高度，使用同一套骨骼，可以共用同一套动作资源。骨骼结构如图 6.8 所示。

上面我们确定了所有角色拥有同一套骨骼和高度，因此可以设定一个标准身高，然后通过缩放角色骨骼根节点（根骨骼）得到不同高度的角色。根据统计，我们将某类体育项目运动员的平均身高 1.98m，确定为一个标准角色模型的身高，以尽可能减小实现其他身高的缩放值。

第 6 章 移动端体育类写实模型优化　　87

图6.8　骨骼结构

因为人体躯干、四肢与身高的比例相对线性，我们又将缩放值降到最小，所以人体的这些部分缩放后在视觉上的不合理性并不明显，可以接受。而对于头部，一些与标准 1.98m 身高差异较大的角色，或者某些真人头部比例比较特殊的角色（比如某些人头部与身体相比，明显较大或较小，而且成为该人的一个辨识特征），可能出现头部比例与真人明显不相符的情况。我们使用同一思路，通过缩放头部骨骼，将头部控制在合理的比例，如图 6.9 所示。

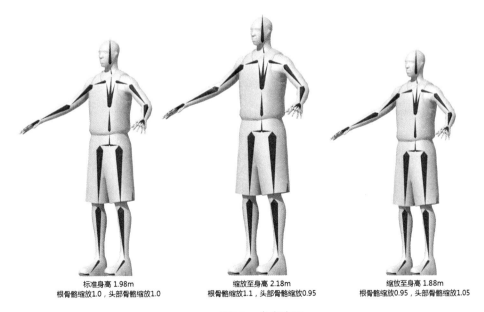

图6.9　身高实现

其他服饰的资源制作与衣服、裤子相似，对于相同外形款式制作通用的模型资源，对于相同外形款式、不同颜色花纹制作不同的贴图。

接下来，我们单独分析体型元素，体育类游戏写实角色的体型差异具有以下几个特征。

- 体育运动员角色绝大多数身材均匀、肌肉含量高、脂肪少，大多数体型差异较小，因此可以忽略极度肥胖或者极度瘦弱的体型。

- 我们可以根据肌肉含量将体型分为强壮和瘦弱，根据脂肪含量分为肥胖和纤瘦。肌肉含量和脂肪含量相互不冲突。

- 对于肌肉而言，人体肩部、胸部、上臂脂肪相对覆盖少，肌肉强弱在这几个部位表现明显。

- 对于脂肪而言，人体腰腹部位脂肪最容易堆积，表现也最为明显。

由此可以看出，体型的差异需要我们区分不同的部位（比如肩部、胸部、腹部等）对模型的几何数据（顶点位置）进行修改和变化。使用骨骼来控制模型局部顶点是直接的办法，但会带来更多的在骨骼驱动顶点变换时的计算消耗，也会给超大量动作的制作增加复杂度，还可能会干扰骨骼动画的正常播放。所以我们排除使用骨骼控制体型，尽可能寻找更优的方案——避免过多的计算消耗，避免干扰到动作的正常制作和播放。

这时，GPU 是一个不错的选择。GPU 在几何阶段可以直接对顶点位置进行控制，避免了使用骨骼的计算消耗。顶点数据可以包含顶点法线等很多信息，也可以存储我们想要的其他信息。同时 GPU 渲染在骨骼动画驱动顶点计算之后，也规避了对动作的干扰。

我们开始考虑如何在 GPU 中实现体型：如果要移动一个顶点，需要一个向量，需要确定向量的方向和长度；如果要移动模型特定区域的一组顶点，还需要有各顶点对应的权重值。接下来我们就去寻找和构造这些数值：

- 模型顶点的法线为我们提供了最合适的向量方向，正是体型所需要的模型表面向外凸起或者向内收缩的方向。

- 对于向量的长度，需要根据每个角色来定制，我们可以根据角色配置不同的数值。

- 对于顶点的权重，有较多的选择，贴图、顶点的切线、UV2、顶点色等都可以供我们存储权重，而且都可以存储多维向量，方便我们区分肌肉和脂肪。使用贴图存储，绘制方便，可以在着色器顶点程序中对贴图进行采样获得权重，但顶点纹理拾取（Vertex Texture

Fetch)需要 Shader Model 3.0,我们希望可以在更低端的 Shader Model 2.0 下运行。如果使用顶点的 UV2、切线信息来存储,则避免了使用 Shader Model 3.0 和对纹理的采样,但是制作时无法使用 DCC(Digital Content Creation)工具直接绘制,需要另外开发工具支持。因此,我们最终选择适应配置要求低、性能消耗小又方便绘制的顶点色来存储权重。

这样,我们就可以通过法线向量权重配置的数值,来得到所期望的顶点移动向量,实现体型。

$$vertexPosition = vertexPosition + normal \times weight \times value$$

如图 6.10 所示,将权重记录在顶点颜色值中,根据顶点法线方向、权重和数值(图中 value=20f),调整顶点位置。

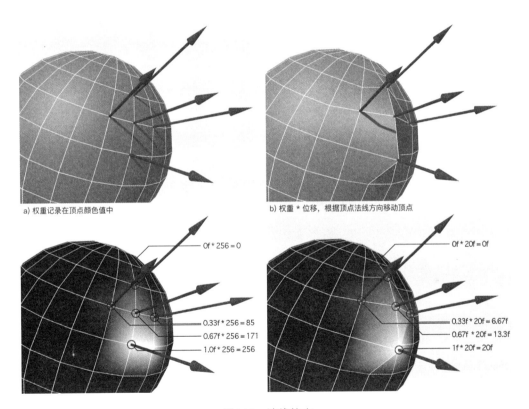

图6.10 法线挤出

在四肢及衣服、裤子模型中,我们使用顶点颜色 Red 通道存储肌肉的权重,如图 6.11 所示;使用 Green 通道存储脂肪的权重,如图 6.12 所示。

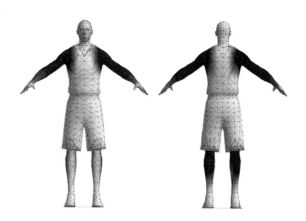

图6.11 使用顶点颜色Red通道存储肌肉的权重（四肢及腰腹权重）

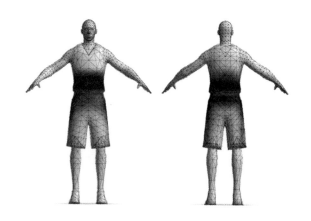

图6.12 使用Green通道存储脂肪的权重（腰腹权重）

权重为[0,1]，本应显示黑白色，但是为了方便查看图片，权重 1.0 的部分示意为黑色，0.0 的部分示意为白色。

在具体实现中，为了优化运行时的性能，我们会将各部位模型合并为一个网格，并共用同一种材质（见后文 6.3.2 节）。头部、鞋等模型资源不需要设置体型变化（顶点色权重为 RGB(0f,0f,0f)），而未绘制顶点色信息的模型计算时着色器默认认为 RGB(1f,1f,1f)，因此，为了避免制作时需要对大量此类模型绘制权重——顶点色 RGB(0f,0f,0f)的工作，我们可以将权重与颜色的关系映射为 1f-weight，以反色绘制在衣服、裤子、四肢的模型顶点色中，在后续计算中再纠正回来。图 6.13 展示了反色后的权重通道。

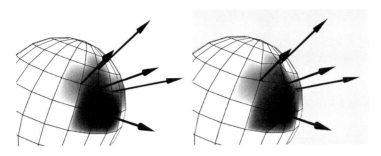

图6.13 法线挤出（反色后的权重通道）

图 6.14 展示了顶点各权重通道取反后显示出来的颜色，以及赋予不同数值后的体型效果。从左向右依次为：四肢强壮，四肢瘦弱，腰腹肥胖，腰腹纤瘦。

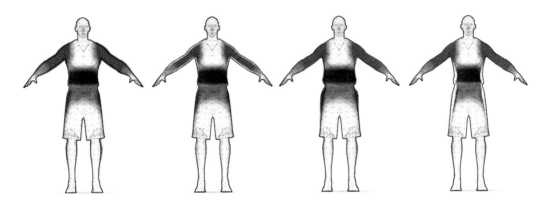

图6.14 权重及体型效果

最终制作结果如下：

- 我们制作了一套标准的 1.98m 的角色模型，使用同一套标准的骨骼，所有动作资源可以在不同角色间通用。
- 通过组合不同头部以及通用衣服、裤子和鞋模型，可以得到所有差异化的角色模型。
- 通过组合球衣、球裤贴图和号码贴图，可以得到所有角色所需的球衣、球裤贴图（其他服饰等制作相同，除没有号码贴图合并以外）。
- 通过选取一套通用肤色贴图，搭配专属的头部贴图，可以得到所有角色所需的贴图。
- 通过根骨骼的缩放，可以得到正确的身高，再通过头部骨骼的缩放，得到正确的头部比例。

综上所述，基本解决了我们最初主要面临的第一个问题：体育类游戏写实角色需要尽量优化减少资源，同时要保障游戏角色的还原度和辨识度，使角色可以共用同一套动作资源。同时，资源的共用、GPU 的使用，也给第二个问题——如何兼容更多中低端硬件的移动设备，打下了一个较好的基础。在接下来的具体实现中，我们将进一步针对移动端进行优化。

6.3 具体实现

我们对头部、衣服、裤子、四肢等模型、贴图资源的拆分和共用，以及对同一套动作资源的共用，大大降低了制作量和内存使用量，但同时也增加了 Drawcall，性能消耗加大。为了减少 Drawcall，提高渲染性能，我们在运行时对模型进行合并，赋予同一种材质，并对贴图也进行合并。

6.3.1 实现流程

实现流程如图 6.15 所示。

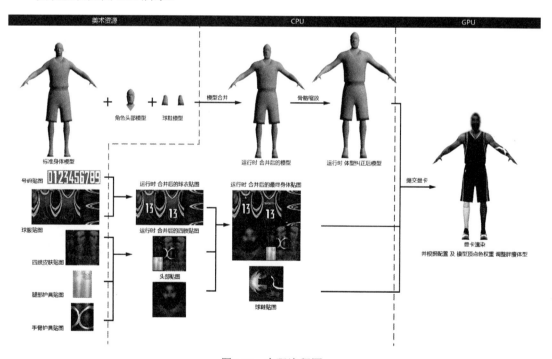

图6.15 实现流程图

6.3.2 CPU 逻辑

在具体实现时，CPU 逻辑包含了模型合并、贴图合并和根据角色配置设置相关参数几个阶段。

模型合并流程如下：

（1）合并头部、衣服、裤子、四肢模型顶点信息。

（2）因为后续还将合并贴图，所以这里需要重写四部分的顶点 UV 数据。

图 6.16 展示了角色模型合并前后的 Bounding Box（包围盒）情况（参考 Unity3D Editor Scene 视图），合并前有六部分，合并后只有两部分。

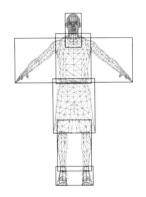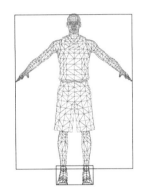

图6.16　模型合并

贴图合并流程如下：

（1）衣服、裤子贴图与号码贴图合并为一张贴图。

（2）多个护具贴图与四肢皮肤贴图合并为一张贴图。

（3）衣服、裤子、四肢、头部贴图合并为一张贴图。

图 6.15 展示了贴图合并步骤。

根据角色配置设置材质、身高和体型的流程如下：

（1）将材质赋予模型，将合并后的贴图赋予材质。

（2）缩放角色根骨骼，实现身高。

（3）缩放角色头部骨骼，调整头部比例。

（4）设置材质的肌肉数值和脂肪数值，实现体型。

逻辑代码如下：

```csharp
// 示例代码，仅供逻辑学习参考，请勿生搬硬套
public class CAvatarCombine
{
    // Is avatar mesh
    // 是否为角色套装模型网格
    private static bool IsAvatar(SkinnedMeshRenderer smr)
    {
        if (smr.name.Contains("body")
            || smr.name.Contains("head")
            || smr.name.Contains("armor"))
            return true;
        return false;
    }

    // Recalculate uv, because of merge texture
    // 因为合并贴图，需要重新计算模型 UV 信息
    private static Vector2[] CombinUV(Rect[] packs, List<Vector2[]> uvlist, int uvCount)
    {
        Vector2[] mergeUVs = new Vector2[uvCount];

        int j = 0;
        for(int i = 0; i < uvlist.Count; ++ i)
        {
            foreach (Vector2 uv in uvlist[i])
            {
                mergeUVs[j].x = Mathf.Lerp(packs[i].xMin, packs[i].xMax, uv.x);
                mergeUVs[j].y = Mathf.Lerp(packs[i].yMin, packs[i].yMax, uv.y);
                ++j;
            }
        }
        return mergeUVs;
    }

    private static Transform FindNode(Transform trans, string name)
    {
        if(trans.name == name)
        {
            return trans;
        }

        int count = trans.childCount;
        for(int i = 0 ; i < count; ++i)
        {
            Transform t = FindNode(trans.GetChild(i), name);
            if(t) return t;
        }
```

```csharp
    return null;
}
private static void AddBonesList(List<Transform> list, Transform trans)
{
    list.Add(trans);

    int count = trans.childCount;
    for(int i = 0; i < count; ++ i)
    {
        AddBonesList(list, trans.GetChild(i));
    }
}

// combin mesh、texture、uv、bone、boneweight、bindpose
// 合并模型网格、贴图、UV、骨骼、骨骼权重、绑定姿势
public static void Combine(GameObject gb)
{
    List<CombineInstance> cilist = new List<CombineInstance>();
    List<Vector2[]> uvlist = new List<Vector2[]>();
    List<Texture2D> texlist = new List<Texture2D>();
    List<Transform> bonelist = new List<Transform>();
    List<BoneWeight> boneWeightlist = new List<BoneWeight>();
    List<Matrix4x4> matrixlist = new List<Matrix4x4>();
    int uvCount = 0;

    // build global bonehash from "bip001"
    // 将"bip001"的骨骼信息存储到hash容器中
    Hashtable bonesHash = new Hashtable();
    Transform rootBone = FindNode(gb.transform, "Bip001");
    List<Transform>transList = new List<Transform>();
    AddBonesList(transList, rootBone);
    Transform[] bones = transList.ToArray();

    int boneIndex = 0;
    foreach (Transform bone in bones)
    {
    bonelist.Add(bone);
    bonesHash.Add(bone.name, boneIndex);
    boneIndex++;
    }

    // bindposes,matrix
    // 绑定姿势, 矩阵
    for (int b = 0; b < bonelist.Count; b++)
    {
    matrixlist.Add(bones[b].worldToLocalMatrix * gb.transform.worldToLocalMatrix);
    }

    SkinnedMeshRenderer[] smrs;
    smrs = gb.GetComponentsInChildren<SkinnedMeshRenderer>();

    foreach (SkinnedMeshRenderer smr in smrs)
```

```csharp
{
  if (!IsAvatar(smr))
    continue;
  if (smr.material.mainTexture == null)
    continue;

CombineInstance ci = new CombineInstance();
ci.mesh = smr.sharedMesh;
ci.transform = smr.transform.localToWorldMatrix;
cilist.Add(ci);

// fill UV coordinate data
// 填充 UV 坐标数据
uvlist.Add(smr.sharedMesh.uv);
uvCount += smr.sharedMesh.uv.Length;

// fill texture data
// 填充贴图数据
texlist.Add(smr.material.mainTexture as Texture2D);

// fill boneweight
// 填充骨骼权重
BoneWeight[] weightArry = smr.sharedMesh.boneWeights;
Transform[] boneArry = smr.bones;
foreach (BoneWeight bw in weightArry)
{
  BoneWeight bWeight = bw;
  bWeight.boneIndex0 = (int)bonesHash[boneArry[bw.boneIndex0].name];
  bWeight.boneIndex1 = (int)bonesHash[boneArry[bw.boneIndex1].name];
  bWeight.boneIndex2 = (int)bonesHash[boneArry[bw.boneIndex2].name];
  bWeight.boneIndex3 = (int)bonesHash[boneArry[bw.boneIndex3].name];

  boneWeightlist.Add(bWeight);
}
Destroy(smr);
}

// CreateTexture
// 创建贴图
Texture2D mergeTex = new Texture2D(512, 512);
// MergeTexture
// 合并贴图
Rect[] packRect = mergeTex.PackTextures(texlist.ToArray(), 0);

// Combine
// 合并
SkinnedMeshRenderer r = gb.AddComponent<SkinnedMeshRenderer>();
r.sharedMesh = new Mesh();
r.sharedMesh.name = "Combine";
r.sharedMesh.CombineMeshes(cilist.ToArray());
// mergeUV
// 合并 UV
r.sharedMesh.uv = CombinUV(packRect, uvlist, uvCount);
```

```
r.bones = bonelist.ToArray();
r.rootBone = bonelist[0];
r.sharedMesh.boneWeights = boneWeightlist.ToArray();
r.sharedMesh.bindposes = matrixlist.ToArray();

Material mat = Resources.Load("default_Mat") as Material;

// material
// 材质
r.sharedMaterial = new Material(mat);
r.sharedMaterial.mainTexture = mergeTex;
r.sharedMesh.RecalculateBounds();
   }
}
```

6.3.3　GPU 渲染

GPU 渲染阶段主要包含了根据模型顶点色权重和 CPU 所设置参数变换顶点位置坐标，实现体型的工作。

GPU 渲染流程如下：

（1）从顶点色 Red 和 Green 通道中获取记录肌肉、脂肪的权重。

（2）纠正资源制作时权重取反的计算。

（3）计算对应数值和法线方向，得到偏移向量，计算新的顶点位置。

代码如下：

```
// Vertex-Shader Stage
// 顶点着色阶段
// Get Vertex Color As Weight, and Invert Weight Value
// 获取顶点颜色作为权重值，并翻转权重值
float fMuscleWeight = 1.0 - vertex.color.r;
float fFatWeight = 1.0 - vertex.color.g;

// Get New Vertex Position
// 计算新的顶点坐标
v.vertex.xyz += (fMuscleValue * fMuscleWeight + fFatValue * fFatWeight) * v.normal.xyz;
```

6.4　效果收益、性能分析和结语

图 6.17 展示了在《最强 NBA》游戏中实现的不同体型角色的效果。本方案通过对角色头部、衣服和裤子（躯干）、四肢、身高、体型、肤色统一的元素和差异的元素进行分析整理，规划了一整套通用资源与专属资源的制作方案，通过尽可能多地复用模型和贴图资源，减少了游戏包体

尺寸，降低了内存消耗，同时保证了角色的差异性和还原度。并且，标准的角色模型及相同的骨骼，使所有角色可以共用大量的动作，也大大减少了制作成本，提高了性能，解决了资源的制作和共用问题。通过在运行时对模型和贴图资源的合并，又进一步降低了由于资源共用与拆分造成的多 Drawcall 渲染性能消耗。经过测试，合并优化后的角色比优化前 CPU 耗时降低 35%，GPU 耗时降低 30%。最终，本方案可以运行的最低配置是安卓手机（操作系统 Android 4.4，内存 2 GB，CPU 4/8 核 1.5GHz）、苹果手机 iPhone 5S（iOS 9.0 及以上，内存 1GB，处理器 A7+M7），解决了对低配硬件移动设备的支持问题。

图6.17　不同体型角色效果

6.4.1　方案优劣势

优势：

- 同一套骨骼以及大量动画可以适应不同体型的角色。
- 减少了 Drawcall，可以提升性能。
- 兼容低端移动硬件。

劣势：

- 在运行时进行角色模型和贴图合并，会带来一定的性能和时间消耗，延长了进入正式游戏前的等待时间。
- 贴图的合并，带来了内存消耗的增大。随着角色数量的增加，内存占用量也会呈线性增长。

- 整个角色使用同一种材质，美术效果有所降低。

6.4.2 方案补充

- 目前本方案只使用了模型顶点色的 Red、Green 通道保存肌肉和脂肪的权重，Blue 与 Alpha 通道闲置，如需更细腻的体型控制，则可以使用这两个通道继续丰富。

- 在渲染的顶点程序阶段，顶点位置被移动后，模型的法线没有被重新计算，光照存在误差。另外，在计算上投影的 Pass 中仍然使用原始的顶点坐标，也会出现误差。因为误差较小，本方案基于性能考虑忽略光影的纠正。如果需要更完美的表现，则可以进一步完善此处。

- 在处理体型时，将顶点偏移放在了 GPU 中计算，可以尝试放在 CPU 模型合并过程中，并重新计算法线，得到正确的光照和投影效果。也可以将顶点色权重取反纠正放在模型合并过程中一并逻辑处理，这样可以降低 GPU 的消耗，不过 CPU 的消耗以及用户等待的时间会增加。

- 本方案忽略了四肢比例（上臂与前臂比例、大腿与小腿比例）的差异，如果需要增加此处的细节，则可以尝试对相应关节进行缩放或者移动处理。

- 在本方案的基础上，可以进一步将鞋或其他服饰进行模型与贴图的合并。

6.4.3 应用场景

本章介绍的方案不仅适用于写实类体育游戏，也为其他类型的游戏提供了一套通用的解决方案。

以 MMORPG 游戏为例，虽然单个角色的动作数量相对较少，但角色众多、体型各异（比如各种 NPC、怪物等），需要针对每个角色来制作动作，无法通用，制作量大。如果采用本方案，复用动作，对体型做有针对性的缩放处理，那么就可以实现众多的差异性角色模型，而且能够极大地减少资源制作量。

另外，对于音乐舞蹈类游戏，角色身上 Avatar 部件数量较多，如果采用本方案中的合并模型、贴图的方法，则能有效降低 CPU、GPU 的消耗，从而支持更低端的移动机型，扩大用户群体。

综上所述，可以根据具体游戏类型来选择本方案的部分技术点。

参 考 文 献

[1] 游戏类型. https://baike.baidu.com/item/%E6%B8%B8%E6%88%8F%E7%B1%BB%E5%9E%8B.

[2] 肌肉群. https://baike.baidu.com/item/%E8%82%8C%E8%82%89%E7%BE%A4.

[3] 躯干肌. https://baike.baidu.com/item/%E8%BA%AF%E5%B9%B2%E8%82%8C/5899293.

[4] Vertex Texture Fetch. NVIDIA, 2004. https://www.nvidia.com/object/using_vertex_textures.html.

[5] Meijster, Arnold and Roerdink, Jos BTM and Hesselink, Wim H A. K. Peters. Real-Time Rendering Third Edition. Ltd. Natick, MA, USA, 2008.

第 7 章
大规模 3D 模型数据的优化压缩与精细渐进加载

作者：易颖

摘　　要

使用 WebGL 接口渲染显示大尺寸 max、maya、fbx 等 3D 模型源文件格式，模型数据优化是必不可少的步骤。本章阐述了一套高效的 mesh、texture 数据优化压缩方案，使数据压缩比最低可以达到 10%以下，搭配专用的存储组织和场景结构设计，可以实现大型 3D 模型的高质量精细渐进加载，在主流网速条件下达到疾速浏览的目的。

顶点数据首先会按空间位置排序和条带化，然后再进行三步压缩。第一步，针对不同顶点数据元素（position、normal、color、uv、index 等）的特征采用有针对性的编码方案，将所有数据统一变换到整数空间；第二步，利用顶点位置相近、其他属性也相近的特征，对第一步生成的整数数据进行差量转换，使数值分布在较小的值域区间，然后利用无损的算术编码或变长整数变换进一步压缩整数数据，以节省存储空间；第三步，做一个通用的无损 zlib 压缩，根据压缩质量均方根误差需求大小的不同，压缩率为 2%~98%（较原始数据）不等。

此外，在顶点、纹理存储布局上也考虑了渐进加载的需求，使数据组织便于并行解压缩、快速显示。例如，顶点数据根据 position、index、uv、normal 等视觉重要性排序存储；所有同类材质纹理的若干高级 mipmap 打包在一个文件中，并且按照 albedo、roughness、normal 等贴图对视觉效果贡献度的大小排序，按优先级分开传输到客户端。这些措施都能提高模型数据传输解析的高效性。

7.1 引言

随着各浏览器对 WebGL 标准的支持逐步完善，越来越多的 3D 应用被迁移到 Web 端，且有变大变复杂的趋势。其中不乏中型 3D 游戏和画面精良的 3D 模型共享网站，这类应用的数据规模、渲染复杂度都不逊于很多系统原生应用，这造成了它们的程序设计模式完全不同于普通的 Web 应用，反而更接近传统游戏或者桌面程序。频繁的渲染更新、大量的数据加载、复杂的应用逻辑，都对程序优化提出了更高要求。Web 前端程序设计人员需要重新把精力聚焦到 CPU 时间、GPU 时间、Cache、内存、显存、总线以及 Internet 网络带宽等计算机资源的规划上，还要小心使用编程语言特性，仔细操作内存分配……，总之，又要像古老的底层编程一样注重细节，才能保证 Web 端复杂 3D 应用的高效性和健壮性。

现在主流网速为 10Mb/s~100Mb/s，远低于硬盘和闪存的传输速率，而大型 3D 模型数据规模可达上 GB，大幅度压缩原始数据的尺寸，减少网络传输时长，成为提升用户体验的关键。下面就将详细阐述一系列模型顶点数据和纹理数据的压缩优化方案。

7.2 顶点数据优化

3D 模型数据一般由 3ds Max、Maya 等美术制作软件生成，但这些模型数据格式并不能直接用于 Direct3D、OpenGL 等常见的 3D 渲染 API，因此顶点数据转换优化压缩是整个 3D 数据渲染工作流的第一步，其处理步骤大致可以分为如下几个子步骤。

（1）顶点数据合并去重。

（2）索引数据合并。

（3）顶点数据排序。

（4）子网格的拆分与合并。

（5）顶点数据编码压缩。

下面先澄清后文中使用的几个概念。

- 模型（model）：表示一个完整的模型或场景，包含零个或多个几何体以及其他 3D 对象，具有完整的层级结构。

- 几何体（geometry）：表示一个完整的 3D 物件，由一个或多个网格组成。

- 网格（mesh）：由一个或多个子网格组成。
- 子网格（sub-mesh）：由一个或多个多边形构成。
- 多边形（polygon）：由 3 个或 3 个以上顶点构成的闭合面。
- 三角形（triangle）：只包含 3 条边的多边形。
- 顶点（vertex）：表示空间中的一点，是一个或多个属性的集合，至少包含 position 属性。
- 属性（element）：表示顶点在空间中的特征，如位置（position）、法线（normal）、切线（tangent）、纹理坐标（uv）、颜色（color）、混合权重（blend weight）、混合索引（blend index）等。
- 索引（index）：用来索引顶点在顶点缓冲中的位置（构成子网格）或者顶点属性在属性缓冲中的位置。

7.2.1 顶点数据合并去重

如图 7.1 至图 7.4 所示，一个立方体包含 6 个四边形，每个四边形包含 2 个三角形，共 36 个顶点，这些顶点具有 8 个不同的 position 属性值、6 个不同的 normal 属性值、18 个不同的 uv 属性值、4 个 color 属性值。在这个立方体的 36 个顶点中，实际会有部分顶点是完全相同的，即具有完全相同的属性值。因此，顶点数据的合并去重将是顶点处理的第一步。去重算法很值得研究优化，如果采用冒泡对比，时间复杂度将是 $O(n^2)$，其实可以使用分层拆分的方法去重，时间复杂度为 $O(n)$，这里就不详细展开讨论了。

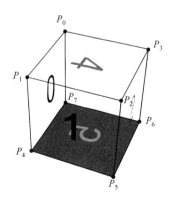
图7.1　顶点位置值

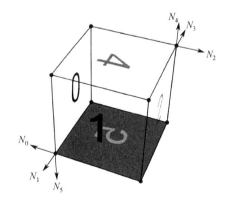
图7.2　顶点法线值

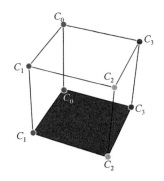

图7.3　顶点颜色值

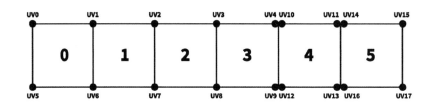

图7.4　顶点纹理坐标值

7.2.2　索引数据合并

在大部分 3D 模型内容制作工具中，很多 3D 属性数据（如材质、光滑组等）是以面为单位组织的，并且随机排序。考虑到 GPU 渲染性能优化，需要把某些具有相同 3D 属性的面排列到一起临近存储，而面又以索引形式表示，因此此步实际就是索引数据的排序操作。在实际操作中，一般会优先将面按材质种类进行排序。

7.2.3　顶点数据排序

索引数据按材质排序后，针对每个子网格进行顶点数据排序是非常重要的一步，是后续顶点数据优化的前置条件。在绝大多数情况下，在 3D 模型中空间位置相近的顶点，其属性值也比较相近，基于这个统计事实，将顶点数据在内存中的位置按照空间距离排序，会使顶点属性值的变化呈低频分布，这样的数据排列更有利于压缩优化。具体表现为，后续的差量编码会形成更小的整数，从而会消耗更小的存储空间，也更利于最后的通用无损压缩，如算术编码或 zlib 压缩。此外，顶点数据按空间位置排序后也能更好地利用现代 GPU 的某些优化机制，比如 Post T&L Cache、Early Z 等。网上有很多关于顶点数据排序的资料[1]，这里就不展开介绍了。

7.2.4 子网格的拆分与合并

经过顶点数据排序后的多个子网格可能拥有相同材质，需要将这些拥有相同材质的较小的子网格合并成一个更大的子网格，以节省 CPU 绘制指令调用开销；而巨大的子网格也有可能需要拆分成多个较小的子网格，以绕开硬件性能限制。子网格的合并比较简单，只需重新映射索引即可；子网格的拆分稍微复杂点，需要将连续的三角形进行拆分，尽可能保证子网格在空间上的连续，在拆分的过程中还会涉及拆分处共用顶点的复制，需要仔细选择拆分边界，尽可能减少复制操作。在存储上，可以将子网格按空间统计距离存储在同一个文件中，以节省网络传输连接建立和销毁的开销。

7.2.5 顶点数据编码压缩

以上步骤完成后，未经压缩编码的原始顶点、索引数据就已整理完毕，接下来要对这些数据根据其精度、值域分布特征进行有针对性的有损压缩或无损压缩，以降低数据尺寸。其关键点在于仔细权衡压缩精度和压缩率，得到一个在特定条件下满意的折中值，同时兼顾编解码算法，特别是解码算法的效能，让数据在前端渲染时有极高的效率。属性数据编码压缩大致分为如下几个步骤。

（1）根据类型属性值精度、值域分布特征，将非整数类型的属性值转换为整数值。此步骤根据数据类型可为有损压缩或无损压缩。

（2）将上一步产生的值进行差量计算，存储差量值：

$$V_i = \begin{cases} V_i, & \text{if } i=0 \\ V_i - V_{i-1}, & \text{if } i > 0 \end{cases}$$

（3）对差量值进行 zigzag 和 varint 编码[2]或者算术编码[3]。此步骤为无损压缩。

（4）进行 zlib 无损压缩。

第一步转换方式对不同类型的顶点属性数据的处理方法不尽相同，下面将详细介绍。

顶点位置的整数编码较难调试，因为顶点位置的值域几乎是任意大小的，而且最低精度也不太好确定，一旦没有控制好，就会在视觉上产生很大的影响。最常见的将顶点数据映射为整数的方式如下：

$$X = \text{round}\left(\frac{(x - x_{\min})}{(x_{\max} - x_{\min})} \text{Scale}_x\right)$$

$$Y = \text{round}\left(\frac{(y - y_{\min})}{(y_{\max} - y_{\min})} \text{Scale}_y\right)$$

$$Z = \text{round}\left(\frac{(z - z_{\min})}{(z_{\max} - z_{\min})} \text{Scale}_z\right)$$

以上公式是均匀映射的，均匀映射最适合的情况就是所有不同的值在值域上均匀分布，这样精度只需 $1/N$ 即可，即 $\text{Scale}_x, \text{Scale}_y, \text{Scale}_z = N$，$N$ 为不同值的数量。但如果轴向上的值分布不均匀，那么无论采用怎样的 $\text{Scale}_x, \text{Scale}_y, \text{Scale}_z$ 值，映射精度都得不到保障。比如，$x \in [0, 1000]$，共 500 个不同的 x 值，但 90%的值集中在 $[0,10]$ 区间，精度只到 $1/500$，在 $[0,10]$ 区间是完全不够的。所以，精度需求和顶点位置在某个轴向上不同值的分布密度紧密相关。

其中一种优化方案就是分段均匀映射，将值域划分为多个不等长的连续区间，使这些分段区间内的值序列方差尽可能小，再根据每段内不同值的数量和方差确定 Scale 值。原始浮点值根据其所属分段区间使用不同的 Scale 值进行整数编码，这样就形成了一个非均匀刻度的"标尺"，在值分布密集的地方刻度比较密，在值分布稀疏的地方刻度也比较稀。顶点的 x、y、z 三轴坐标分别使用各自的"标尺"进行有损压缩，得到的结果相比均匀精度编码会有较大的提高。对第一步得到的整数值进行差量计算，会形成绝对值较小的整数序列，再对此整数序列进行 zigzag 和 varint 编码，降低整数存储空间，然后进行通用的 zlib 压缩或算术编码得到最终结果。

法线和切线一般由 3 个分量构成，每个分量一般使用一个 float32 类型值表示。在实际应用中，很多时候会使用精度更低的 float16、short 甚至 byte 类型值来表示。但仔细观察会发现，法线和切线的 3 个分量并不是任意值的组合，而是由一个关系 $x^2 + y^2 + z^2 = 1$ 约束着的。也就是说，所有可能的 x、y、z 值都在一个半径为 1 的球面上，因为任意的 $(x, y, z) \in [-1, 1]$，都是分布在一个半边长为 1 的立方体内的，即使只使用一个 byte 类型值来表示法线或切线的每一个分量，也会浪费很多值空间。因此，如果先将法线值或切线值映射到球面坐标，使可能的值都分布在球面上[4]，那么，在相同精度下就会得到更高的压缩率。

实际上，法线和切线可以用极坐标表示为仰角（ϕ）和方位角（θ）形式，如果将球面按经纬度分为 N_θ 和 N_ϕ 等分，那么我们可以将任意法线值或切线值映射成 j 和 k，j 表示单位向量在经度方向上的索引，k 表示单位向量在纬度方向上的索引，如图 7.5 所示。

$$j = \text{round}\left(\frac{\phi(N_\phi - 1)}{\pi}\right)$$

$$k = \text{round}\left(\frac{\theta N_\theta}{2\pi}\right) \bmod N_\theta$$

球面被分为 $j \times k$ 块，球面上的任意一块都可以近似成一个矩形，如图 7.6 所示。

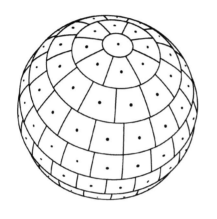
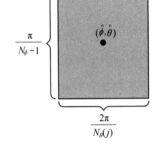

图7.5　球面分割样式　　　　图7.6　分块误差范围

这个矩形内的所有值都将被映射为相同的 j 值和 k 值，而在解压缩阶段会恢复成指向中间红点的向量，可以看到压缩后产生误差最大的是指向 4 个角的向量，而这个误差可以通过和中间向量进行点乘运算得到两个向量之间的夹角，由此可以得到一个关系，在满足一个最小误差时最小的 j 值和 k 值是多少。

$$N_\theta(j) = \left| \frac{\pi}{\arccos\left(\dfrac{\cos(\epsilon) - \cos(\hat{\phi})\cos\left(\hat{\phi} + \dfrac{\pi}{2(N_\phi - 1)}\right)}{\sin(\hat{\phi})\sin\left(\hat{\phi} + \dfrac{\pi}{2(N_\phi - 1)}\right)}\right)} \right|$$

上面这个公式就是给定一个最大误差、仰角等分份数，计算出每等份仰角处圆形的方位角最少会被划分成多少等份。根据测试，最大误差 ϵ 取值 1.05°，N_ϕ 取值 120 时，N_θ 满足最小误差的最小值为 248，球面被分为 18778 块，为比较理想值，N_ϕ 最高位可以作为切向量空间的左右手标志。在实际操作时，可以将 $N_\theta(j)$ 的值存储在数组 NTHETA_SERIES 中，避免在编码和解码法线和切线时频繁计算复杂公式。编码代码如下：

```cpp
void init_NTHETA_SERIES(
        std::vector<unsigned int> &NTHETA_SERIES,
        double &phiDecodingFactor)
{
    const double EPSILON = 1.05 * PI / 180.0;
    const unsigned int N_PHI = 120;

    double cosEpsilon = cos(EPSILON);
    double deltaRadian = PI / (2.0 * (N_PHI - 1));
    unsigned int totalPointCount = 0;
    unsigned int maxThetaCount = 0;
    for (unsigned int j = 0; j < N_PHI; ++j)
    {
        double phi = j * (PI / (N_PHI - 1));
        double cosPhi = cos(phi);
        double cosPhiDelta = cos(phi + deltaRadian);
        double sinPhi = sin(phi);
        double sinPhiDelta = sin(phi + deltaRadian);
        double R = (cosEpsilon - cosPhi * cosPhiDelta) / \
                            max(1e-5, (sinPhi * sinPhiDelta));
        R = clamp(R, -1.0, 1.0);

        unsigned int ntheta = (unsigned int)ceil(PI / max(1e-5, acos(R)));

        maxThetaCount = ntheta > maxThetaCount ? ntheta : maxThetaCount;
        totalPointCount += ntheta;
        NTHETA_SERIES.push_back(ntheta);
    }

    phiDecodingFactor = PI / (NTHETA_SERIES.size() - 1);
}

void encodeNormal(
    double x,
    double y,
    double z,
    double w,
    unsigned int& encodedPhi,
    unsigned int& encodedTheta)
{
    const unsigned int NPHI = 120;

    x = clamp(x, -1.0, 1.0);
    y = clamp(y, -1.0, 1.0);
    z = clamp(z, -1.0, 1.0);

    double phi = acos(z);
    double theta = atan2(y, x);
```

```
    theta = theta <0.0 ? (2.0 * PI + theta) : theta;
    double j = round(phi * (NPHI - 1) / PI);
    j -= (w * 128.0);
    double k = round(theta * NTHETA_SERIES[(unsignedint)j] / (2.0 * PI));

    encodedPhi = (unsignedint)j;
    encodedTheta = (unsignedint)k;
}
```

经过以上步骤处理，法线或切线被编码成包含两个分量的向量(j,k)，每个分量为 1 字节无符号整数。由于顶点顺序已经按位置排列，因此相邻法线或切线在球面坐标上有很大概率接近或相等，将编码后生成的(j,k)向量与前一个分别进行各分量的差量计算（第二步），得到的差值会有大范围的相同性，比如均匀分布在球面的全部法线编码后的(j,k)差值都是相等的，这样将非常有利于最后的 zlib 压缩（第四步）。

uv 数据一般具有如下两个特征：

- 值范围有限。一般$u,v \in [0,1]$，即使平铺（tiling），值也不会特别大，可以统计网格纹理坐标的值域范围$[u_{min}, u_{max}]$和$[v_{min}, v_{max}]$。

- 精度有限。网格所关联材质的纹理尺寸有限，一般不超过 8196 像素，uv 用来索引像素，一般要求只需要半像素精度即可，因此使用最大尺寸的两倍作为 uv 值域范围的 Scale。

首先可以利用如下公式将 uv 值从 double 或 float 类型映射为 unsigned int 类型：

$$U = \text{round}\left(\frac{(u - u_{min})}{(u_{max} - u_{min})} \text{Scale}_u\right)$$

$$V = \text{round}\left(\frac{(v - v_{min})}{(v_{max} - v_{min})} \text{Scale}_v\right)$$

其中，$\text{Scale}_u, \text{Scale}_v$取纹理尺寸的两倍。

然后对整数 UV 值进行差量计算。同理，相邻顶点的 UV 值是相近的，差量值会分布在较小的整数区间。接下来进行 zigzag 和 varint 编码，使较小的数使用较小的内存进行存储，最后进行 zlib 压缩。

顶点色是很有可能被极度压缩的顶点属性，因为在大多数情况下，顶点色被用于着色不带 albedo 贴图的网格，所以在单个网格上顶点色一般变化较小，如图 7.7 所示。

图7.7 网格顶点色

可以发现其网格顶点色都是单色的，或者颜色种类较少，在这种情况下，可以利用调色板编码代替逐颜色存储，这样颜色就变成了调色板索引，颜色越少，压缩率越高。比如调色板包含 256 种颜色，压缩率为 25%。但在颜色种类较多的情况下，使用调色板编码可能不会带来预期的结果。是否采用调色板模式，可以使用如下方式判断：

```
bool paletteEncoding = false;
// colorNumber: 网格中不同顶点色的数量
// colorSize: 一种颜色所占的存储空间
// vertexNumber: 顶点数量
// indexSize: 一个颜色索引所占的存储空间，与 colorNumber 有关
int length = colorNumber * colorSize + vertexNumber * indexSize;
if(length < vertexNumber * colorSize)
{
    paletteEncoding = true;
}
```

在判断使用调色板编码不能带来更高压缩率的情况下，可以使用有损压缩的方式，在保证一定用户体验水平的基础上降低颜色精度。降低精度一般有两种途径：

（1）保持色域空间不变，降低颜色编码精度。比如将 R8G8B8 变为 R5G6B5，直接在 sRGB 或 Linear RGB 空间完成。

（2）变换到新的色域空间，并降低颜色编码精度。比如将颜色从 sRGB 空间变换到 YUV 比或者 HSB 空间，然后根据人眼感知特性，对不同的分量进行精度缩减，如保持或少量减小亮度分量，大幅度降低色差分量，如果仔细调节编码算法，这种方式带来的体验上的损失可能更少。

当编码完成后，大部分索引已经是单字节长度了，可以直接使用 zlib 压缩完成操作。

混合权重数据具有如下特点：

- 在大部分情况下 0 值较多。一般只有 1/4~1/2 的顶点具有两个以上不为 0 值的权重。

- 对精度要求不是特别高。经测试，在用于预览查看的场合，精度为 1/1000 的顶点混合效果已经可以接受。

在游戏中，顶点混合一般采用规范化权重，即每个顶点的所有权重分量和为 1。一般每个顶点会存储 3 个混合权重分量，第 4 个分量可以由下面公式计算得出：

$$w_4 = 1 - w_1 - w_2 - w_3$$

混合权重优化的第一步是使用如下公式进行整数变换压缩：

$$W_i = \text{round}(w_i \times \text{Scale}_w)$$

根据精度需求，Scale_w 一般取值 $[256, 2047]$。

整数变换完毕后，第二步是分别对 3 个权重分量进行差量计算，然后逐分量进行 zigzag 和 varint 编码，最后进行通用的 zlib 压缩或者算术编码。如果遇到混合权重 0 值比例高的情况，压缩效果会非常显著。

顶点混合索引数据一般由 4 个分量构成，通常为 unsigned int 类型，表示影响顶点骨骼的索引，混合索引值必须是精确值，所以无法进行有损压缩。但是在实际模型中索引值的值域一般不会很大，因为在单个模型中起作用的骨骼是有限的，骨骼太多会影响动画更新效率。因此，像游戏这种非常追求效率的 3D 应用，其美术制作规范都会严格限制骨骼数量，特别是单网格骨骼数量，这样单网格的顶点索引数据就会具有如下两个统计特征：

- 索引值的值域不会特别大，在大部分情况下值域上限都小于 2048。

- 单网格中顶点混合索引不同值的数量较少。比如一个网格的顶点索引值为 $\{0, 128, 256, 2048\}$，虽然值域范围为 $[0, 2048]$，但值的种类很少，一共 4 种。

针对以上两个统计特征，可以先对混合索引值进行映射操作，即将网格中所有可能的索引值映射为从 0 开始紧密排列的数值，比如将 $\{0, 128, 256, 2048\}$ 映射为 $\{0, 1, 2, 3\}$，将这个映射关系存储起来。因为不同索引值的数量在单网格内是很少的，所以这个映射关系并不会占用太多的存储空间（后续映射会被用于着色器骨骼矩阵数组的索引，从 CPU 更新骨骼变换矩阵到正确的位置）。映射完毕后再分别对 4 个混合索引分量做差量计算，得到的数列非常有利于进行 zlib

压缩或算术编码。

顶点索引只能进行无损压缩。由于三角形都是按空间位置进行排序的，索引值都紧密相连，经过差量操作后使用 zigzag 变长整数压缩，即可将 unsigned short 或 unsigned int 转换为 unsigned char，然后再进行 zlib 压缩或算术编码处理就能得到可观的压缩比。

7.3　有利于渐进加载的数据组织方式

上面介绍完顶点各类属性的编码压缩后，接下来介绍如何存储组织这些压缩数据。基本遵循两个原则：

- 尽可能减少数据之间的依赖，提高解压缩解码并行度，减少数据恢复时间。
- 对视觉影响最大的数据优先传输，使其尽早开始解压缩解码。

模型网格拆分就能很好地解决多网格并行解压缩的问题，因为网格之间是互相独立的，并没有逻辑上的依赖关系，而且顶点不同的属性值是分开压缩存储的，它们的解压缩实际上也可以并行。通过实际应用发现，一般把并行粒度拆解到网格和属性就已经够用了，对于相同属性数据分段压缩存储的需求并不是特别强烈，因为经过网格拆分后，不会存在顶点数量特别多的网格。

需要注意的是，利用多线程并行解析会大幅度提升效率，短时间内产生大量 GPU 资源创建需求，这些创建需求需要被均匀分散到后续的程序逻辑中；否则，单帧进行太多的阻塞操作会使前端产生明显的卡顿。

将重要的数据优先传输到客户端，首先要根据需求定义这些数据的优先级。根据 3D 模型展示应用特征，将顶点属性数据的优先级排列如下：

position = index>uv>blend weight=blend index>normal>color>tangent

这个优先级排列只是个人经验总结，不同的应用可能不尽相同。网格最重要的是空间形状，其次是表面材质，因此 position 和 index 排在了 uv 之前；纹理的作用大于光照，因此将 uv 排在 normal 之前；顶点色和法线纹理对外观的影响属于细节层面，因此切线（用来组成切向量空间）排在最后。数据存储组织也遵循此规则，区别于传统的按几何体保存文件，即一个文件存储一个几何体的所有信息，这里采用同种类型数据一起存储的方式，比如，将模型不同网格的顶点位置属性都存储在同一个文件中，将顶点法线都存储在另一个文件中，这样所有网格的位置数据都会优先传输完毕。当然，也要考虑文件数量和尺寸，使网络并发连接数和连接利用率达到良好的平衡，文件太多太碎会使网络连接利用率降低，而文件过大，又会使文件尾部网格需要等待较长的时间才能加载解析显示。

纹理数据也要遵循重点数据优先传输的原则，以 PBR 材质为例，不同纹理对视觉贡献的优先级如下：

$$albedo > roughness > normal > metalness > specular F0$$

为了快速显示模型材质的外观，避免长时间白模，将模型所有材质中同类纹理的高级 mipmap 都存储在一个文件中，比如，将所有 albedo 贴图的高级 mipmap 都存储在一个文件中，将所有法线的高级 mipmap 都存储在另一个文件中。这样做的主要目的是让模型能快速呈现整体材质的外观，细节可以随后续加载逐渐添加。根据实际网络统计速度决定纹理 mipmap 打包文件的大小，一般控制在 300KB 之内，这样在大部分网络条件下，1~5s 内即可完成传输，推荐至少打包到 64×64 分辨率，以保证初始外观的渲染质量不会太低。单个 mipmap 打包文件最多可包含 100 张左右的常见压缩格式纹理（pvrtc、etc、dxtc 等），这对于大部分 3D 模型已经足够了。全尺寸纹理可以存储在分开的单个图片文件中。

7.4 总结

本章介绍的优化方案利用实际模型数据精度、值域分布等特征，在保证一定用户体验水平的前提下，达到了很好的优化压缩效果。在不同数据分布特性和实验可接受误差范围内，各顶点分量的压缩效果一般如图 7.1 表所示。

表 7.1 顶点分量压缩率

顶点元素	压缩率	误差
position	8%~87%	3/1000
normal	5%~16%	1.05°
uv	14%~25%	1/8192
vertex color	1%~50%	3.2%
blend weight	6%~38%	1/1000
blend index	15%~25%	0
vertex index	2%~45%	0

该方案在算法设计上兼顾了效率和兼容性，在数据存储组织上考虑了多线程并行解压和流式传输的特征。因此，该方案并不局限于 Web 环境，对其他计算资源受限或追求极致效率的 3D 应用场景也具有参考意义。

参 考 文 献

[1] Pedro V. Sander, Diego Nehab, Joshua Barczak. Fast Triangle Reordering for Vertex Locality and Reduced Overdraw. ACM Transactions on Graphics. Proc. SIGGRAPH, 2007.

[2] Varint and ZigZag Encoding. Google, 2018. https://developers.google.com/protocol-buffers/docs/encoding.

[3] Arithmetic Coding, Wikipdia, 2018. https://en.wikipedia.org/wiki/Arithmetic_coding.

[4] J. Smith, G. Petrova, S. Schaefer. Encoding Normal Vectors using Optimized Spherical Coordinates. Computers & Graphics. 36, 2012.

第四部分

人工智能及后台架构

第 8 章

游戏 AI 开发框架组件 behaviac 和元编程

作者：李勇刚

摘　　要

behaviac 是游戏 AI 的开发框架组件，也是游戏原型的快速设计工具。它支持全平台，适用于客户端和服务器。behaviac 实现了行为树（Behavior Tree，BT）和有限状态机（Finite State Machine，FSM），以及分层任务网（Hierarchical Task Network，HTN）。

其中行为树的实现最为完整，通过高效优化的运行时，不仅支持序列、选择、并行、修饰器、动作等传统节点，更通过附件的形式支持前置、后置、事件等功能节点。此外，还提供了选择监测（SelectorMonitor）等特色节点。behaviac 运行时有 C++和 C#两个版本。运行时使用反射技术（Reflection），给使用者提供了最大的灵活性和可扩展性，使用者不需要扩展节点就可以灵活地表达各种需求；通过生成最终代码的形式避免了使用反射所增加的额外负担，从而提供了最大效率。C++版本的运行时基于元编程（Meta Programming），提供了一整套完整的利用反射结合元编程的方案。

读者可以直接把 behaviac 作为游戏 AI 的开发框架组件来使用，也可以参考 behaviac 提供的对 BT、FSM、HTN 的实现和优化思路，还可以学习到基于元编程的反射技术。所有代码，包括编辑器和运行时全部开源。

本章首先概述了 behaviac 的工作原理、行为树的核心概念和 behaviac 对行为树的优化，然后从类型信息入手剖析了元编程在 behaviac 中的使用。

8.1 behaviac 的工作原理

behaviac 整套组件分为编辑器和运行时，编辑器是独立运行的程序，运行时库需要整合到自己的项目中，各模块的关系如图 8.1 所示。

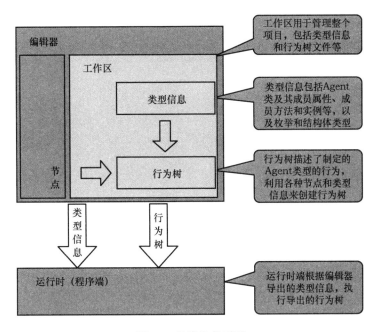

图8.1 各模块关系图

- 工作区用于管理整个项目，包括类型信息和行为树文件等。
- 类型信息包括 Agent 类及其成员属性、成员方法和实例等，以及枚举和结构体类型。
- 行为树描述了指定的 Agent 类型的行为，利用各种节点和类型信息来创建行为树。
- 运行时端根据编辑器导出的类型信息，加载和执行编辑器导出的行为树。

8.1.1 类型信息

类型信息用来描述类型的属性和方法。在编辑器中可以通过界面创建类型，该类型信息作为基本的语法单位用来创建行为树。如下以 XML 格式描述了一个 Agent 的类型信息，可以在 behaviac 中查看更多细节。类型信息中的属性用来描述类型的相应属性，比如健康值、攻击值等，而方法用来表示类型的能力，如远程攻击、逃避、跳跃等。

```xml
<agent classfullname="CustomPropertyAgent" base="behaviac::Agent"
DisplayName="" Desc="" IsRefType="true">
    <Member Name="IntProperty" DisplayName="" Desc="" Type="int"/>
    <Member Name="FloatPropertyReadonly" DisplayName="" Type="float"/>
    <Member Name="BoolMemberReadonly" DisplayName="" Desc="" Type="bool"/>
    <Member Name="IntMemberConst" DisplayName="" Desc="" Type="int"/>
    <Member Name="StringMemberReadonly" DisplayName="" Type="string"/>
    <Member Name="Location" DisplayName="" Type="UnityEngine::Vector3"/>
    <Method Name="FnWithOutParam" DisplayName="" ReturnType="void">
        <Param DisplayName="" Desc="" Type="int&amp;"/>
    </Method>
    <Method Name="TestFn1" DisplayName="" Desc="" ReturnType="void">
        <Param DisplayName="" Type="const TestNamespace::Float2&amp;"/>
    </Method>
    <Method Name="TestFn2" DisplayName="" Desc="" ReturnType="void">
        <Param DisplayName="" Type="TestNamespace::ClassAsValueType*"/>
    </Method>
</agent>
```

有了类型信息，就可以使用该类型信息来描述行为了。

8.1.2 什么是行为树

行为树（BT）是由行为节点组成的树状结构，如图 8.2 所示。

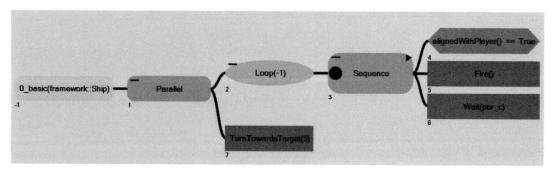

图8.2 行为树

对于 FSM，每个节点都表示一个状态；而对于 BT，每个节点都表示一个行为。同样是由节点连接而成的，BT 有什么优势呢？

在 BT 中，节点是有层次（Hierarchical）的，子节点由其父节点来控制。每个节点的执行都有一个结果（成功 Success、失败 Failure 或运行 Running），每个节点的执行结果都由其父节点来管理，从而决定接下来做什么，父节点的类型决定了不同的控制类型。节点不需要维护向其他节点的转换，节点的模块性（Modularity）被大大增强了。实际上，在 BT 中，由于节点不再有转换，它们不再是状态（State），而是行为（Behavior）。

由此可见，BT 的主要优势之一就是其更好的封装性和模块性，让游戏逻辑更直观，开发者不会被那些复杂的连线绕晕。

8.1.3 例子 1

如图 8.3 所示，3 号 Sequence 节点有 3 个子节点，分别是 4 号 Condition 节点、5 号 Action 节点和 6 号 Wait 节点。而 3 号节点的父节点是 2 号 Loop 节点。

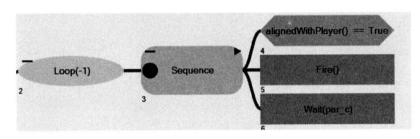

图8.3 例子1

下面先介绍一下各节点类型的执行逻辑。

- Sequence（序列）节点：顺序执行所有子节点返回"成功"，如果某个子节点执行失败，则返回"失败"。

- Loop（循环）节点：循环执行子节点到指定次数后返回"成功"，如果循环次数为-1，则无限循环。

- Condition（条件）节点：根据条件的比较结果，返回"成功"或"失败"。

- Action（动作）节点：根据动作结果返回"成功"、"失败"或"运行"。

- Wait（等待）节点：返回"运行"，一直到指定的时间过去后返回"成功"。

8.1.4 执行说明

执行说明如下：

- 如果 4 号条件节点的执行结果是"成功",其父节点 3 号序列节点则继续执行 5 号动作节点,如果 5 号节点返回"成功",则执行 6 号等待节点,如果 6 号节点返回"成功",则 3 号节点全部执行完毕且会返回"成功",那么 2 号循环节点继续下一个迭代。

- 如果 4 号条件节点的执行结果是"失败",其父节点 3 号序列节点则返回"失败",不再继续执行子节点,并且 2 号循环节点继续下一个迭代。

8.1.5 进阶

上面的例子中只讲了成功或失败的情况,但如果动作要持续一段时间,比如 5 号动作节点,Fire 需要持续一段时间呢?

- 节点的执行结果可以是"成功"、"失败"或"运行"。

- 对于持续运行一段时间的 Fire 动作,其执行结果持续返回"运行",结束时返回"成功"。

- 对于持续运行一段时间的 Wait 动作,其执行结果持续返回"运行",当等待时间到达时返回"成功"。

当节点持续返回"运行"时,BT 的内部"知道"该节点是在持续"运行"的,从而在后续的执行过程中"直接"继续执行该节点,而不需要从头开始执行,直到该运行状态的节点返回"成功"或"失败",从而继续执行后续的节点。从外面看,就像"阻塞"在了那个"运行"的节点上,其父节点不再管理,要一直等运行的子节点结束时,其父节点才再次接管一样。

请注意,这一段说明只是从概念上讲的,在概念上可以这样理解,实际上,即使处于运行状态的节点每次执行也是要返回的,只是其返回值是"运行",其父节点对于返回值是运行状态的节点,将使其继续执行,所以看上去好像父节点不再管理一样。

8.1.6 例子 2

如图 8.4 所示,为了清晰说明运行状态,我们再来看一个例子。在这个例子中,Condition、Action1 和 Action3 是 3 个函数。

- 0 号节点是一个 Loop 节点,循环 3 次。

- 1 号节点是一个 Sequence 节点。

- 2 号节点模拟一个条件,直接返回"成功"。

- 3 号节点 Action1 是一个动作，直接返回"成功"。
- 4 号节点 Action3 同样是一个动作，返回 3 次"运行"，然后返回"成功"。

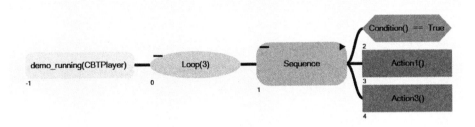

图8.4　例子2

其代码如下：

```
bool CBTPlayer::Condition()
{
    m_Frames = 0;
    cout <<"\tCondition\n";
    return true;
}

behaviac::EBTStatus CBTPlayer::Action1()
{
    cout <<"\tAction1\n";

    return behaviac::BT_SUCCESS;
}
behaviac::EBTStatus CBTPlayer::Action3()
{
    cout <<"\tAction3\n";

    m_Frames++;

    if (m_Frames == 3)
    {
        return behaviac::BT_SUCCESS;
    }

    return behaviac::BT_RUNNING;
}
```

而执行该 BT 的 C++代码如下：

```
int frames = 0;
```

```
behaviac::EBTStatus status = behaviac::BT_RUNNING;
while (status == behaviac::BT_RUNNING)
{
    cout << \" frame "<< ++frames <<std::endl;
    status = g_player->btexec();
    // 其他代码
}
```

上面的执行行为树的代码就如同游戏更新部分。status = g_player->btexec()在游戏的更新函数（update 或 tick）中，需要每帧都调用。

特别的，对于运行状态，即使从概念上讲运行状态是"阻塞"在了节点上，但依然需要每帧都调用 btexec。也就是说，其节点依然是每帧都在运行的，只是下一帧是继续上一帧的，从而表现的是运行状态，在其结束之前，其父节点不会把控制转移给其他后续节点。这里的"阻塞"并非真的被阻塞，并非后续代码（上面的其他代码部分）不会被执行。status = g_player->btexec()后面如果有代码，则依然会被执行。

执行结果会是什么样的呢？

执行结果如图 8.5 所示。

第 1 帧：如图 8.6 所示，2 号 Condition 节点返回"成功"，继续执行 3 号 Action1 节点，同样返回"成功"，继续执行 4 号 Action3 节点，返回"运行"。

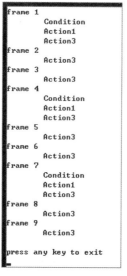

图8.5　执行结果　　　　图8.6　结果1

第 2 帧：如图 8.7 所示，由于上一帧 4 号 Action3 节点返回"运行"，所以直接继续执行 4 号 Action3 节点。

第 3 帧：如图 8.8 所示，由于上一帧 4 号 Action3 节点返回"运行"，所以直接继续执行 4 号 Action3 节点。

需要注意的是，2 号 Condition 节点不再被执行。而且，本次 Action3 节点返回"成功"，1 号 Sequence 节点返回"成功"。0 号 Loop 节点结束第 1 次迭代。

第 4 帧：如图 8.9 所示，Loop 节点的第 2 次迭代开始，就像第 1 帧的执行一样。

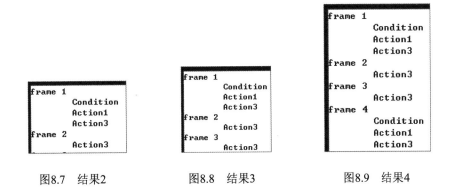

图 8.7　结果 2　　　　图 8.8　结果 3　　　　图 8.9　结果 4

8.1.7　再进阶

持续返回运行状态的节点固然优化了执行，但其结果就像"阻塞"了 BT 的执行一样，如果发生了其他"重要"的事情需要处理怎么办？

在 behaviac 中有多种处理方法，比如可以使用前置附件、并行节点、选择监控节点和事件子树等方法来处理和响应事件，具体可以参考 https://github.com/Tencent/behaviac/ 上提供的文章、教程和示例。

8.1.8　总结

行为树的基本概念总结如下：

- 执行每个节点都会有一个结果（成功、失败或运行）。
- 子节点的执行结果由其父节点控制和管理。

- 返回运行结果的节点被视作处于运行状态,处于运行状态的节点将被持续执行,一直到其返回结束(成功或失败)。在其结束前,其父节点不会把控制转移到后续节点。

其中理解运行状态是理解行为树的关键,也是使用好行为树的关键。

如下 BehaviorTask::exec 代码是更新行为树的核心代码。

```
EBTStatus BehaviorTask::exec(Agent* pAgent, EBTStatus childStatus) {
    bool bEnterResult = false;

    if (this->m_status == BT_RUNNING) {
        bEnterResult = true;
    } else {
        this->m_status = BT_INVALID;

        bEnterResult = this->onenter_action(pAgent);
    }

    if (bEnterResult) {
        bool bValid = this->CheckParentUpdatePreconditions(pAgent);

        if (bValid) {
            this->m_status = this->update_current(pAgent, childStatus);
        } else {
            this->m_status = BT_FAILURE;

            if (this->GetCurrentTask()) {
                this->update_current(pAgent, BT_FAILURE);
            }
        }

        if (this->m_status != BT_RUNNING) {

            this->onexit_action(pAgent, this->m_status);
        } else {
            BranchTask* tree = this->GetTopManageBranchTask();

            if (tree != 0) {
                tree->SetCurrentTask(this);
            }
        }
    } else {
        this->m_status = BT_FAILURE;
    }

    returnthis->m_status;
}
```

- 当首次执行时，因为状态是 BT_INVALID，会执行 onenter_action，只有当 onenter_action 返回 true 时才继续执行，否则直接返回。

- 后续会执行 update_current，如果 update_current 返回 BT_RUNNING，则意味着该节点处于运行状态，下一帧将继续执行，所以该节点通过 SetCurrentTask 被记录下来，从而后续执行时被直接执行。

- 否则，如果 update_current 的返回值不是 BT_RUNNING，则意味着该节点执行结束，onexit_action 将被执行。

- 而 update_current 是虚函数，不同类型的节点有其特殊的实现，特别的 BranchTask:: update_current 结合 SetCurrentTask 来直接执行处于运行状态的节点。具体细节请参考 https://github.com/Tencent/behaviac/。

8.2 元编程在 behaviac 中的应用

运行时库用来加载编辑器导出的类型信息和行为树，从而能够解释和执行行为树逻辑。以 C++ 版本为例，编辑器根据类型信息生成相应的 C++ 代码，如下所示。

```
class FirstAgent : public behaviac::Agent
///<<<BEGIN WRITING YOUR CODE FirstAgent
///<<<END WRITING YOUR CODE
{
public:
    FirstAgent();
    virtual ~FirstAgent();

    BEHAVIAC_DECLARE_AGENTTYPE(FirstAgent, behaviac::Agent)

    private: FirstEnum p1;

    public: svoid SayHello();
///<<<BEGIN WRITING YOUR CODE CLASS_PART

///<<<END WRITING YOUR CODE
};
```

同时生成类似于下面的注册代码，把类型信息注册到 AgentMeta 这样的类型信息库中，从而后续可以加载行为树以及执行行为树。

```
// FirstAgent
meta = BEHAVIAC_NEW AgentMeta(136495355u);
AgentMeta::GetAgentMetas()[1778122110u] = meta;
meta->RegisterMemberProperty(2082220067u,
    BEHAVIAC_NEW CMemberProperty<int>("p1",
    Set_FirstAgent_p1, Get_FirstAgent_p1));
meta->RegisterMethod(1505908390u,
    BEHAVIAC_NEW CAgentMethodVoid(FunctionPointer_FirstAgent_SayHello));
```

在加载 XML 格式的行为树时，有类似于下面的代码，通过类型的名字、属性以及方法的名字，从 AgentMeta 这样的类型信息库中获取相应的定义来加载属性和方法。

```
AgentMeta* meta = AgentMeta::GetMeta(classId);
return AgentMeta:CreateInstanceProperty(typeName.c_str(),
    instantceName.c_str(), indexMember, propId);
AgentMeta* meta = AgentMeta::GetMeta(agentClassId);
if (meta) {
    IInstanceMember* method = meta->GetMethod(methodId);

    method->load(agentIntanceName, paramsTokens);

    return method;
}
```

由此可知，每一个 Agent 类型都有一个相应的 AgentMeta 来存储其类型信息，通过该 Agent 的名字，每一个属性的名字、类型，每一个方法的名字、参数、返回值等信息，能够把行为树和具体的类型结合起来，从而在加载时能够通过名字绑定类型。

8.2.1 模板特化

在 C++中模板分为函数模板和类模板。

函数模板是一种抽象的函数定义，它代表一类同构函数；类模板是一种更高层次的抽象的类定义。

所谓特化，就是将泛型模板具体化，为已有的模板参数进行一些使其特殊化的指定，使得以前不受任何约束的模板参数，或者受到特定的修饰（例如，const 摇身一变成为了指针之类的，甚至是经过其他模板类包装之后的模板类型），或者完全被指定下来。

8.2.2 加载中的特例化

如下所示，在加载行为树时，StringUtils::ParseString 被用来从一个字符串中读取相应类型的数据。

```
CIOID  startId("start");
node->getAttr(startId, attrStr);
StringUtils::ParseString(attrStr.c_str(), this->m_start);

CIOID  timeId("time");
node->getAttr(timeId, attrStr);
StringUtils::ParseString(attrStr.c_str(), this->m_time);

CIOID  intStartId("intstart");
node->getAttr(intStartId, attrStr);
StringUtils::ParseString(attrStr.c_str(), this->m_intStart);

CIOID  intTimeId("inttime");
node->getAttr(intTimeId, attrStr);
StringUtils::ParseString(attrStr.c_str(), this->m_intTime);
```

ParseString 的定义如下：

```
template<typename T>
inline bool ParseString(constchar* str, T& val) {
    return Detail::FromStringStructHanler<T,
    behaviac::Meta::HasFromString<T>::Result>::ParseString(str, val);
}
```

这里广泛使用了模板特化（Template Specialization），当模板被编译时，会自动根据类型是否是枚举类型、是否包含 FromString 来选取合适的特化。

```
namespace Detail {
    //////////////////////////////////////////////////////////////////
    template<typename T, bool bIsEnum>
    struct FromStringEnumHanler {
        static bool ParseString(constchar* valueStr, T& v) {
            if (internal::ParseString(valueStr, v)) {
                returntrue;
            }

            returnfalse;
        }
    };

    template<typename T>
    struct FromStringEnumHanler<T, true> {
        static bool ParseString(constchar* valueStr, T& v) {
            return behaviac::EnumValueFromString(valueStr, v);
        }
    };
```

```cpp
    template<typename T, bool bHasFromString>
    struct FromStringStructHanler {
        static bool ParseString(constchar* str, T& val) {
            return FromStringEnumHanler<T,
                behaviac::Meta::IsEnum<T>::Result>::ParseString(str, val);
        }
    };

    template<typename T>
    struct FromStringStructHanler<T, true> {
        static bool ParseString(constchar* str, T& val) {
            return behaviac::StringUtils::FromString_Struct(str, val);
        }
    };
}// namespace Detail
```

那么，怎么判断一个类型是否是 Enum 呢?在上面的代码中用到了 Meta::IsEnum，其具体实现如下：

```cpp
namespace Meta {
    template<typename Type >
    struct IsEnum {
        enum {
            Result = !IsFundamental< Type >::Result &&
                     !IsClass< Type >::Result &&
                     !IsFunction< Type >::Result &&
                     !IsCompound< Type >::Result
        };
    };
}
```

如果 T 是一个 Enum，那么 IsEnum::Result 等于 true，否则等于 false。而对于 Meta::HasFromString，则只是直接用到了类型的特化，HasFromString 的泛型如下：

```cpp
template<typename Type>
struct HasFromString {
    enum {
        Result = 0
    };
};
```

也就是说，在缺省情况下，对于所有类型，HasFromString::Result 等于 0；而对于 Agent 类型，因为其具有 FromString，所以对该类型提供特例如下：

```cpp
template<>
struct HasFromString<existingType> {
```

```
        enum {
            Result = 1
        };
};
```

像 IsEnum、HasFromString 这样的模板类型称为 type traits 类型，behaviac 通过 type traits 类型，结合模板特例实现了众多有趣的功能。更多的实际使用示例，请参考 https://github.com/Tencent/behaviac/。

8.2.3 运行中的特例化

代码如下：

```
// FirstAgent
meta = BEHAVIAC_NEW AgentMeta(1153314180u);
AgentMeta::GetAgentMetas()[1778122110u] = meta;
meta->RegisterMemberProperty(2082220067u,
    BEHAVIAC_NEW CMemberProperty<int>("p1", Set_FirstAgent_p1, Get_FirstAgent_p1));
meta->RegisterMethod(702722749u, BEHAVIAC_NEW CMethod_FirstAgent_Say());
```

FirstAgent 有一个 int 类型的属性 p1 和一个函数 Say，behaviac 生成上面的注册代码和下面的特例化代码。

```
struct PROPERTY_TYPE_FirstAgent_p1 { };
template<>inlineint& FirstAgent::_Get_Property_<
    PROPERTY_TYPE_FirstAgent_p1>()
{
    returnthis->p1;
}

struct METHOD_TYPE_FirstAgent_Say { };
template<>inlinevoid FirstAgent::_Execute_Method_<
    METHOD_TYPE_FirstAgent_Say>(behaviac::string& p0)
{
    this->FirstAgent::Say(p0);
}
```

当行为树调用 Say 时，下面的代码将会被执行，同样利用了函数的特例化。

```
virtualvoid CMethod_FirstAgent_Say::run(Agent* self)
{
    BEHAVIAC_ASSERT(_param0 != NULL);

    behaviac::string& pValue_param0 = *(behaviac::string*)_param0->GetValue(
        self, behaviac::Meta::IsVector<behaviac::string >::Result,
        behaviac::GetClassTypeNumberId<behaviac::string >());
```

```
    self = Agent::GetParentAgent(self, _instance);

    ((FirstAgent*)self)->_Execute_Method_<METHOD_TYPE_FirstAgent_Say, void,
    behaviac::string&>(pValue_param0);
}
```

总之，在 behaviac 中广泛使用了类似的模板特化，更多的实际使用示例，请参考 https://github.com/Tencent/behaviac/。

第 9 章
跳点搜索算法的效率、内存、路径优化方法*

作者：王杰

摘　　要

本章介绍跳点搜索（JPS）算法的效率、多线程、内存、路径等优化方法，JPS 通过拓展跳点而不是每个邻居来寻路，因为跳点的数目远比邻居少，所以寻路速度远快于 A*。

本章介绍的效率优化算法用来加速跳点的寻找，或者减少需要拓展的跳点数目。JPS-Bit 用位运算加速跳点的寻找，将地图的每个格子编码为 1 个 bit，因此 1 个 int 可以存储 32 个格子。然后利用 CPU 指令 __builtin_clz 找到 32 个格子里的跳点，因此寻找跳点的速度比遍历 32 个格子快几十倍。JPS-Prune 利用剪枝剪掉非必需的"中间跳点"，"中间跳点"在节点拓展中只具有简单的承接作用，不具备拓展价值，剪枝"中间跳点"可以减少需要拓展的跳点数目，从而加速寻路。因为"中间跳点"是路径中沿对角线方向的拐点，找完路径后需要在路径中自行计算"中间跳点"，构成完整路径。JPS-Pre 利用预处理提前计算每个格子在上、下、左、右、左上、右上、左下、右下共 8 个方向的最大 step，step 为走到最近跳点、阻挡、边界的距离。JPS-Pre 无须沿各方向寻找跳点，而是根据预处理的 step 快速确定跳点，从而加速寻路。

三种优化算法可以组合使用，实测中，JPS-Bit、JPS-BitPrune、JPS-BitPre、JPS-BitPrunePre 寻路速度分别为 A*算法的 81 倍、110 倍、130 倍、273 倍。另外，将变量声明为 thread_local 可支持多线程寻路，但每个线程都拥有一个 thread_local 变量，会导致内存使用量显著增加，需要通过分层、内存池等方法优化内存。JPS 寻找的路径在表现上并不是最优的路径，需要通过

---

* 本章相关内容已申请技术专利。

后处理对路径进行优化。

JPS 算法可以被应用在 2D、3D 游戏中玩家和 NPC 的寻路上。2D 游戏可以直接应用 JPS 算法，很多 3D 游戏也采用 2D 寻路，因此也可以直接应用该算法。

9.1 引言

寻路算法在游戏和地图中有多种用途。A*算法已经众所周知，对于其优化也是层出不穷的，然而性能并没有取得突破性进展。本章介绍 JPS 的效率、多线程、内存、路径等优化算法。在性能实验中设置寻路场景，使得起点和终点差距 200 个格子，统计寻路 10000 次的总时间。

不同算法的寻路时间如表 9.1 所示，A*花费 260.740s；基础版的 JPS 花费 17.037s；位运算优化的 JPS（JPS-Bit）花费 3.236s；位运算和剪枝优化的 JPS（JPS-BitPrune）花费 2.37s；位运算和预处理的 JPS（JPS-BitPre）花费 2.004s；位运算、剪枝和预处理的 JPS（JPS-BitPrunePre）花费 0.954s。本章介绍的 JPS-Bit 和 JPS-BitPrune 都支持动态阻挡。本章内容解决了绝大部分开源 JPS 算法存在的潜在 Bug：穿越阻挡（比如在图 9.2 中，从 H 走到 K 时，穿越 H 右边的阻挡）。

表 9.1 不同算法的寻路时间

算　法	寻路时间（秒/s）
A*	260.740
JPS	17.037
JPS-Bit	3.236
JPS-BitPrune	2.37
JPS-BitPre	2.004
JPS-BitPrunePre	0.954

实验中，JPS 算法的 5 个版本，平均花费时间分别约为 1.7ms、0.32ms、0.23ms、0.2ms、0.095ms，寻路速度分别约为 A*算法的 15 倍、81 倍、110 倍、130 倍、273 倍。在 2012—2014 年举办的三届（目前为止只有三届）基于 Grid 网格的寻路比赛（The Grid-Based Path Planning Competition，GPPC）中，JPS 已经被证明是基于无权重格子，在没有预处理的情况下寻路最快的算法。

接下来将介绍 JPS 的效率、多线程、内存、路径等优化算法。然后解读 GPPC 2014，从寻路时间、路径长度、消耗内存、失败率等方面比较 22 种参赛寻路算法的优劣。

9.2 JPS 算法

9.2.1 算法介绍

JPS（Jump Point Search，跳点搜索）算法是 2011 年提出的基于 Grid 网格的寻路算法[1]。JPS 算法在保留 A*算法框架的同时，优化了 A*算法寻找后继节点的操作。如图 9.1 所示为 A*和 JPS 算法的流程对比，不同于 A*算法中直接获取当前节点的所有非关闭的可达邻居节点来进行拓展的策略，JPS 算法根据当前节点的方向、基于搜索跳点的策略来扩展后继节点，遵循"两个定义、三个规则"（两个定义确定强迫邻居、跳点，三个规则确定节点）的拓展策略。

9.2.2 A*算法流程

A*算法流程如下。

（1）将起点 start 加入开启节点集合 openset 中。

（2）重复以下工作：

① 当 openset 为空时，则结束程序，此时没有路径。

② 寻找 openset 中 F 值最小的节点，设为当前节点 current。

③ 从 openset 中移出当前节点 current。

④ 在关闭节点集合 closedset 中加入当前节点 current。

⑤ 若 current 为目标节点 goal，则结束程序，由 goal 节点开始逐级追溯路径上每一个节点 x 的父节点 parent(x)，直至回溯到起点 start，此时回溯的各节点即为路径。

⑥ 对于 current 的 8 个方向的每一个邻居 neighbor：如果 neighbor 不可通过或者已经在 closedset 中，则略过；如果 neighbor 不在 openset 中，则加入 openset 中；如果 neighbor 在 openset 中，若此路径 G 值比之前路径小，则 neighbor 的父节点更新为 current，并更新 G 值、F 值，G 值表示从起点到当前节点的路径代价，H 值表示不考虑不可通过区域，从当前节点到终点的路径代价，且 $F=G+H$。

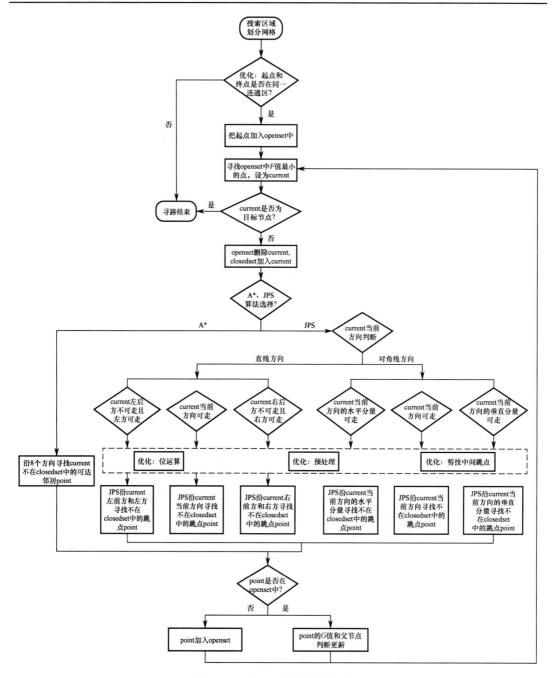

图9.1 A*和JPS算法的流程对比

各术语参考如下。

- current：当前节点。

- openset：开启节点集合，集合内节点有待进一步拓展。

- closedset：关闭节点集合，集合内节点不再拓展。

- neighbor：当前节点的邻居。

- parent(x)：节点 x 的父节点。

9.2.3 JPS 算法流程

JPS 算法流程如下。

（1）若 current 当前方向是直线方向：

① 如果 current 左后方不可走且左方可走（即左方是强迫邻居），则沿 current 左前方和左方寻找不在 closedset 中的跳点。

② 如果 current 当前方向可走，则沿 current 当前方向寻找不在 closedset 中的跳点。

③ 如果 current 右后方不可走且右方可走（右方是强迫邻居），则沿 current 右前方和右方寻找不在 closedset 中的跳点。

（2）若 current 当前方向为对角线方向：

① 如果 current 当前方向的水平分量可走（例如，current 当前方向为东北方向，则水平分量为东，垂直分量为北），则沿 current 当前方向的水平分量寻找不在 closedset 中的跳点。

② 如果 current 当前方向可走，则沿 current 当前方向寻找不在 closedset 中的跳点。

③ 如果 current 当前方向的垂直分量可走，则沿 current 当前方向的垂直分量寻找不在 closedset 中的跳点。

9.2.4 JPS 算法的"两个定义、三个规则"

定义一：强迫邻居（Forced Neighbour）。

如果节点 n 是 x 的邻居，且节点 n 的邻居有阻挡，并且 parent(x), x, n 的路径长度比其他任何从parent(x)到n且不经过x的路径短,其中parent(x)为路径中x的前一个点,则n为x的强迫邻居,x为n的跳点。例如,在图9.2中,寻找从S到E的路径时,K为I的强迫邻居,I为K的跳点。这里不认为从H到K能走,否则会走进H右边的阻挡区,大部分JPS开源代码认为H到K能直接到达,所以存在穿越阻挡的情况。如果需要H到K可走,则K为H的强迫邻居,H为K的跳点。

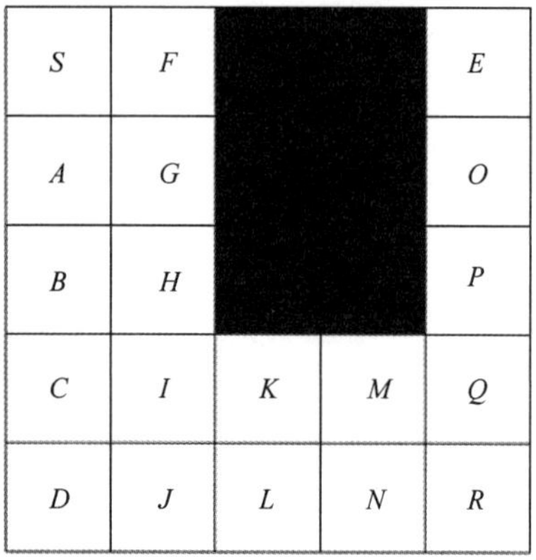

S	F		E
A	G		O
B	H		P
C	I	K	M	Q
D	J	L	N	R

图9.2 寻路问题示例场景(5×5的网格)

定义二:跳点(Jump Point)。

① 如果节点y是起点或目标节点,则y是跳点。例如,在图9.2中,S是起点也是跳点,E是目标节点也是跳点。

② 如果节点y有强迫邻居,则y是跳点,例如I是跳点。

③ 如果从parent(y)到y为对角线移动,并且y经过水平或垂直方向移动可以到达跳点,则y是跳点。例如,在图9.2中,G是跳点。因为parent(G)为S,从S到G为对角线移动,从G到跳点I为垂直方向移动,I是跳点,所以G也是跳点。

规则一:

JPST算法在搜索跳点时,如果直线方向(为了和对角线区分,直线方向代表水平方向和垂直方向,且不包括对角线等斜线方向,下文所说的直线均为水平方向和垂直方向)、对角线方向都可以移动,那么首先在直线方向搜索跳点,然后再在对角线方向搜索跳点。

规则二:

① 如果从parent(x)到x为直线移动,n是x的邻居,若有从parent(x)到n且不经过x的路

径，且路径长度小于或等于从 parent(x)经过 x 到 n 的路径，则走到 x 后下一个点不会走到 n。

② 如果从 parent(x)到 x 为对角线移动，n 是 x 的邻居，若有从 parent(x)到 n 且不经过 x 的路径，且路径长度小于从 parent(x)经过 x 到 n 的路径，则走到 x 后下一个点不会走到 n。

规则三：

只有跳点才会加入 openset 中，最后寻找出来的路径点也都是跳点。

9.2.5 算法举例

如图 9.2 所示，5×5 的网格，黑色代表阻挡区，S 为起点，E 为终点，JPS 算法寻找从 S 到 E 的最短路径。

首先将起点 S 加入 openset 中。从 openset 中取出 F 值最小的点 S，并从 openset 中删除，加入 closedset 中。S 的当前方向为空，则沿 8 个方向寻找跳点，在该图中从 S 出发只有下、右、右下 3 个方向可走，但向下搜索到 D 遇到边界，向右搜索到 F 遇到阻挡，因此都没有找到跳点。然后沿右下方向寻找跳点，在 G 点，根据上文中"定义二"的第 3 点，parent(G)为 S，从 parent(G)到 S 为对角线移动，并且 G 经过垂直方向移动（向下移动）可以到达跳点 I，因此 G 为跳点并加入 openset 中。

从 openset 中取出 F 值最小的点 G，并从 openset 中删除，加入 closedset 中。G 的当前方向为对角线方向（从 S 到 G 的方向），沿右（当前方向水平分量）、下（当前方向垂直分量）、右下（当前方向）3 个方向寻找跳点。在 G 点只有向下可走，因此向下寻找跳点，找到跳点 I 并加入 openset 中（根据上文中"定义二"的第 2 点）。

从 openset 中取出 F 值最小的点 I，并从 openset 中删除，加入 closedset 中。I 的当前方向为直线方向（从 G 到 I 的方向），在 I 点时 I 的左后方不可走且左方、前方可走，因此沿左方、左前方、前方寻找跳点，但左前方、前方都遇到边界，只有向左方寻找到跳点 Q 并加入 openset 中（根据上文中"定义二"的第 2 点）。

从 openset 中取出 F 值最小的点 Q，并从 openset 中删除，加入 closedset 中，Q 的当前方向为直线方向，Q 的左后方不可走且左方、前方可走，因此沿左方、左前方、前方寻找跳点，但左前方、前方都遇到边界，只有向左方寻找到跳点 E 并加入 openset 中（根据上文中"定义二"的第 1 点）。

从 openset 中取出 F 值最小的点 E，E 是目标节点，寻路结束，路径是 S, G, I, Q, E。

注意：这里不考虑从 H 能走到 K 的情况，因为对角线方向有阻挡，如果需要 H 到 K 能直接到达，则路径是 S, G, H, K, M, P, E，修改跳点的计算方法即可，但在游戏中如果 H 到 K 能直接到达，则会穿越 H 右边的阻挡。

上述 JPS 算法的寻路效率是明显快于 A*算法的，在从 S 到 A 沿垂直方向寻路时，在 A 点，如果使用 A*算法，会将 F、G、B、H 都加入 openset 中，但是在 JPS 算法中，这 4 个点都不会加入 openset 中。因为 S, A, F 的路径长度比 S, F 路径长，所以从 S 到 F 的最短路径不是 S, A, F。同理，S, A, G 也不是最短路径，根据上文中"规则二"的第 1 点，走到 A 后不会走到 F、G，所以 F、G 不会加入 openset 中。虽然 S, A, H 是从 S 到 H 的最短路径，但是因为存在 S, G, H 的最短路径且不经过 A，根据上文中"规则二"的第 1 点，从 S 走到 A 后，下一个走的点不会是 H，因此 H 也不会加入 openset 中。根据上文中的"规则三"，B 不是跳点，也不会加入 openset 中。实际上，在从 S 到 E 的寻路过程中，进入 openset 中的只有 S、G、I、Q、E。

如图 9.3 所示为 A*和 JPS 算法在寻路消耗中的对比，其中 D.Age:Origins、D.Age2、StarCraft 分别代表游戏《龙腾世纪：起源》《龙腾世纪 2》《星际争霸》的场景图集合；M.Time 表示操作 openset 和 closedset 的时间；G.Time 表示搜索后继节点的时间。可见 A*算法大约有 58%的时间在操作 openset 和 closedset，42%的时间在搜索后继节点；而 JPS 算法大约有 14%的时间在操作 openset 和 closedset，86%的时间在搜索后继节点。避免在 openset 中加入太多点，从而避免过多地维护最小堆（插入、删除时间复杂度均为 $O(\log n)$），是 JPS 算法比 A*快的原因。

	A*		JPS	
	M.Time	G.Time	M.Time	G.Time
D. Age: Origins	58%	42%	14%	86%
D. Age 2	58%	42%	14%	86%
StarCraft	61%	39%	11%	89%

图9.3 A*和JPS算法的寻路消耗对比

9.3 JPS 算法优化

9.3.1 JPS 效率优化算法

JPS-Bit 通过位运算加速寻找跳点。JPS-Bit 和 JPS-BitPrune 均支持动态阻挡，当动态阻挡出现时，将格子标记为阻挡；当动态阻挡消失时，将格子标记为非阻挡。如图 9.4 所示，黑色部分为阻挡，假设当前位置为 I，当前方向为右，1 代表不可走，0 代表可走，则 I 当前行 B 的 8 个格子可用 8 个 bit：00000100 表示，I 的上一行 B−为 00000000，I 的下一行 B+为 00110000。

用 CPU 指令 __builtin_clz(B)（返回前导 0 的个数）在 B 行寻找阻挡的位置，可得当前阻挡在第 5 个位置（从 0 开始）。用 __builtin_clz(((B–>>1) && !B–) ||((B+>>1) && !B+)) 寻找 B 行的跳点，例如，本例中(B+>>1) && !B+为(00110000 >> 1) && 11001111，即 00001000，(B–>>1) &&!B 为 00000000，__builtin_clz(((B–>>1) && !B–) ||((B+>>1) && !B+))为 __builtin_clz(00001000)为 4，所以跳点为第 4 个位置 M。

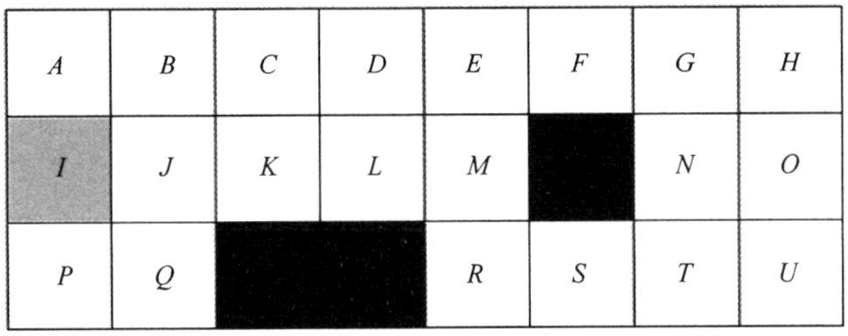

A	B	C	D	E	F	G	H
I	J	K	L	M	■	N	O
P	Q	■	■		R	T	U

图9.4　寻路问题示例场景（3×8的网格）

JPS-BitPrune 在 JPS-Bit 的基础上做剪枝优化，剪掉不必要的中间跳点（见上文中"定义二"的第 3 点）。中间跳点在节点拓展过程中只具有承接作用，不具备拓展价值，将中间跳点加入 openset 中会增加拓展的次数，因此 JPS-BitPrune 将中间跳点全部删除，并将中间跳点的后继跳点的父跳点改为中间跳点的父跳点。

JPS-BitPrune 需要在找到的路径中加入拐点（中间跳点），使得每两个相邻的路径节点之间都是垂直、水平、对角线方向可达的。假设目前找到的路径为 start(jp_1), jp_2, jp_3, ···, jp_k, end(jp_n)，对于每两个相邻的跳点 jp_i、jp_{i+1}：

① 如果 jp_i、jp_{i+1} 的 x 坐标或者 y 坐标相等，则说明这两个跳点在同一个水平方向或垂直方向，可以直线到达，无须在这两个跳点之间加入拐点。

② 如果 jp_i、jp_{i+1} 的 x 坐标和 y 坐标都不相等，那么：

- 如果 x 坐标的差 dx（即 jp_i 的 x 坐标减去 jp_{i+1} 的 x 坐标）和 y 坐标的差 dy 的绝对值相等，则说明这两个跳点在对角线方向直线可达，无须在这两个跳点之间加入中间跳点。

- 如果 dx 和 dy 的绝对值不等，则说明这两个跳点在对角线方向不能直线可达，此时在 jp_i、jp_{i+1} 之间就需要加入中间跳点，即 jp_i 沿对角线方向走 min(dx, dy)到达的点。

如图 9.5 所示，起点为 $S(1,1)$，节点 1、4、6 均为中间跳点——因为节点 2、3 是满足"定义二"的跳点，所以节点 1 是为了到达节点 2、3 的中间跳点；同理，节点 4、6 也为中间跳点。

在剪枝中间跳点之前,要将中间跳点的后继节点的父节点调整为该中间跳点的父节点。节点 1 的后继跳点为节点 2、3、4,其中节点 4 也为中间跳点,删掉中间跳点节点 1 后,节点 2、3 的父跳点由节点 1 改为节点 S;删除中间跳点节点 4 后,节点 4 的后继跳点 5 的父跳点由节点 4 改为节点 S(节点 4 的父跳点为节点 1,但节点 1 已经被删除,因此回溯到节点 S);删除中间跳点节点 6 后,节点 6 的后继跳点 7 的父跳点由节点 6 改为节点 S(节点 6 的父跳点为节点 4,但节点 4 已经被删除,节点 4 的父跳点节点 1 也被删除了,因此回溯到节点 S)。

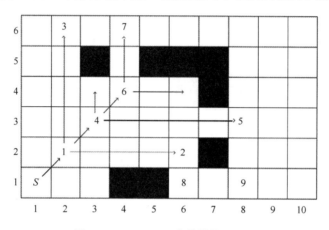

图9.5 JPS-BitPrune的剪枝优化示例

在寻路中,从节点 S 寻找跳点,首先找到中间跳点节点 1,然后在水平方向和垂直方向寻找到跳点节点 2、3,将节点 2、3 的父跳点设为节点 S;继续沿对角线方向寻找跳点,走到节点 4 后,沿水平方向和垂直方向寻找到跳点节点 5,将节点 5 的父跳点设为节点 S;继续沿对角线方向寻找跳点,走到节点 6 后,沿水平方向和垂直方向寻找到跳点 7,将跳点 7 的父跳点设为节点 S。因此,JPS-BitPrune 获得路径 $S(1,1)$、节点 $7(4,6)$。因为路径中 $S(1,1)$ 无法沿垂直方向、水平方向、对角线方向走到节点 $7(4,6)$,需要加入中间拐点。根据上述的拐点添加策略,节点 $6(4,4)$ 可作为中间拐点。因此,JPS-BitPrune 构建的完整路径为 $S(1,1)$、节点 $6(4,4)$、节点 $7(4,6)$。

下面通过对比剪枝前后从节点 S 到节点 7 的寻路过程,来说明剪枝的优化效率。

不剪枝中间跳点:

(1)从节点 S 搜索跳点,找到跳点节点 1,此时 openset 中只有节点 1。

(2)从 openset 中取出 F 值最小的跳点节点 1,并搜索节点 1 的后继跳点,沿水平方向和垂直方向找到跳点节点 2、3,沿对角线方向找到跳点节点 4,此时 openset 中有节点 2、3、4。

（3）从 openset 中取出 F 值最小的跳点节点 4，并搜索节点 4 的后继跳点，沿水平方向和垂直方向找到跳点节点 5，沿对角线方向找到跳点 6，此时 openset 中有节点 2、3、5、6。

（4）从 openset 中取出 F 值最小的跳点节点 6，沿垂直方向找到跳点 7，此时 openset 中有节点 2、3、5、7。

（5）从 openset 中取出 F 值最小的跳点节点 7，为目的节点，搜索结束，因此完整路径为节点 $S(1,1)$、节点 1(2,2)、节点 4(3,3)、节点 6(4,4)、节点 7(4,6)。

剪枝中间跳点：

（1）从节点 S 寻找跳点，首先找到中间跳点节点 1，然后沿水平方向和垂直方向寻找到跳点节点 2、3，将节点 2、3 的父跳点设为节点 S；继续沿对角线方向寻找跳点，走到节点 4 后，沿水平方向和垂直方向寻找到跳点节点 5，将节点 5 的父跳点设为节点 S；继续沿对角线方向寻找跳点，走到节点 6 后，沿水平方向和垂直方向寻找到跳点 7，将跳点 7 的父跳点设为节点 S；继续沿对角线方向寻找跳点，遇到阻挡，搜索终止，此时 openset 中有节点 2、5、7。

（2）从 openset 中取出 F 值最小的跳点节点 7，为目的节点，搜索结束，此时获得的路径为 $S(1,1)$、节点 7(4,6)。不同于无剪枝的 JPS 算法需要拓展中间跳点 1、4、6，在 JPS-BitPrune 中，节点 1、4、6 作为中间跳点均被剪枝，有效避免了冗余的节点拓展，寻路效率得到大大提升。

JPS-BitPre 依旧采用 JPS-Bit 中的位运算，而其中的预处理则是对每个点存储 8 个方向最多能走的步数 step。如果地图大小是 $N \times N$，每个方向最多能走的步数用 short 表示，则存储空间为 $N \times N \times 8 \times 16$ bit，如果 N 为 1024，则存储空间为 16MB。由于存储空间占用较大，使用 JPS-BitPre 时需要权衡是否以空间换时间。另外，1024×1024 个格子的地图预处理时间在 1s 内，2048×2048 的地图预处理时间为 1 小时左右。JPS-BitPre 和 JPS-BitPrunePre 都不支持动态阻挡，因为动态阻挡会导致 8 个方向最多能走的步数发生变化。

step 由跳点、阻挡、边界等决定，如果遇到跳点，则 step 为走到跳点的步数；否则，step 为走到阻挡或边界的步数。例如图 9.6 中的 N 点，向上最多走到节点 8，step 为 2；向下最多走到节点 4，step 为 4；向左最多走到节点 6，step 为 3；向右最多走到节点 2（节点 2 是满足"定义二"第 2 点的跳点），step 为 5；向左上最多走到节点 7，step 为 2；向右上最多走到节点 1（节点 1 是满足"定义二"第 3 点的跳点），step 为 1；向左下最多走到节点 5，step 为 3；向右下最多走到节点 3（节点 3 是满足"定义二"第 3 点的跳点），step 为 3。

下面通过对比预处理前后从节点 N 到节点 T 的寻路过程，来说明预处理的优化效率。

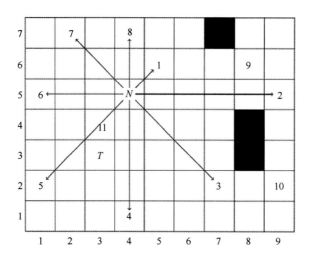

图9.6 JPS-BitPre寻路的场景示例

JPS-Bit：

（1）从openset中取出节点N，沿8个方向寻找跳点，节点1、3、11是满足"定义二"第3点的跳点，加入openset中；节点2是满足"定义二"第2点的跳点，加入openset中。

（2）从openset中取出F值最小的节点11，沿垂直方向找到跳点T，加入openset中。

（3）从openset中取出F值最小的节点T，为目的节点，搜索结束，路径为N(4,5)、节点11(3,4)、节点T(3,3)。

JPS-BitPre：

（1）从openset中取出节点N，沿8个方向寻找跳点，根据预处理得到的各方向的step，可以快速确定8个方向最远能到达的节点{1,2,3,4,5,6,7,8}，如图9.6所示，节点1、2、3均为满足"定义二"的跳点，直接加入openset中。然后判断终点T位于以N为中心的下方、左下方、左方、左上方、上方的哪部分，因为T位于左下方，只有节点5位于左下方，因此节点4、6、7、8直接略过。在从N到5的方向上，step为3，而N和T的x坐标差绝对值dx为1，y坐标差绝对值dy为2，在从节点N到节点5方向上走min(dx,dy)，得到节点11，加入openset中。

（2）从openset中取出F值最小的节点11，沿垂直方向找到跳点T，加入openset中。

（3）从openset中取出F值最小的节点T，为目的节点，搜索结束，路径为N(4,5)、节点11(3,4)、节点T(3,3)。

通过对比发现，JPS-BitPre 和 JPS-Bit 找到的路径是一样的。然而，由于 JPS-BitPre 无须在每一步节点拓展过程中都沿着各方向寻找跳点，而是根据 step 快速确定 openset 的备选节点，从而大大提高了寻路效率。

如图 9.7 所示，寻路算法无法找到从 S 到 E 的路径，失败寻路花费的时间远大于成功寻路花费的时间，因为在失败情况下需要遍历所有的路径。为了避免这种情况，在每次寻路之前，都先判断起点和终点是否可达：如果起点和终点在同一个连通区域，则起点和终点可达，否则不可达。只有起点和终点可达，才需要去寻路。

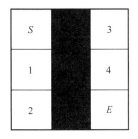

图9.7 不可达的两点 S、E

首先计算 Grid 网格的连通区域，算法如下：

只能采用宽度优先搜索，深度优先搜索的递归层次太深，会导致栈溢出。如图 9.7 所示的点 S、1、2 的连通区域编号均为 1，点 3、4、E 的连通区域编号均为 2，S、E 连通区域编号不同，因此 S、E 不在同一个连通区域，不需要寻找路径。

计算连通区域的算法如下。

（1）将当前连通区域编号 num 初始化为 0。

（2）对 Grid 网格的每个点 current 重复以下工作：

① num++。

② 如果 current 是阻挡点，则跳过。

③ 如果 current 被访问过，则跳过。

④ current 的连通区域编号记为 num，标记已访问过。

⑤ 宽度优先搜索和 current 四连通的所有点，连通区域编号均记为 num，并标记已访问过。

openset 采用最小堆实现，最小堆的底层数据结构是一个数组，最小堆的插入、删除、查找

时间复杂度均为 $O(\log n)$。JPS 算法需要频繁在 openset 和 closedset 中判断跳点是否存在，因此这里采用以空间换时间的方法对最小堆的查找进行优化，将查找的时间复杂度降为 $O(1)$。

对于 1km×1km 的地图，构建 2000×2000 的二维数组 matrix，数组的每个元素 pnode 均为一个指针，指针的对象类型包括节点 ID、是否扩展过（expanded，即是否在 closedset 中）、G 值、F 值、父跳点指针 parent、在最小堆中的索引 index 等 12 个字节。如果地图(x,y)处是搜索到的跳点，那么首先检查在 matrix(x,y)处指针是否为空，如果为空，则表示该跳点之前未搜索过，从内存池中 new 出一个跳点，将指针加到最小堆 openset 中，并在执行 shift up、shift down 之后，matrix(x,y).index 记录跳点在最小堆中的索引；如果不为空，则表示该跳点之前搜索过，首先检查 expanded 标记，如果标记为真，则表示在 closedset 中，直接跳过该跳点；否则，如果 matrix(x,y) 和 openset(matrix(x,y).index)的指针相等，则表示在 openset 中。游戏服务器普遍采用单进程多线程架构，为了支持多线程 JPS 寻路，需要将一些变量声明为线程独有 thread_local。例如，上文中提到的为了优化 openset 和 closedset 的查找速度，构建的二维跳点指针数组 matrix。该数组必须为线程独有；否则，不同线程在寻路时，都修改 matrix 元素指向的跳点数据，会导致寻路错误。例如，A 线程在扩展完跳点后，将 expanded 标记为真，B 线程再试图扩展该跳点时，发现已经扩展过，就直接跳过。

9.3.2 JPS 内存优化

如果采用 0.5m×0.5m 的格子粒度，每个格子占 1bit，则 1km×1km 的地图占用内存大小约为 2000×2000/8 字节，即 0.5MB。为了在上、下两个方向也能通过取 32 位数获得 32 个格子的阻挡信息，需要存储将地图旋转 90°后的阻挡信息。上文中不可达两点提前判断，需要存储连通信息，假设连通区域数目最多为 15 个，则需要内存大小为 2000×2000/2 字节，即 2MB。那么，总内存大小为：原地图阻挡信息 0.5MB、旋转地图阻挡信息 0.5MB、连通信息 2MB，即 3MB。

另外，为了优化 openset 和 closedset 的查找速度，构建二维跳点指针数组 matrix，大小为 2000×2000×4 字节，即 16MB。为了支持多线程，该 matrix 数组必须为 thread_local，16 个线程共需内存大小为 16×16 MB 即 256MB，内存空间太大，因此需要优化这部分内存。

首先将 2000×2000 分成 20×20 个块，每块为 100×100。20×20 个块为第一层数组 firLayerMatrix，100×100 为第二层数组 secLayerMatrix。firLayerMatrix 的 400 个元素为 400 个指针，每个指针初始化为空，当遍历到的跳点属于 firLayerMatrix(x,y)的块时，则从内存池中 new 出 100×100 的 secLayerMatrix，secLayerMatrix 的每个元素也是一个指针，指向从内存池中 new 出的一个跳点。

例如，在搜索 2000×2000 个格子的地图时，在(231,671)位置找到一个跳点，首先检查 firLayerMatrix(2,6)位置的指针是否为空，如果为空，则 new 出 100×100 的 secLayerMatrix。继续在 secLayerMatrix(31,71)处检查跳点的指针是否为空，如果为空，则从内存池中 new 出跳点，加入 openset 中；否则，检查跳点的 expanded 标记，如果标记为真，则表示在 closedset 中，直接跳过该点；否则表示在 openset 中。

游戏中 NPC 寻路均为短距离寻路，因此可以将 JPS 寻路区域限制为 80×80，一个 secLayerMatrix 是 100×100，因此 JPS 寻路区域可用一个 secLayerMatrix 表示。那么，两层 matrix 的大小为：20×20×4 字节+100×100×4 字节，即 0.04MB。在 16 个线程下，总内存大小为：原地图阻挡信息 0.5MB、旋转地图阻挡信息 0.5MB、连通信息 2MB、两层 matrix 0.04MB×16，共 3.64MB。游戏中场景最多不到 20 个，所有场景 JPS 总内存大小不到 72.8MB。

在寻路时，每次将一个跳点加入 openset 中，都需要 new 出对应的跳点对象，在跳点对象中存储节点 ID、父节点、寻路消耗等共 12 个字节。为了减少内存碎片，以及降低频繁 new 的时间消耗，需要自行管理内存池。每次 new 节点对象时，均从内存池中申请，为了防止内存池增长过大，需要限制搜索步数。内存池是在真正使用内存之前，先申请分配一定数量的、大小相等(一般情况下)的内存块留作备用。当有新的内存需求时，就从内存池中分出一部分内存块，若内存块不够再继续申请新的内存。

这里的内存池共有两个：

（1）跳点的内存池，初始大小为 800 个跳点，当 new 出的跳点数目超出 800 个时，即停止寻路。假设 NPC 寻路上限距离是 20m，则寻路区域面积是 40m×40m，格子数目为 80×80 即 6400 个，经统计跳点数目占所有格子数目的比例不到 1/10，即跳点数目少于 640 个，因此 800 个跳点足够使用了，它们共占内存 800 字节×12，即 9.6KB，忽略不计。

（2）secLayerMatrix 指向的 100×100×4 字节的内存池，因为每次寻路都需要至少一个 secLayerMatrix，如果每次寻路都重新申请，寻路完后再释放，则会造成开销。因此，secLayerMatrix 指向的 100×100×4 字节的空间也在内存池中，secLayerMatrix 内存池占内存 0.04MB。

9.3.3 路径优化

如图 9.8 所示，A 为起点，C 为终点，B 为跳点，实线为 JPS 搜索出来的路径，虚线为搜索过程。可以看出，从 A 到 C 可以直线到达，而 JPS 搜索出来的路径却需要转折一次，在游戏表现上，会显得比较奇怪。因此，在 JPS 搜索出来路径后，需要在表现上对路径进行优化。比如 JPS 搜索出来的路径有 A、B、C、D、E、F、G、H 8 个点，走到 A 时，需要采样检查 A、C 是否直线可达，如果 A、C 直线可达，再检查 A、D 是否直线可达，如果 A、D 直线可达，则继续检查 A、E，如果 A、E 直线不可达，则路径优化为 A, D, E, F, G, H；走到 D 时，再检查 D、F 是否直线可达，如果 D、F 直线可达，则继续检查 D、G，如果 D、G 直线不可达，则路径优化为 A, D, F, G, H。依此类推，直到走到 H。因为采样检查的速度很快，大约占 JPS 寻路时间的 1/5，而且只有当走到一个路点后，才采样检查该路点之后的路点是否可以合并，将采样的消耗平摊在行走的过程中，因此采样的消耗可以忽略。

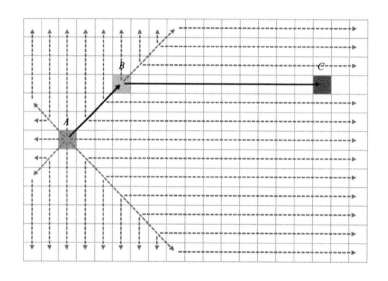

图9.8　路径优化案例

9.4　GPPC 比赛解读

9.4.1　GPPC 比赛与地图数据集

基于 Grid 网格的寻路一直是被广泛研究的热点问题，也有很多已经发表的算法，但是这些算法没有相互比较过，因此难辨优劣，使用者如何选择算法也有很大的困难。为了解决这个问题，美国丹佛大学的 Nathan R. Sturtevant 教授创办了基于 Grid 网格的寻路比赛：The Grid-Based Path Planning Competition，简称 GPPC，目前已经在 2012 年、2013 年、2014 年举办过 3 次[2]，下文主要讨论 GPPC 2014。

GPPC 比赛用的地图集如表 9.2 所示，地图数据主要分为游戏场景地图和人造地图。其中来自游戏场景地图的数据有 3 类：Starcraft（《星际争霸》）、Dragon Age 2（《龙腾世纪2》）、Dragon Age: Origins（《龙腾世纪：起源》），3 类游戏分别提供 11、57、27 张地图和 29 970、54 360、44 414 个寻路问题。

表 9.2 GPPC 比赛用的地图集

来　源	地图（张）	寻路问题（个）
Starcraft	11	29 970
Dragon Age 2	57	54 360
Dragon Age: Origins	27	44 414
Maze	18	145 976
Random	18	32 228
Room	18	27 130
总　数	149	334 078

来自人造地图的数据也有 3 类：Maze（迷宫）、Random（随机）、Room（房间），这 3 类数据分别提供和 18、18、18 张地图和 145 976、32 228、27 130 个寻路问题。6 类数据共提供 149 张地图和 334 078 个寻路问题。图 9.9 给出了 3 类游戏场景地图示例，图 9.10 给出了 3 类人造地图示例，其中黑色代表阻挡区，白色代表可行走区。地图大小从 100×100 个格子到 1550×1550 个格子，6 类地图的大小分布如图 9.11 所示，横坐标是格子数，纵坐标是地图数目，最小的地图来自 Dragon Age: Origins，最大的地图来自 Starcraft 和人造数据。

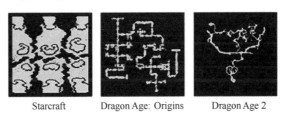

图9.9 GPPC的3类游戏场景地图示例

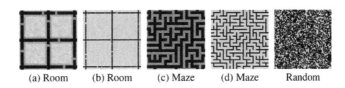

图9.10 GPPC的3类人造地图示例

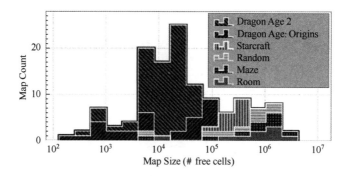

图9.11　GPPC的6类地图大小分布

9.4.2　GPPC 的评价体系

GPPC 在相同的配置下运行参赛算法，其中 CPU 的配置是 Xeon E5620，四核处理器，2.4GHz 主频，12GB 内存。为了消除误差，GPPC 要求对每种参赛的寻路算法在 334 078 个寻路问题上运行 5 遍，共寻路 334 078×5，即 1 670 390 次，所以下文介绍的总运行时间等指标都是寻路 1 670 390 次的结果。其中运行时间包括加载预处理数据和寻路时间，而预处理时间并不计算在运行时间内。

GPPC 定义如下 13 个指标来评价寻路算法（其中，路径表示从起点到终点的完整路径）。

- Total (s)：寻路 1 670 390 次所花费的总时间。

- Avg (ms)：寻路 1 670 390 次的平均时间。

- 20 Step (ms)：寻找到路径的前 20 步所花费的平均时间。该指标衡量最快多久可以跟随路径，在实时交互如游戏中，该指标很重要。

- Max Segment (ms)：每条路径最长段的寻路平均时间。该指标衡量在实时交互中，寻路算法在最差情况下的表现。

- Avg Len：路径的平均长度。如果 A 寻路算法在长路径上表现好，在短路径上表现不好；B 寻路算法在长路径上表现不好，在短路径上表现好，则 A 的该指标优于 B 的指标，因为 Avg Len 的增加主要来自长路径。该指标偏向于在长路径上表现好的寻路算法。

- Avg Sub-Opt：寻找到的路径长度/最优路径长度的平均值。如果 A 寻路算法在长路径上表现好，在短路径上表现不好；B 寻路算法在长路径上表现不好，在短路径上表现好，则 B 的该指标优于 A 的指标，因为 1 670 390 次寻路的大多数路径都是短路径。该指标偏向于在短路径上表现好的寻路算法。

- Num Solved：在 1 670 390 次寻路中，成功的数目。

- Num Invalid：在 1 670 390 次寻路中，返回错误路径的数目。错误路径是指路径的相邻路点无法直线到达。

- Num Unsolved：在 1 670 390 次寻路中，没有寻找到路径的数目。

- RAM (before) (MB)：寻路算法在加载预处理数据后，寻路之前占用的内存大小。

- RAM (after) (MB)：寻路 1 670 390 次后占用的内存大小，包括所有寻路结果占用的内存大小。

- Storage：预处理数据占用的硬盘大小。

- Pre-cmpt (min)：预处理数据花费的时间，图 9.12 中该列数字之前的"+"表示采用并行计算进行预处理。

Entry	Total (sec)	Avg. (ms)	20 Step (ms)	Max. Segment	Avg. Len.	Avg. Sub-Opt	Num. Solved	Num. Invalid	Num. Unsolved	RAM (before)	RAM (after)	Storage	Pre-cmpt. (min.)
2014 Entries													
RA*	492,223.7	282.995	282.995	282.995	2248	1.0580	1739340	0	0	**32.05**	58.91	**0MB**	0.0
BLJPS	25,139.4	**14.453**	14.453	14.453	2095	**1.0000**	1739340	0	0	13.58	42.59	**20MB**	0.2
JPS+	13,449.1	7.732	7.732	7.732	2095	1.0000	1739340	0	0	147.03	175.19	947MB	1.0
BLJPS2	12,947.4	**7.444**	7.444	7.444	2095	1.0000	1739340	0	0	13.96	42.68	**47MB**	0.2
RA-Subgoal	2,936.6	**1.688**	1.688	1.688	2142	1.0651	1739340	0	0	16.15	43.07	264MB	0.2
JPS+Bucket	2,811.6	1.616	1.616	1.616	2095	1.0000	1739340	0	0	379.32	407.46	947MB	1.0
BLJPS_Sub	2,731.8	1.571	1.571	1.571	2095	1.0000	1739340	0	0	19.82	48.00	524MB	2.7
NSubgoal	1,345.2	**0.773**	0.773	0.773	2095	**1.0000**	1739340	0	0	16.29	42.54	**293MB**	2.6
CH	630.4	**0.362**	0.362	0.362	2095	1.0000	1739340	0	0	44.66	72.04	**2.4GB**	968.8
SRC-dfs-i	329.6	0.189	**0.004**	**0.001**	2095	1.0000	1739340	0	0	246.92	356.14	28GB	†11649.5
SRC-dfs	251.7	**0.145**	0.145	0.145	2095	1.0000	1739340	0	0	246.92	274.16	28GB	†11649.5
A* Bucket	59,232.8	36.815	36.815	36.815	2206	1.0001	1608910	80830	49600	3577.97	3605.79	0MB	0.1
SRC-cut-i	358.1	0.208	**0.004**	**0.001**	2107	1.0000	1725440	0	13900	431.09	540.94	52GB	†12330.8
SRC-cut	276.5	0.160	0.160	0.160	2107	1.0000	1725440	0	13900	431.09	458.49	52GB	†12330.8
Past Entries													
JPS (2012)	108,749.9	62.524	62.524	62.524	2095	**1.0000**	1739340	0	0	252.18	278.97	**0MB**	0.0
JPS+ (2012)	36,307.5	20.874	20.874	20.874	2095	1.0000	1739340	0	0	356.28	383.05	3.0G	74.0
PPQ (2012)	28,930.3	16.634	16.634	16.634	2095	1.0033	1739225	115	0	47.87	74.00	0MB	0.0
Block (2012)	23,104.1	13.283	13.283	13.283	2413	1.1557	1739340	0	0	65.75	103.19	0MB	0.0
Subgoal (2012)	1,944.0	1.118	1.118	1.118	2095	1.0000	1739340	0	0	17.33	43.78	554MB	15.0
Subgoal (2013)	1,875.2	1.078	1.078	1.078	2095	1.0000	1739340	0	0	18.50	44.96	703MB	3.5
PDH (2012)	255.7	0.147	**0.008**	0.007	2259	1.1379	1739340	0	0	20.21	53.53	**649MB**	13.0
Tree (2013)	50.9	**0.029**	0.029	0.029	2564	2.1657	1739340	0	0	16.58	48.80	568MB	0.5

图9.12　参加GPPC比赛的共22种算法的结果对比

9.4.3 GPPC 参赛算法及其比较

到目前为止，参加 GPPC 比赛的算法共有 22 种，其中参加 GPPC 2014 的有 14 种，可大致分为如下 4 类：

（1）对 A* 的改进，例如 Relaxed A*（RA*）和 A* Bucket。

（2）利用格子特点的算法，例如 Jump Point Search（JPS）和 SubGoal Graphs。

（3）预先生成任意两点的第一个路点的压缩数据库，例如 SRC。

（4）基于节点优先级的算法，例如 Contraction Hierarchy（CH）。

图 9.12 给出了参加 GPPC 比赛的共 22 种算法的结果对比，其中前 14 种为参加 GPPC 2014 的算法。第 1 列（Entry 列）为算法名，其后 13 列给出了每种算法在 13 个指标上的表现。第 1 列中被加粗的算法表示该算法在某些指标上达到帕累托最优，该算法所在的行被加粗的指标，表示帕累托最优的指标。帕累托最优表示：没有其他算法在帕累托最优的指标上均优于当前算法。例如，JPS (2012) 帕累托最优的指标为第 6 个指标 Avg Sub-Opt 和第 12 个指标 Storage，表示没有其他算法在这两个指标上均优于 JPS (2012)。22 种算法没有严格的优劣关系，只是在不同指标上的表现各有优势，使用者可基于对不同指标的具体需求来选择适合自己的算法。

下面给出所有在 GPPC 比赛中获得帕累托最优的算法，本章介绍的 JPS 算法位列其中。

- RA* (2014)：第 10 个指标 RAM (before) 和第 12 个指标 Storage 帕累托最优。

- BLJPS (2014)：第 2 个指标 Avg、第 6 个指标 Avg Sub-Opt 和第 12 个指标 Storage 帕累托最优。

- BLJPS2 (2014)：第 2 个指标 Avg、第 6 个指标 Avg Sub-Opt 和第 12 个指标 Storage 帕累托最优。

- RA-Subgoal (2014)：第 2 个指标 Avg 和第 12 个指标 Storage 帕累托最优。

- NSubgoal (2014)：第 2 个指标 Avg、第 6 个指标 Avg Sub-Opt 和第 12 个指标 Storage 帕累托最优。

- CH (2014)：第 2 个指标 Avg、第 6 个指标 Avg Sub-Opt 和第 12 个指标 Storage 帕累托最优。

- SRC-dfs-i (2014)：第 3 个指标 20 Step 和第 4 个指标 Max Segment 帕累托最优。

- SRC-dfs (2014)：第 2 个指标 Avg 和第 6 个指标 Avg Sub-Opt 帕累托最优。

- JPS (2012)：第 6 个指标 Avg Sub-Opt 和第 12 个指标 Storage 帕累托最优。本章的主角 JPS 在未使用预处理的算法中 Avg Sub-Opt 表现最优。

- PDH (2012)：第 3 个指标 20 Step 和第 12 个指标 Storage 帕累托最优。

- Tree (2013)：第 2 个指标 Avg 帕累托最优。

参 考 文 献

[1] Daniel Damir Harabor, Alban Grastien. Online Graph Pruning for Pathfinding on Grid Maps. ResearchGate, January 2011.

[2] Nathan R. Sturtevant. The Grid-Based Path Planning Competition. Ai Magazine. 35(3):66-69, September 2014.

第 10 章
优化 MMORPG 开发效率及性能的有限多线程模型*

作者：祝清鲁

摘　要

　　MMORPG 因为涉及大量视野的感知，特别是针对有帮战、国战玩法的品类，80%以上的性能消耗点在 Obj 的移动、战斗、AI、属性同步等有视野感知的模块上，而低于 20%的时间执行剩下所有的逻辑，后者的开发成本却占整个开发成本的 80%以上，这是 MMORPG 性能分布特性和开发成本特性的"二八法则"。传统的单线程单进程模型不足以承载过多的玩家，但是开发效率最高；而多进程单线程模型的设计有很好的扩展性，但是数据同步以及异步调用会带来很大的开发和调试成本；多线程模型在实际的 MMORPG 开发中，也会涉及加锁以及大量异步回调，开发和调试成本也不低。

　　有限多线程模型预期可以解决以上问题，平衡开发成本和性能问题。其核心设计思想是把后台的一次 tick 严格区分成在时间上不会重叠的两个阶段：单线程阶段和多线程阶段。单线程阶段处理那些绝大部分常规玩家的请求，比如加好友、交易等，它们是可以跨场景随意访问的，不用考虑多线程的问题，像单线程一样写程序即可；多线程阶段处理那些场景耦合度低但消耗高的操作，比如 AI、移动、战斗、属性同步等。

10.1　引言

　　无论是端游还是手游，MMORPG 仍旧占据着非常大的市场份额，很多 MMORPG 游戏运

---

* 本章相关内容已申请技术专利。

营已经超过 10 年，成功的端游也都移植到了手游。在后台服务器架构上，早期的端游服务器由于硬件的限制，GameServer（为了后续叙述方便，把游戏的核心逻辑服务器统一称为 GameServer）大多采用了多进程的分布式设计，甚至多进程多线程的设计，往往要投入的开发精力也很多。本章将简单介绍目前腾讯平台的主流 MMORPG 游戏架构设计以及对开发成本的影响。

10.1.1 多进程单线程模型

腾讯自研的 MMORPG 游戏在 GameServer 上一般采用了单线程设计，以《御龙在天》、《天涯明月刀》和《轩辕传奇》为例，都是多进程单线程的架构，这和腾讯后台设计体系里的"大系统小做"的思想有渊源。这种架构的好处很明显：首先是故障隔离，单 GameServer 宕机不会影响全服玩家，单线程的操作让开发者也无须处处小心翼翼；其次是扩展性强，通过分布式部署，可以做到几万人同时在线，比如《御龙在天》单服承载可以达到 4 万人以上。缺憾之一是为了充分利用多核 CPU，往往一台物理机部署多个 GameServer，因为进程的内存冗余，实际生产机器的内存会很大；缺憾之二是异步逻辑过多，GameServer 往往负责"否"的判断，很多"是"的判断和数据修改必须到中控 Server 上仲裁，并且还需要同步到各个 GameServer，即使引用了 coroutine 等来简化异步逻辑，数据的同步和大量的异步调用也仍然让开发成本很高。

10.1.2 单进程多线程模型

腾讯引入的外部 MMORPG 游戏，畅游和完美系基本采用了单进程多线程的架构，比如《天龙八部》和《完美世界》两款手游，以及云风的 Skynet，它们没有内存冗余的弊端，也能充分利用多核优势，不需要中控 Server 同步数据。这种模式也有不完美之处，首先，为了操作简单避免异步调用，很多交互玩法约束了玩家必须站在同一个场景上，给策划加以限制；其次，为了避免加锁，又能保证数据的安全性，有些跨线程调用做了很好的消息封装，通过 Service 的方式提供服务，这种异步写法太多，仍旧比较复杂；最后，游戏开发和传统的软件开发区别很大，需求随着市场持续迭代改动，在代码设计之初模块划分清晰，经历若干次修改后耦合度越来越高，多线程会增加出错的概率。基于以上原因，开发效率仍然是其弊端，往往涉及人力偏多。

10.1.3 单进程单线程模型

针对 MMORPG 的优化基本围绕耗时操作展开，通过性能分析工具，一般定位到的耗时操作围绕着视野感知展开（性能随着视野的增加呈几何级数提升），其中包括：视野算法本身的效率优化、视野的裁剪降低运算和网络流量的量级。通过极致的优化，单进程单线程也能满足部分 MMORPG 的要求，很多时候，高承载的需求只在开服的前几个小时才被需要。从运营的角度看，因为单服导量有限和滚服策略，可能并不需要过高的 PCU 支撑，比如《剑侠情缘》架构设计也只需要满足 2500 人在线即可，盛大的《热血传奇》单进程单线程跑在 Windows 机器上，承载压测可达 4000 人，腾讯自研的《仙剑奇侠传 online》同样也是单进程单线程模型，外网单服也能承载 3500 人在线。单进程单线程有一个最大的优势，就是开发和调试成本低，易于维护，适用于编制紧张的团队。但是，优化到一定阶段，到达性能瓶颈期以后，再有较大的突破需要付出很高的优化成本去提升。

10.2 有限多线程模型

通过和业界朋友交流，发现 MMORPG 有一个共同的特点，就是 80%以上的开发成本消耗在正常的逻辑处理上，而 80%以上的性能消耗点在和视野有关的模块上。比如《御龙在天》，移动包和技能包在 CPU 消耗上的占比之和在 30%以上；战斗做得比较好的《天涯明月刀》在群战时，仅技能逻辑消耗就在 50%以上；另一款腾讯在研的 MMORPG，因为有后台寻路、体素判定、行为树定义的复杂 AI 以及分段技能设计，CPU 消耗比同类产品要高，在 2018 年 10 月测试期间，获得一整天 CPU 耗时分布，如图 10.1 所示。

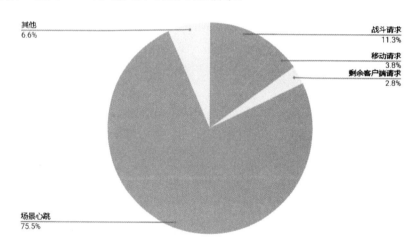

图10.1　MMORPG的一整天CPU耗时分布

MMORPG 后台主要有两大驱动力，一是消息驱动，包含玩家上行协议的驱动和其他 Server 的消息驱动，这部分的主要耗时来源是战斗请求包和移动请求包，移动和战斗占这一部分的 80%左右的性能消耗；二是定时器，包含各大系统的心跳逻辑以及各个 Obj 的心跳逻辑，在承载 5000 个玩家在线时，怪物和 NPC 往往要达到 10 万个之多，因此定时器的主要耗时来源是场景心跳（AI、CD 检查、扫敌等），这部分占整个 CPU 耗时处理的 75%左右。这两部分组成了灰色区域，累计占比高达 90%，它们的共同点是有很少的跨场景操作，以及少量的公共模块数据访问（比如邮件、帮会）。而另外的 10% 是 UI 上的各种请求操作，以及防外挂、帮会自己的心跳逻辑等，代码量极大，耦合度很高。那么，有没有一种可能，让灰色区域多线程并行起来，而又不影响其他区域代码的复杂度呢？基于以上假设提出一个"有限多线程模型"，其核心原理很简单，就是把 GameServer 的每一帧处理都分成在时间上不重叠的两个阶段，即单线程阶段和多线程阶段，单线程执行那些耦合度高、计算量小的代码，多线程并行那些计算量大，耦合度低的代码，如图 10.2 所示。

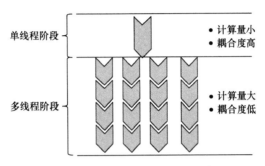

图10.2　有限多线程模型的线程阶段

从理论上我们看看有限多线程模型在理想情况下对性能的影响，按照原来单线程设计的性能消耗，假设能抽离给多线程并行计算的时间占比为 mt，单线程执行的时间占比为 st，在 8 核下无锁运行，性能随着 st 的缩短而提升，那么按照公式：

$$e = 1/((1-st)/8 + st)$$

如果 st=20%，性能可以提升 333%；如果 st=10%，性能可以提升 470%。后续我们从实际运行效果上看，在性能高峰时刻，st 占比平均远小于 20%，甚至可以弱化到 5% 以内，MMORPG 的这种特殊性给有限多线程带来很大的提升空间，如图 10.3 所示。

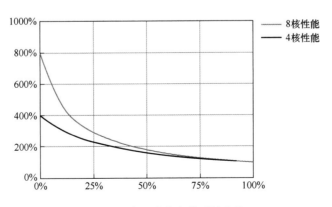

图10.3　有限多线程模型性价比

10.3 使用 OpenMP 框架快速实现有限多线程模型

基于以上介绍的原理,有经验的程序员无须花费太多精力,可以自己实现这么一套框架。如果想先通过几行代码验证一下,则推荐使用 OpenMP 试试。OpenMP 使用一种可移植、可伸缩的模型,提供给编程者一个简单而灵活的接口来开发并行应用,支持多平台共享内存的 C、C++、Fortran 多处理器编程,可以运行在绝大多数处理器架构和操作系统上,包括 Solaris、AIX、HP-UX、GNU/Linux、Mac OS X 和 Windows 平台。它由编译器指令集、库函数和环境变量组成,影响运行时行为[1]。如果以前没有接触过 OpenMP,建议先快速看看 OpenMP 的快速入门文章[2],这里不做赘述。

OpenMP 框架如图 10.4 所示,这是一个 OpenMP 经典的运行模型,一般从一个主线程(Master Thread)开始运行在单线程模式下,遇到浅色的 barrier(比如从左到右第 1 个)后,便进入多线程模式,深色的 barrier(比如从左到右第 2 个)是等待所有多线程任务都完成后,才能再次进入单线程阶段的。这个设计思路和有限多线程模型高度匹配,通过几个指令就可以构建有限多线程模型。

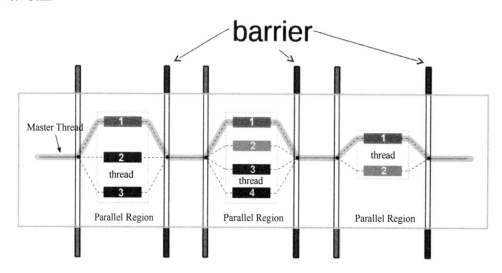

图10.4 OpenMP框架

OpenMP 里最经典的 for 语句这里并没有使用,这是因为 for 语句的每次循环都有线程以及线程私有数据申请和销毁的开销,大概是毫秒级别,for 语句不适用于每秒都有几十次循环的 MMORPG 游戏服务器架构,因此选择了 task 模式[3]。我们把一次场景的心跳分成两部分,一部分运行在单线程模式下,命名为 TickSingle;另一部分运行在多线程模式下,命名为 TickMulti。

一旦运行在多线程阶段，就把一个场景的 TickMulti 函数当作一个完整的 task，交给 OpenMP 进行多线程并行计算。模拟一下游戏的大循环，每次 tick 至少要处理客户端请求以及各个场景的心跳逻辑。在以下为有限多线程实现的核心伪码中，尽量标全所用到的 OpenMP 标识，而对业务逻辑做了尽量简化，可以看到真正的改动就几个以#pragma 开头的指令。

```
#pragma omp parallel num_threads(8)// 声明接下来并行计算，线程数提前初始化为 8 个
while (true) {// 简单用死循环模拟，实际上会有 sleep 限帧
    #pragma omp master// 以下代码只在主线程中运行
    ProcessClientRequest();// 客户端请求
    for (auto&pScene : SceneManager) {
        pScene->TickSingle();
    }

    // 单线程阶段结束
    for (auto&pScene : SceneManager) {
            #pragma omp task // task 声明，把下面一行当作一个 task 分配给多线程执行
            pScene->TickMulti();// 以场景为单位作为一个 task，并行执行
    }
    #pragma omp taskwait // 等待所有 task 处理完成后，结束多线程阶段，进入下一个循环的单线程阶段
}
```

- parallel 指令：定义并行区域，#pragma omp parallel [clauses]，支持零个或多个子句。

- num_threads 子句：parallel 指令的子句，定义线程数。

- master 指令：指定只有主线程执行的程序部分。

- task 指令：定义任务，线程组内的某一个线程执行接下来的每一个任务。

- taskwait：设置 barrier，这个指令会保证前面的 task 都已经处理完成，然后才会继续往下执行。

基于以上代码，所有可以多线程执行的逻辑都写在 Scene::TickMulti()函数内即可，以场景 TickMulti 函数为 task 切分是最适合 MMORPG 的，OpenMP 能保证一个 task 只在一个线程中执行，而不会再次被切分。当各个编译器有良好的内置集成时，编译时，需要添加选项-fopenmp，不需要引入任何库文件即可编译成功。在有些虚拟机上，非繁忙时可能会出现 CPU 飙升，需要在启动之前设定环境变量，让单线程阶段其他 CPU 的策略是"被动休息"即可。我们可以在启动脚本中添加如下语句：

```
export OMP_WAIT_POLICY=PASSIVE
```

值得一提的是，我们把部分消息也延后给了多线程阶段，对这部分消息有两个要求：一是

逻辑简单，没有跨场景和全局变量写操作；二是能接受时序打乱，这个消息包和其他部分没有过多的依赖关系。按照之前的数据，我们很理想地选择移动包和技能包延后到多线程阶段处理，更细致的建议可以参考下一节。

10.4 控制多线程逻辑代码

以上实现看上去很简单，接下来我们分析哪些事情可以放到多线程阶段去做，哪些可以放到单线程阶段去做，以下是建议在单线程阶段执行的逻辑。

- 对于全局变量（global、static 和单件的）有修改的尽量放在单线程阶段，比如发邮件、组队相关、改变帮会数据等。

- 跨场景有交互的尽量放在单线程阶段，比如增加队伍成员后同步信息给所有队员、两个可能不在一起的玩家私聊等。

- 代码逻辑很复杂、未来扩展性很强的功能，比如登录、切场景等。

- 将其他尽量多的代码执行放在单线程阶段，除非有较大性能消耗，再去考虑多线程。

最后一条非常重要，是有限多线程模型的"有限"所在，我们还是要尽量保证代码的简单，因为多线程处理得越多，需要解决的问题就越多，在开发成本和性能上就会失衡。在笔者的业务中，放在多线程阶段处理的主要是以下部分，且都是基于压测数据做的决定，而这部分的性能消耗已经高于 90%。

- 数据驱动逻辑只包含移动和技能。

- 移动和技能的心跳逻辑、AI 逻辑。

- Obj 的属性计算和更新。

- 为了解决登录 tps，部分登录做的事情延后到了多线程阶段，比如战力计算、阵营计算等。

- 为了解决切场景的消耗，切场景后的视野更新延后到了多线程阶段。

- 以性能压测为基础，出现在 top20 的模块中且和跨场景、修改全局数据无关的内容，其他不建议放在多线程阶段处理。

10.5 异步化解决数据安全问题

一个多线程进程的数据同步和安全本身就是一个课题，有限多线程模型也有多线程阶段，这个问题就不能完全规避，复杂问题尽量让单线程阶段接管是简化处理的好主意。如果你是一个 MMORPG 的从业者，可能现在就会指出，代码耦合度太高，无法保证多线程阶段的函数不间接调用到"不安全"函数。举一个容易碰到的例子：技能的伤害函数可能触发角色死亡，角色死亡会调用 OnDie()接口，这个接口是开放性的，任何系统都可能在这里新增或者修改函数调用，比如可能会让单件实例的邮件系统触发一封邮件，造成邮件存储数据全局变量的改变（假设邮件系统没有抽象成独立的服务），而这种情况都试图在多线程程序中改变全局变量，这是不安全的。以下代码可以说明这个例子。

```
Skill::OnDamage() {
    ......;
    if (obj.HP() == 0)
        obj.OnDie();
}
Obj::OnDie() {
    ......;
    PostOffice::SendDieMail(*this);// 不安全函数，多线程阶段不能直接写全局变量
}
```

为了避免加锁有阻塞逻辑，多线程程序往往会采用消息队列异步化，把处理交给一个指定的线程去改变共享数据。有限多线程不是时刻运行的，当前场景这次心跳在 A 线程，下次可能在 B 线程，不能简单地发消息给对应线程，但是可以延后到下次单线程处理阶段去执行。这种情况通过一个良好的消息封装，结合 C++ 11 的 Lambda 表达式，非常容易实现。以下代码演示了如果在多线程阶段收到发邮件请求，则延后到单线程阶段去执行的过程。值得注意的是，这个处理不能过于频繁，防止性能消耗在消息处理上，在性能占比上也应该是很小的部分。

```
typedef std::function<void()> FN;
std::deque<FN>g_FNqueue;
void SingleDo(FN f) {
    // do lock，必要的加锁，后续介绍
    g_FNqueue.push_back(f);
}

void PostOffice::SendDieMail(Obj &rObj) {
    DieMail dieMail(rObj);// 构造邮件数据
    if (GetOmpPhase() == OMP_PHASE_MULTI) {// 如果是多线程阶段，则延后到单线程阶段执行
        SingleDo([dieMail](constchar*) {
            SendMail(rMail);
        });
```

```
            return;
    }
    else// 在单线程阶段直接执行
        SendMail(rMail);
}
```

10.6 对"不安全"访问的防范

如果某些函数不是线程安全的,并且改造起来又有较大成本,则应该明确拒绝它们运行在多线程阶段,让它们抛出异常。以玩家加入队伍为例,这个操作的后续处理很复杂,我们就要明确让加入队伍的处理只能运行在单线程阶段,但有时候担心万一从多线程阶段调用过来怎么办?因此需要有一种防范和检查机制,处理方式是提供一个名为 CheckSingleThread 的函数进行检查,一旦发现在多线程阶段调用,后台开发人员就能收到短信或者微信提醒,很快就可以根据栈信息把它异步化。以下伪码演示了捕获异常且告警的过程。

```
struct ompException : public std::runtime_error {
    ompException(conststd::string& s) {
        snprintf(buffer, sizeof(buffer), "%s\n", qs_bt());// 记录栈信息
        signalWeixin(buffer);// 给后台开发人员发微信告警
    }
    virtual const char *  what() const _GLIBCXX_USE_NOEXCEPT { return buffer; }
    char buffer[10240];
};

void CheckSingleThread() {// 必须在单线程阶段执行,多线程不安全
    if (GetOmpPhase() != OMP_PHASE_SIGLE) {
        throw ompException("CheckSingleThread");
    }
}

void Team::AddObj(Obj &rObj) {
    CheckSingleThread();// 会改变全局变量,只能运行在单线程阶段,如果在多线程阶段调用,则无效且告警
    ......;
}
```

同样,有些函数运行在多线程阶段,但是我们不希望它们被其他线程调用过来,比如场景内 Obj 上的函数,因为可能引起数据冲突。同理,也可以添加一个对多线程防范和检查的函数 CheckMutilThread,标识它只能运行在指定的线程上。以玩家身上的属性设置底层接口为例,这个接口可能改变血、蓝、速度等各种角色身上的变量,我们不希望它有跨场景的访问,就可以明确指出来。以下代码演示了在设置角色属性时,如果有非法跨线程的调用就抛出异常且告警的过程。

```
void CheckMutilThread(uint32_t threadNo) {
    // 如果运行在多线程阶段，但是有跨线程访问，则无效且告警
    if (GetOmpPhase() == OMP_PHASE_MULTI &&
        (uint32_t)omp_get_thread_num() != threadNo) {
        throw ompException("CheckMutilThread");
    }
}
void Obj::SetAttr(eATTR_TYPE attrType, int64_t value) {
    // Obj 的属性设置不允许有跨场景的访问
    CheckMutilThread(m_pScene->GetOmpThreadNo());// 确保此函数运行在所在场景的线程上
    attrVec[attrType] = value;
}
```

CheckSingleThread 和 CheckMutilThread 对我们的帮助很大，适当的注入让我们非常快捷地找到了那些应该修改的地方，并且通过 SingleDo 延后到单线程阶段，避免访问冲突，以告警来驱动修改，效率很高。笔者的项目在测试阶段修改完毕后，引入玩家测试后没有因为多线程访问导致数据冲突告警的发生，控制多线程的代码量越少，需要处理的内容就越少。

10.7 拆解大锁

加锁是不建议的，但是不能绝对绕开，比如底层发包接口、底层日志接口，既然支持多线程调用，那么就很可能有少量的加锁处理。提到加锁，是很多人头疼的问题，正因为游戏逻辑的复杂、需求的不稳定，很容易造成死锁，以及对效率的担心。有限多线程不是全量多线程，只有少量代码执行在多线程阶段，其实是比较容易控制的。

首先，建议你先写一把大锁（虽然看上去是不够成熟的行为），所有的加锁逻辑都用它，先不要考虑效率，优先考虑快速让代码跑起来，并且至少它不会死锁。这把锁要具有内建统计，记录冲突日志和冲突时间，后续我们根据冲突的统计优先级，逐个把锁去掉或者分解，这样至少能保证你的版本在改造期间是稳定的，不会因为锁导致停工抢修。大锁的代码很简单，先尝试上锁，如果有冲突则记录冲突时间，CPU 时间函数实现参考文献[4]。以下伪码简单演示了记录锁冲突的过程。

```
BigLock::BigLock(string &curLocker) {
    static MyMutex s_mutex;// 全局变量，不死锁
    static string s_LockerOwner;// 持有锁的文件名和行号
    if (false == s_mutex.TryLock()) {
        int64_t t1 = currentcycles();
        s_mutex.Lock();
        // 记录两个冲突的日志以及冲突时间
```

```
        LOG() << curLocker <<":"<<s_LockerOwner<<":"<< (currentcycles() - t1) / 1000000;
        s_LockerOwner = curLocker;
    }
}
```

接下来就是根据实际数据按照优先级来去锁化，我们的目标应该是每一帧都不会因为锁冲突有明显（多线程阶段耗时占比千分之一以内）实际的损耗，后面分析几个锁处理的小经验。

利用线程局部变量避免加锁，这种方式修改起来往往最简单，比如之前一个返回函数内 static 变量的函数，我们只需要简单地把这个变量声明为 thread_local 变量即可。对于 C++ 11 以下的版本，如果没有这个标识符，OpenMP 本身也提供了强大的 private 子句可以把变量进行线程私有化，并且还能提供诸如初始化时机、退出并行区域是否恢复等操作[1]，这里不再赘述。

以下伪码可能是程序原来存在的一个函数，之所以有 static 变量，估计是为了效率考虑避免频繁构造和析构，也可能是为了在单线程下调用方便。但是如果这个函数运行在多线程下就会出问题，可能会被多个线程同时读写，改成 thread_local static MyStruct s_mydata 后，就不会存在多线程冲突的问题了。

```
MyStruct & GetData() {
    static MyStruct s_mydata;
    ......;
    string s_mydata;
}
```

另外一种更常见的情况是，我们希望在多线程阶段读操作是安全的，那么就要尽量把写操作放在单线程阶段，比如队伍和帮会。在多线程阶段可以无限制地读，在有限多线程的情况下，确实能保证绝大部分操作本身就在单线程阶段，但仍旧会有风险，我们就要尽量把写操作都加上 CheckSingleThread 检查。这里举一个更典型的例子，来说明要根据具体情况去分析。比如当两个帮会宣战后，需要记录他们的伤害统计，因为帮会的战斗同时发生在多个场景中，因此有跨线程访问的可能，所以最初的代码可能先加锁保证安全。伪码如下：

```
std::map<Obj *, int64_t>g_DamageStat;// 全局伤害统计数据结构

void Scene::OnDamageStat(Obj &rAttacker, int nDamageHP) {
    BIGLOCK;// 全局锁宏
    g_DamageStat[&rAttacker] += nDamageHP;
}
```

但是，这是一个高频事件，通过锁的统计发现这里冲突时间较长，针对 map 和 set 的红黑树的实现，我们知道如果写不安全，读也不安全，如果写加锁，多线程读也同样需要加锁。而

将整个函数延后到单线程阶段是可行的,但是高频操作的异步化本身也有不小的开销,看似很难平衡。如果只把有树的新增操作延后到单线程阶段,那么在不改变树结构的情况下,多线程阶段是可以安全读写的,改造成如下代码后,既没有锁操作,又把异步化降为了低频操作。

```
std::map<Obj *, int64_t>g_DamageStat;// 全局伤害统计数据结构
void Scene::OnDamageStat(Obj &rAttacker, int nDamageHP) {
    std::map<Obj *, int64_t>::iterator it = g_DamageStat.find(&rAttacker);
    if (it == g_DamageStat.end() && GetOmpPhase() == OMP_PHASE_MULTI) {
        // 在多线程阶段不改变 map 的树结构,新增一个攻击者数据是低频事件
        Obj *pAttacker = &rAttacker;
        Scene *pScene = this;
        SingleDo([pAttacker, pScene, nDamageHP](constchar*) {
            if (pScene && pAttacker && pScene == pAttacker->GetScene())
                pScene->OnDamageStat(*pAttacker, nDamageHP);
        });
        return;
    }
    g_DamageStat[&rAttacker] += nDamageHP;
}
```

以上两个简单的例子是想说明对于锁,如果有数据证明它可能影响效率,那么就要通过具体分析尽量做到去锁化或者缩小加锁范围。另外,如果能确定和业务逻辑关联不大,那么就可以考虑拆分成小锁。

10.8 其他建议

LuaJIT 因为有 2GB 内存的限制(截至目前,官方的最新版本对 64 位支持是默认关闭的,不建议在 Release 阶段使用),如果线程数量较多,则有可能出现内存不够的情况。如果在移动、技能、AI 的处理上没有过多地使用 Lua,那么建议还是使用 LuaJIT 保持效率。如果游戏多线程逻辑过于依赖 Lua,那么使用原生的 Lua 保持多线程的运行也是不错的选择。

以场景的心跳为一个 task,每个 task 的耗时并不平均,在多线程阶段会出现多线程负载不均衡的情况,理想目标是线程平均分担,这会让多线程阶段的时间整体缩短。task 的调度在 GCC 的模式下基本是先来先服务(FIFO),调度方式比较难改变,但是可以决定哪个 task 先给 OpenMP,在给多线程之前,我们对 task 按照上一帧的执行时间进行倒序排列,这样就能保证耗时的操作先做,以最大的可能不让多个线程末期等待一个大 task 完成,阻塞进入单线程阶段的时间,从而提高了帧率。

参 考 文 献

[1] OpenMP. https://www.openmp.org.

[2] OpenMP 入门总结. https://www.cnblogs.com/pdev/p/10559045.html.

[3] OpenMP. https://computing.llnl.gov/tutorials/openMP/#Task.

[4] RDTSC 指令实现纳秒级计时器, 2010. https://blog.csdn.net/gonxi/article/details/6104842.

第五部分

游戏脚本系统

第 11 章
Lua 翻译工具——C#转 Lua

作者：罗春华、陈玉钢

摘　　要

本章介绍一种 C#代码转 Lua 代码的翻译方案，简称 TKLua 翻译方案。使用 TKLua 翻译方案，在开发项目时可以使用 C#语言进行开发，但在发布项目时会将 C#代码翻译成 Lua 代码。在项目开发时兼顾 C#的开发效率，在项目发布后又享受 Lua 动态语言的便利，适用于有代码热更新诉求的 Unity 手机游戏。

TKLua 翻译方案具有一定的独特性，与传统的翻译方案不同，它采用了翻译程序集而非翻译源代码的形式。该方案利用标准 C#编译器的编译结果完成了高级语言特性的分析，大幅度降低了翻译难度。其翻译原理是：

（1）利用 Mono Cecil[1]库分析程序集中的类、字段、方法签名，然后将其翻译成对应的 Lua 所模拟的类型结构。

（2）通过 ILSpy[2]工具分析 IL 指令集，重建由语句表达式组成的 AST（抽象语法树），并翻译成对应的 Lua 方法体。

（3）把 Lua 类型结构与 Lua 方法体合并成完整的 Lua 代码。

按同样的原理，还可以把 C#代码翻译成其他语言，如 JavaScript，以快速移植到微信小游戏等平台，从而实现将同一份代码翻译到多个语言平台，避免了重复开发工作。

11.1　设计初衷

手机网络游戏客户端对代码热更新有很强的诉求，采用 Lua 开发是实现代码热更新的常用方案。

如果项目规模比较大，往往需要开发团队熟练掌握 Lua，设计非常合理的编码规范，才能输出高质量的 Lua 代码。但由于 Lua 是弱类型语言，运行前难以静态分析（这也是 TypeScript[3] 解决的核心问题），导致出现下列影响开发效率的问题。

- 在绝大部分情况下，IDE 难以提供成员自动补全提示，这不是 IDE 设计的问题，而是由弱类型语言特性决定的。

- Lua 编译期所能检查的错误非常有限，许多问题要运行时才能暴露出来。

- 在没有测试用例覆盖的情况下项目难以重构，而对于游戏客户端来说，测试用例覆盖成本相对比较高。

本章介绍的 TKLua 是一种极低成本的翻译方案，它的设计初衷是让开发过程对 Lua 无感知，开发时使用 C#开发，运行和发布时，一键把 C#代码翻译成 Lua 代码。程序员既能享受 C#的强类型、类型推导、类型检查带来的便利性，又能享受翻译后 Lua 动态语言热更新的优点。

11.2 实现原理

11.2.1 参考对比行业内类似的解决方案

行业内已经有一些解决类似问题的成熟方案，列举如下。

- Haxe[4]：一种新的编程语言，其配套的编译器可以将 Haxe 语言编译成其他通用语言，比如 JavaScript、ActionScript、PHP、C++等。

- Bridge.NET[5]：这是一个开源项目，它能够把 C#语言翻译成 JavaScript。

- TypeScript[3]：微软公司出品，是 JavaScript 的一个严格超集。它是添加了静态类型和基于类的面向对象编程，语言风格非常像 C#。其设计目标是开发大型应用，然后转译成 JavaScript。

以上解决方案都是从源码开始的，经过词法分析、语法分析等常规的编译过程，综合的工程复杂度较高。

而 TKLua 翻译方案是从标准编译后的程序集 Assembly[6]（本章统称"程序集"）开始的，相比源码，程序集的结构要简单得多。借助程序集分析工具，可以很方便地提取和处理程序结构和指令信息，进而转换输出逻辑表达和原程序集一致的 Lua 代码。

11.2.2 翻译原理

TKLua 翻译方案采用了翻译程序集的形式，而非直接翻译源代码。该方案利用标准编译器的编译完成了高级语言特性的分析，大幅度降低了翻译难度。

翻译器的主要原理是利用两个成熟的开源库，即 Mono.Cecil 和 ILSpy。其中 Mono.Cecil 负责从程序集中提取类、字段、方法；ILSpy 则负责分析方法体指令序列。

TKLua 结构如图 11.1 所示，底层有两个开源库 Mono.Cecil 和 ILSpy（ILSpy 基于 Mono.Cecil），翻译器由整体分析器（Analyze）、类型生成器（Type Generator）和表达式生成器（Expression Generator）组成。

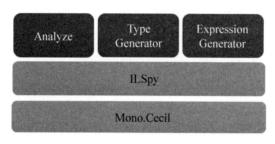

图11.1　TKLua结构图

- **Analyze**：分析程序集参数和多程序集关系。
- **Type Generator**：分析程序集中的类、字段、方法，生成对应的 Lua 结构。
- **Expression Generator**：分析方法体，利用 ILSpy 重建的 AST（抽象语法树），生成对应的 Lua 表达式。

11.2.3 翻译流程

当 C#源代码经过编译得到程序集之后，在翻译流程上经过三步对程序集进行分析和生成，如图 11.2 所示。

（1）类型结构翻译，通过 Mono.Cecil 分析程序集中包含的所有类，以及类中定义的字段和方法，收集到这些信息后，就可以生成 Lua 对应的类型和结构及方法定义了。需要注意的是，此时所得到的方法定义只包含方法签名，无法得到方法体。

（2）方法体翻译，利用 ILSpy 将方法体中的 IL 指令序列重建成 AST，翻译工具将 AST 转换成 Lua 语句和表达式，形成 Lua 方法体。

（3）把第一步输出的 Lua 类型结构与第二步输出的 Lua 方法体合成完整的 Lua 文件，从而实现了 C#到 Lua 的翻译过程。

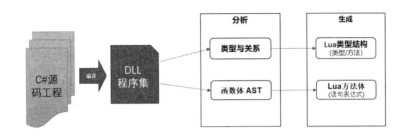

图11.2　翻译流程图

第一步：类型结构翻译，如图 11.3 所示。

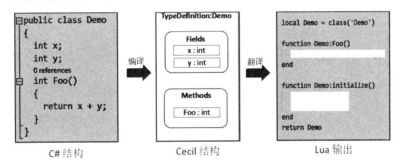

图11.3　类型结构翻译

- 图左边是 C#源代码，定义了一个类 Demo，其包含 x 和 y 两个成员变量，以及一个成员函数 Foo。

- 源代码经过编译之后，通过 Mono.Cecil 分析程序集得到图中间的 Cecil 结构，结构内包含了 Demo 类型、x 和 y 字段，以及 Foo 方法的定义。

- 通过对 Cecil 结构的翻译，生成图右边的 Lua 的 Demo 类型和 Foo 方法定义的输出。值得注意的是，此刻方法还只是方法签名，没有方法体。由于 Lua 是弱类型语言，x 和 y 字段无须定义。

第二步：方法体翻译，如图 11.4 所示。

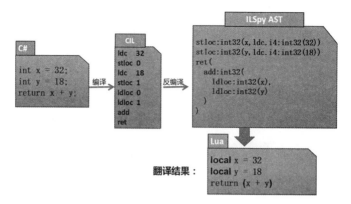

图11.4　方法体翻译

- 图左边是 C#源代码，定义了 int x=32; int y=18; return x+y;三条语句。

- 源代码经过编译之后，形成图中间的 IL 指令流。IL 是基于栈的指令，图中含义是把值 32 存储在 0 号栈空间，把值 18 存储在 1 号栈空间，然后执行 add 指令，并返回运算结果。

- 通过 ILSpy 分析上述 IL 指令流，生成 ILSpy 对应的 AST。

- 分析 AST，并查找对应的符号表，最后翻译生成 Lua 对应的语句 local x=32; local y=18; return (x+y)。

第三步：把 Lua 类型结构和 Lua 方法体合成完整的 Lua 文件，从而实现了 C#到 Lua 的翻译过程。

性能优化：因为源代码在编译之后，将会对字符串、常量、枚举、计算等进行一系列优化，比如删除无效的无用的代码、预处理各种字符串、减少运行时开销等，这种优化也对最终 Lua 代码的生成产生优化效果。可以理解为，TKLua 的翻译代码是经过编译优化之后的代码，对性能效率的提升非常有帮助。

11.3　翻译示例

本节详细介绍 TKLua 翻译示例。

翻译示例的 C#源代码如下：

```
public class ChatPanelPao : ModelViewBehaviour
{
```

```csharp
[Bind("seat_me")]
public ExternalPrefab seat_me;
[Bind("seat_right")]
public ExternalPrefab seat_right;
[Bind("seat_opposite")]
public ExternalPrefab seat_opposite;
[Bind("seat_left")]
public ExternalPrefab seat_left;

Dictionary<int, ExternalPrefab> seats =
    new Dictionary<int, ExternalPrefab>();
Dictionary<int, ChatItemPao> seatItems =
    new Dictionary<int, ChatItemPao>();

protected override void Awake()
{
    base.Awake();
    aliveBinder.binding<ChatModel, ChatModel.MixMsgItem>(doAppendItem);
    // 初始化椅子关系
    seats.Add(LayoutUtil.SEAT_POSITION_Me, seat_me);
    seats.Add(LayoutUtil.SEAT_POSITION_Right, seat_right);
    seats.Add(LayoutUtil.SEAT_POSITION_Opposite, seat_opposite);
    seats.Add(LayoutUtil.SEAT_POSITION_Left, seat_left);
}
protected override void Start()
{
    base.Start();
    foreach (var pos in seats.Keys)
    {
        var externPrefab = seats.get(pos);
        var instance = LuaBehaviour.
            getLuaBehaviour<ChatItemPao>(externPrefab.instance);
        seatItems.Add(pos, instance);
        // 使用连接器的锚点, 传递箭头对齐
        var externPrefabRect = (RectTransform)externPrefab.transform;
        instance.setPaoPivot(externPrefabRect.pivot.x);
    }
}

void doAppendItem(ChatModel.MixMsgItem msg)
{
    var chatItem = seatItems.get(msg.sender.localChairId);
    if(chatItem!=null)
    {
```

```
            chatItem.setMsgModel(msg);
        }
    }
}
```

翻译示例生成的 Lua 源代码如下：

```
-------------
---缓存类型和静态绑定的变量
local T_ExternalPrefab =TKNS.TKFrame.ExternalPrefab
local T_CSLDictionary = CSLDictionary
local T_KeyCollection = CSLDictionary.KeyCollection
local T_RectTransform =TKNS.UnityEngine.RectTransform
local F_Add = T_CSLDictionary.Add
local F_GetEnumerator = T_KeyCollection.GetEnumerator
local F_Keys = T_CSLDictionary.get_Keys
-------------
---本类型中被引用函数的声明
local doAppendItem
-------------
--------
---code begin
--------------------
--------------------
local ChatPanelPao = class('ChatPanelPao',CSLTypes.ModelViewBehaviour)

def_bind(ChatPanelPao,{
    {'seat_me',typeof(T_ExternalPrefab),name='seat_me'},
    {'seat_right',typeof(T_ExternalPrefab),name='seat_right'},
    {'seat_opposite',typeof(T_ExternalPrefab),name='seat_opposite'},
    {'seat_left',typeof(T_ExternalPrefab),name='seat_left'},
})

--
--ILMethod:System.Void ChatPanelPao::Awake()
function ChatPanelPao:Awake()
    CSLTypes.ModelViewBehaviour.Awake(self)
    CSLTypes.ModelViewBehaviour.get_aliveBinder(self)
            :binding(CSLTypes.ChatModel ,
                CSLTypes.ChatModel.MixMsgItem,
                CSLNewfunc(self , doAppendItem),
                nil,nil,nil,nil)
    --初始化椅子关系
```

```lua
    F_Add(self.seats , CSLTypes.LayoutUtil.SEAT_POSITION_Me , self.seat_me)
    F_Add(self.seats , CSLTypes.LayoutUtil.SEAT_POSITION_Right , self.seat_right)
    F_Add(self.seats , CSLTypes.LayoutUtil.SEAT_POSITION_Opposite , self.seat_opposite)
    F_Add(self.seats , CSLTypes.LayoutUtil.SEAT_POSITION_Left , self.seat_left)
end

--
--ILMethod:System.Void ChatPanelPao::Start()
function ChatPanelPao:Start()
    CSLTypes.ModelViewBehaviour.Start(self)
    local var_0 = F_GetEnumerator(F_Keys(self.seats))
    local pos
    local externPrefab
    local instance
    local externPrefabRect
    for _,pos in CSLEach(var_0) do
        externPrefab = CSLDictionary.get(self.seats , pos)
        instance = CSLTypes.LuaBehaviour.
            getLuaBehaviour(externPrefab.instance)
        F_Add(self.seatItems , pos , instance)
        --使用连接器的锚点,传递箭头对齐
        externPrefabRect = CSLStaticCast(
            T_RectTransform,externPrefab.transform)
        instance:setPaoPivot(externPrefabRect.pivot.x)
    end
end

--
--ILMethod:System.Void
--ChatPanelPao::doAppendItem(ChatModel/MixMsgItem)
function ChatPanelPao:doAppendItem(msg)
    local chatItem = CSLDictionary.get(self.seatItems,
        msg.sender.localChairId)
    if chatItem then
        chatItem:setMsgModel(msg)
    end
end

--
--ILMethod:System.Void ChatPanelPao::.ctor()
function ChatPanelPao:initialize()
    self.seat_me =nil
```

```
        self.seat_right =nil
        self.seat_opposite =nil
        self.seat_left =nil
        self.seats =nil
        self.seatItems =nil
        self.seats = CSLNew(T_CSLDictionary)
        self.seatItems = CSLNew(T_CSLDictionary)
        CSLTypes.ModelViewBehaviour.initialize(self)
end
-------------
---本类型中被引用函数的赋值
doAppendItem = ChatPanelPao.doAppendItem
-------------
return ChatPanelPao
```

C#源代码经过上述翻译过程之后得到 Lua 源代码。可以看到，在这两份代码中能找到以下一一对应关系。

- C#中调用的基类函数 base.Awake()，翻译之后变成 Lua 中的 Awake(self)。

- 泛型函数 binding<...>()，翻译之后泛型参数变成方法参数 binding(...)。

- 非虚函数 seats.Add，翻译之后变成 Upvalue 缓存函数 F_Add。

- C#迭代器，翻译之后对应 Lua 迭代器。

- C#风格注释，翻译之后对应 Lua 风格注释。

注意：由于在 Lua 中类成员访问是通过 table（字典部分）来模拟的，其实就是一张 Hash 表，每次访问都是一次 Hash 查找，而不像编译型语言一样在编译期就能确定成员函数和变量地址（虚函数除外）。所以，Lua 的成员访问有一定的额外消耗，一般有优化经验的人员在编写 Lua 代码时会将不变化的函数缓存到 Upvalue。因此，此处 F_Add 调用生成的就是翻译器优化的结果。虚函数 Awake 和 Start 则无法进行这种缓存优化。

11.4 实现细节

本节详细介绍翻译过程中的一些典型细节及优化方法，例如 Lua 不支持连续赋值、不定参数、continue 等问题的解决方案。

11.4.1 连续赋值

在 Lua 中赋值是没有返回值的，因此无法对变量进行连续赋值。TKLua 采用的方案是拆解表达式，如图 11.5 所示，把 y=x=foo() 拆解成两次独立赋值，利用临时变量 csl_0 作为中间存储：csl_0=foo(); x=csl_0; y=csl_0。

注意：也能设计成采用闭包来模拟实现连续赋值，比如：y=(function() x = foo(); return x end)()，但是运行性能将会变差很多。

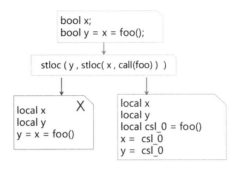

图11.5　解决连续赋值问题——拆解表达式

11.4.2　switch

由于在 Lua 中没有 switch 语句，所以在翻译过程中需要用其他语句来模拟。TKLua 采用的方案是用 if 条件判定和 repeat 循环来模拟 switch 语句。

- switch 中 case 判定，用 if...else...模拟判定。

- switch 中 break 跳转，用 repeat...break 模拟跳转。

翻译效果如下所示。

C#的 switch 代码如下：

```
switch(v)
{
    case 1:
        <逻辑代码>
        break;
    case 2:
        <逻辑代码>
```

```
        break;
    default:
        <逻辑代码>
        break;
}
```

翻译后 Lua 下的 switch 代码如下：

```
repeat
    if v==1 then
        --case 1:
        --[逻辑代码]
        break;
    end
    if v==2 then
        --case 2:
        --[逻辑代码]
        break;
    end
    --default:
    --[逻辑代码]
until true
```

注意：在 Lua 中 if 条件判定和 repeat 循环分别只需一条指令，故性能不受影响。如果采用 table 表来模拟 switch 的功能，则需要特别注意表的创建和销毁开销，避免运行性能变差。

11.4.3　continue

由于在 Lua 中没有 continue 语句，所以在翻译过程中需要用其他语句来模拟。在一个循环块中可能同时存在任意数量的 continue 和 break，TKLua 翻译采用的是内嵌 repeat 循环和 break 模拟：

- 增加内嵌 repeat 循环层。

- 原 C#中一个 continue，翻译成 Lua 中一个 break，仅跳出内层循环。

- 原 C#中一个 break，翻译成 Lua 中两个 break，跳出两层循环。

C#的 while continue 如下：

```
while
{
    if(need_continue)
    {
        //[some code..]
```

```
        continue;
    }
    if(need_break)
    {
        //[some code..]
        break;
    }
}
```

Lua 下的 while continue 如下：

```
while true do
    local flag
    repeat
        if need_continue then
            --[some code..]
            flag = flag_continue
        end
        if need_break then
            --[some code..]
            flag=flag_break
            break
        end

    until true
        if flag == flag_break then
        break
    end
end
```

11.4.4 不定参数

C#的不定参数在编译后是数组参数传值，源代码中的不定参数信息会被编译器丢弃，在翻译输出时将其当作数组参数传值输出。这样虽然非常便利，但是难以还原成更为高效的 Lua 不定参数传值。

C#的多参数代码如下：

```
Public class TestParams
{
    public static void Foo(params string[] args)
    {
        //…
    }
    public static void Test()
    {
```

```
        // 翻译后是数组传值
        Foo("arg1", "arg2", "arg3");
    }
}
```

Lua 多参数代码如下：

```
local Foo
local TestParams = class('TestParams')

function TestParams.Foo(args)
end

function TestParams.Test()
    --翻译后是数组传值
    Foo(CSLInitArray('arg1', 'arg2', 'arg3'))
end

Foo = TestParams.Foo

return TestParams
```

11.4.5 条件表达式

Lua 可以通过与或的方式模拟问号表达式，如下所示。

```
--var = cond ?  x : y
local var = cond and x or y
```

但是此方法有一个缺陷，当 x 为 nil 或者 false 时不符合条件表达式的 C#语意。为此，有两种解决方案。

（1）闭包方案：将 if 语句包装进闭包函数里，可以保留表达式特征，也能解决上述缺陷问题。示例：

```
--var = cond ? x : y
local var = (function() if cond then return x else return y end)()
```

（2）wrap&unwrap 方案：使用一个 wrap 函数包装 x 表达式，当 x 为 nil 或者 false 时返回特定的标记，最后在 unwrap 时还原。示例：

```
--var = cond ? x:y
local var = unwrap(cond and wrap(x) or y)
```

相比而言，闭包执行性能更好，但是会产生额外的 GC 对象；而 wrap 相对稳定一些，考虑到 GC 对游戏体验的影响，翻译器选择 wrap 机制。

11.5 运行性能

本节对比了 TKLua 方案和 Unity 原生方案（IL2CPP）的执行性能，以此来说明 TKLua 方案的适用范围。

TKLua 方案翻译后的 Lua 代码执行在 Lua 虚拟机上，相比 Unity 原生方案会有额外的虚拟机执行开销。

如图 11.6 所示是在 iPhone 7 Plus 设备上 TKLua 方案输出的代码和 Unity 原生方案运行时的性能对比数据。通过对比我们发现，TKLua 方案翻译后的 Lua 代码执行所消耗的时间是 Unity 原生方案的 5~8 倍。

运行平台	设备 Unity: Lua VM:	iPhone 7 Plus 2018.2.21f1 LuaJIT-2.0.4 (jit off)		
		loop branch	virtual call	func call
IL2CPP	测试1	10.839	8.229	3.74
	测试2	10.117	9.19	3.155
	测试3	10.001	8.726	6.052
	平均	10.319	8.715	4.315
Lua	测试1	43.47	73.361	27.892
	测试2	51.24	76.583	28.769
	测试3	54.456	73.541	27.944
	平均	49.722	74.495	28.202
性能比		4.82	8.55	6.54

图11.6 性能对比

可见 TKLua 方案虽然可以使用 C#编写游戏代码，并且较完美地支持热更新，但是运行性能相比 Unity 原生方案依然要弱得多，比较适合 CPU 消耗较小的游戏，如棋牌游戏、卡牌游戏等。

对于性能敏感的游戏，则可以将 CPU 消耗较大的逻辑，直接使用 C++或者 C#编写并导出给 TKLua 调用，虽然这部分逻辑不能热更新，但是可以保持 C#或者 C++原有的性能。

11.6 TKLua 翻译蓝图

本节介绍的 TKLua 已经实现的翻译蓝图，是为了保障翻译完备性，列举了 C#的各种高级特性。翻译蓝图一共分为三大部分内容，如图 11.7 所示。

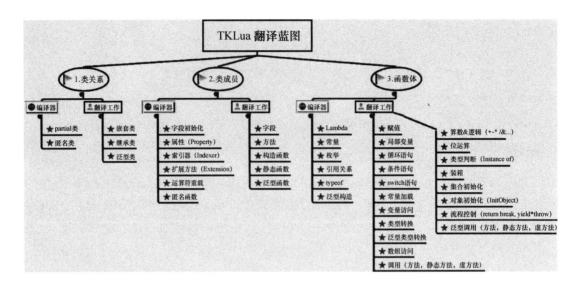

图11.7 TKLua翻译蓝图

11.6.1 类关系

各类介绍如下。

- partial 类：编译后，自动合并完整的具体类，由标准编译器完成工作。

- 匿名类：编译后，生成具体的实名类，由标准编译器完成工作。

- 嵌套类：生成 Lua 形式的嵌套关系，由翻译工具完成工作。

- 继承类：生成继承关系的类型，由翻译工具完成工作。

- 泛型类：部分实现，后续可补充实现。

11.6.2 类成员

这部分内容如下。

- 字段初始化：编译后，在初始化函数中生成赋值过程，由标准编译器完成工作。

- 属性：编译后，添加 set/get 具体函数，由标准编译器完成工作。

- 索引器：编译后，索引对应的函数过程，由标准编译器完成工作。

- 扩展方法：编译后，为类扩展的方法变成静态函数调用，由标准编译器完成工作。
- 运算符重载：编译后，运算符重载变成具体函数调用，由标准编译器完成工作。
- 匿名函数：编译后，匿名函数自动变成实名函数，由标准编译器完成工作。
- 字段：弱类型语言字段，无须特别定义，由翻译工具完成工作。
- 方法：生成对应的常规 Lua 方法，由翻译工具完成工作。
- 构造函数：生成对应的 Lua 初始化函数，由翻译工具完成工作。
- 静态方法：生成对应的 Lua 全局函数，由翻译工具完成工作。
- 泛型函数：泛型参数变成函数参数，生成对应的 Lua 函数，由翻译工具完成工作。
- 匿名构造函数和类成员初始化：标准编译器将自动合并到构造函数中，由翻译工具输出。
- 匿名静态构造函数和静态成员初始化：标准编译器将自动生成语句，由翻译工具输出。
- 可选参数：编译后，未填写的参数将自动使用默认值填充，由标准编译器完成工作。
- 多参数：编译后，等价于数组参数，由标准编译器完成工作。

11.6.3 方法体

这部分内容如下。

- Lambda 表达式：编译后，表达式展开为具体函数调用，由标准编译器完成工作。
- 常量：编译后，常量名被替换为具体常量值，由标准编译器完成工作。
- 枚举：编译后，枚举值被替换为整型值，由标准编译器完成工作。
- 引用关系：编译后，引用关系变成类型之间的相互调用，由标准编译器完成工作。
- Typeof：编译后，替换成具体类型，由标准编译器完成工作。
- 泛型构造：编译后，泛型参数被实例化，由标准编译器完成工作。
- 赋值：生成 Lua 赋值，连续赋值将被拆解，由翻译工具完成工作。
- 局部变量：生成 Lua 的局部变量 local，由翻译工具完成工作。
- 循环语句：反编译后，所有的循环都变成单一的 Loop 结构，由翻译工具生成 Lua 的 for 循环。

- 条件语句：生成 Lua 的 if 条件，由翻译工具完成工作。
- switch 语句：由 if 条件判定和 repeat 循环组合模拟，由翻译工具完成工作。
- 集合初始化（Collection Initializer）：标准编译器生成结构化指令，由翻译工具完成工作。
- 对象初始化（Object Initializer）：标准编译器生成结构化指令，由翻译工具完成工作。
- try…catch 语句：生成 Lua 的 xpcall，由翻译工具完成工作。
- 问号表达式：生成等价的"或与表达式"。
- 其他：基本直接翻译，由翻译工具完成工作。

注意：图 11.7 中"编译器"框所列举的高级特性的翻译，由标准编译器编译完成，大幅度降低了翻译复杂度。

11.7 发展方向

随着微信小游戏的兴起，越来越多的游戏团队开始关注 H5 游戏的开发。如果游戏团队想把原有的游戏移植到 H5 游戏平台，则面临着游戏功能需要用 JS 重写一遍，工程量比较浩大的可能情况。但是，将原有的 C# 工程简单重构后进行翻译，或许可以大幅度降低重复开发成本。

上述章节详尽介绍了如何把 C# 代码翻译成 Lua 代码，那么利用相同的原理，也能把 C# 代码翻译成 JS 代码，如图 11.8 所示。

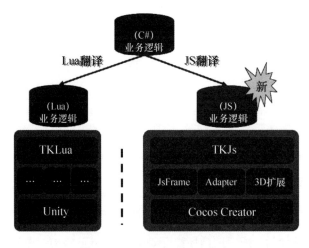

图11.8 TKLua JavaScript方向

基于这样的思路，TKLua 翻译方案增加实现了 C#代码转 JS 代码的翻译功能，为游戏快速移植到微信小游戏平台提供了一种便捷方案。

C#代码如下：

```csharp
Public class CircleMoveTest : cc.Component
{
    public float r = 1;
    public float speed = 1;
    private float time = 0;
    private float startX = 0;
    private float startY = 0;
    protected override void start()
    {
        startX = node.getPositionX();
        startY = node.getPositionY();
    }
    protected override void update(float dt)
    {
        time += dt;
        var x = (float)Math.Sin(time * speed) * r;
        var y = (float)Math.Cos(time * speed) * r;
        this.node.setPosition(startX + x, startY + y);
    }
}
```

翻译器生成的 JS 代码如下：

```js
var csl =require('CSLLibs')
    csl.defc('','CircleMoveTest',function(_csl_th){
    var Sin,Cos,CircleMoveTest
    return{
    start:function(){
        var self =this
        self.startX=self.node.getPositionX()
        self.startY=self.node.getPositionY()
    },
    update:function(dt){
        var self =this
        self.time= (self.time+ dt)
        var x = (Sin.call((self.time*self.speed)) *self.r)
        var y = (Cos.call((self.time*self.speed)) *self.r)
        self.node.setPosition((self.startX+ x) , (self.startY+ y))
    },
    _csl_ctor:function(){
        this.time=0.0
```

```
            this.startX=0.0
            this.startY=0.0
            var self =this
    },
    statics:{
    },
    _csl_init_t:function(_){
        CircleMoveTest = _
    },
    _csl_ref:function(){
        Sin=csl.refm('Sin','CSLMath');
        Cos=csl.refm('Cos','CSLMath');
        return{
            superHandler:csl.refmn('cc','','Component'),
            properties:
            {
                r:1,
                speed:1,
            }
        }
    },
  }
)
```

如果游戏已经有 Unity C#版本，那么通过上述翻译过程或许可以快速输出 H5 版本，以便高效移植微信小游戏、手 Q 玩一玩、Facebook Instant Games。

11.8　总结

TKLua 翻译原理是针对程序集，而不是源代码进行翻译的。程序集是经过编译器编译以及充分优化的，许多语法糖在编译期就会被整合成常规结构，所以大幅度降低了翻译难度。这就是 TKLua 翻译模式在行业中的优势所在。

在另一方面来说，从程序集开始的翻译器会丢失一些源码层信息。虽然程序集在逻辑表达上是完备的，但是有时候这些信息的丢失会让翻译工具缺少更优的输出选择，比如不定参数和 Lambda 函数。

TKLua 方案最终运行的还是 Lua 脚本，所以运行性能会比 Unity 原生方案（IL2CPP）弱一些。在实际项目中可以将对性能要求高、功能较稳定的逻辑只使用 C#或者 C++来实现，其他逻辑则可以使用 TKLua 方案转换成 Lua，这样就可以在保证性能的同时，方便游戏内容随时热更新。

参 考 文 献

[1] Mono.Cecil. Mono, 2017. https://www.mono-project.com/docs/tools+libraries/libraries/Mono.Cecil/.

[2] ILSpy. ICSharpCode, 2019. https://github.com/icsharpcode/ILSpy/tree/v2.4.

[3] TypeScript. Microsoft, 2013. https://www.typescriptlang.org/.

[4] Haxe. Foundation, Haxe, 2017. https://haxe.org/.

[5] Bridge.NET. Object.NET, 2017. https://bridge.net/.

[6] Assembly, 2017. https://docs.microsoft.com/en-us/dotnet/framework/app-domains/assemblies-in-the-common-language-runtime.

第 12 章

Unreal Engine 4 集成 Lua

作者：陆建珲

摘 要

Lua 作为一种轻量的嵌入型脚本语言，在游戏开发中得到了广泛应用，提高了游戏业务的开发效率。针对不同的游戏引擎，例如 Unity 和 Cocos2d，现在市面上都能找到不少的 Lua 集成方案，本章主要介绍如何将 Lua 集成到 UE4 中，使得可以用 Lua 开发 UE4 游戏。本章内容分为三个部分：

（1）为了支持 C++反射，UE4 为部分 C++代码生成了元信息。本章介绍如何利用 UE4 的元信息来实现 Lua 与 UE4 的交互，包括 Lua 与 C++、Lua 与蓝图之间的交互。

（2）对于没有元信息的部分，本章介绍如何利用模板元编程将 C++类导出到 Lua 中。现代编译器本身已足够强大，利用模板技术操纵编译器可以为我们生成足够好的"胶水"代码，省去了利用第三方解析工具的麻烦。这部分的思想也可以应用到其他 C++项目中。

（3）本章介绍如何进一步提高 Lua 在 UE4 中的开发效率和运行效率，例如结合 Lua Table 与 C++指针的设计、优化结构体的 GC、运行时热加载技术等。

12.1 引言

在 Lua 中模拟 C++的类系统，一般是把 C++指针通过 userdata 传入 Lua 虚拟机中，并为这个 userdata 绑定一个元表，然后重写该元表的__index 函数来实现对 C++函数的调用和成员变量的读取，重写__newindex 函数来实现对成员变量的写入。

因为 C++是静态类型语言，而 Lua 是动态类型语言，Lua 调用 C++需要先调用中间函数把实参从 Lua 栈取出，然后再调用目标函数，这个中间函数（也称为"胶水"函数）需要在编译前就确定下来，而且对不同的目标函数需要不同的中间函数，如下面代码所示。

```cpp
// 目标函数
int Example(int p1, float p2, FVector p3)
{
    return -1;
}
// "胶水"函数
int Glue_Example(lua_State* inL)
{
    // 按类型从 Lua 中取出变量
    int p1 = lua_tointeger(inL, 1);
    float p2 = lua_tonumber(inL, 2);
    FVector* p3 = (FVector*)lua_touserdata(inL, 3);
    // 调用真正的函数
    int result = Example(p1, p2, *p3);
    // 将结果返回 Lua
    lua_pushinteger(inL, result);
    return 1;
}
```

为每个 Lua 关心的 C++ 函数都手写"胶水"函数是一件重复枯燥的事情，接下来主要讨论如何利用 UE4 的元信息和模板元编程减轻这部分的工作量。

12.2　UE4 元信息

UE4 为自己的蓝图脚本自动生成了类似的中间函数，虽然 Lua 无法直接调用这些中间函数，但可以利用 UE4 为 C++ 生成的元信息来实现调用，最终调用到真正关心的 C++ 代码。为了保持蓝图脚本和 C++ 的一致，蓝图类对象也会生成同样的元信息，所以也可以实现 Lua 与蓝图的交互。

12.2.1　介绍

普通 C++ 类代码，经过编译器编译之后会丢失很多关于类本身的信息，例如类的名字、类里有什么成员函数和成员变量、这些成员都是什么类型等，这些信息就被称为元信息。通常在程序运行时是无法获取到元信息的，为了支持序列化 C++ 对象等编辑器的基础功能，这些信息必不可少。UE4 提供了几个宏，插在需要反射功能的 C++ 代码类里，每次编译工程时 UE4 都会先对源代码进行一次分析，通过标记的宏收集被反射的类信息，并按规则生成特定的代码。这些代码也一起参与最终编译，并且在引擎启动时被执行，对于不同的 C++ 类实例化出对应的元信息对象，这些对象保存了 C++ 类的描述信息，即元信息。

可以生成元信息的类有两种：

（1）继承自 UObject 的类，这种类拥有所有反射的功能，它的实例的内存是由 UE4 垃圾回收系统管理的，有额外的性能开销和内存开销。

（2）普通的结构体类，无额外的内存开销，也不需要继承自特定基类，用户可以自行管理其内存，但缺点是它只有成员变量可以生成元信息，所以只能访问它的成员变量，而无法调用它的成员函数。

不同的元信息类负责描述不同类型的元信息，主要分为 4 类。

（1）描述一个变量类型的类是 UProperty，例如成员变量或者函数的形参。

（2）描述函数类型的类是 UFunction，它包含多个 UProperty，负责描述函数参数和返回值的类型信息。

（3）描述一个普通结构体类的类是 UStruct，它拥有多个 UProperty，描述多个成员变量的信息，没有包含 UFunction。

（4）描述一个 UObject 子类的类是 UClass，UClass 继承自 UStruct，一个 UClass 可以包含多个 UFunction 和 UProperty，对应于一个 C++类包含多个成员函数和多个成员变量。

它们的关系如图 12.1 所示。

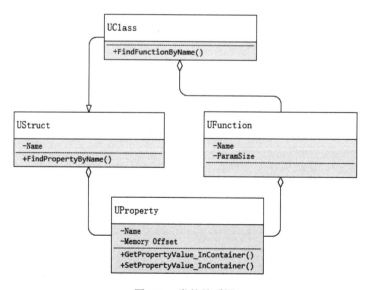

图12.1　类的关系图

12.2.2 Lua 通过元信息与 UE4 交互

不管是 UClass、UStruct 还是 UFunction，它们的共同点是都包含了 UProperty。UProperty 在反射中扮演了非常重要的角色，它记录了变量在容器中的内存偏移值，容器指的是一块内存。当它用于描述 UClass 或者 UStruct 的成员变量时，这个偏移值代表该成员变量在类内存布局中的偏移值。利用这个偏移值，再传入容器的起始地址，UE4 就实现了读写容器中的成员变量值。

除了偏移值，针对不同类型的成员变量，UProperty 派生出了不同的子类，如图 12.2 所示。比如，描述一个 int 类型的变量的子类是 UIntProperty。这些子类更详细地记录了变量的信息，并且重载了父类的读写函数，保证对不同类型变量的读写能够正确进行。例如，当变量的类型是整型时，往容器中写入则是把结果写入从容器偏移地址开始往后 4 字节的内存里；当变量的类型是结构体时，描述它的 UProperty 子类是 UStructProperty，除了按照结构体大小拷贝内存，可能还需要调用结构体变量的赋值操作。

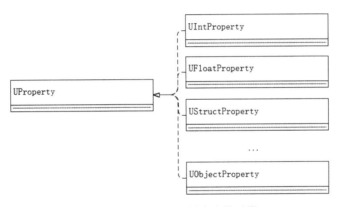

图12.2 UProperty派生出的子类

12.2.3 读写成员变量

对不同成员变量的读写所需要的元信息都会被 UE4 的 UnrealHeaderTool 工具分析出来，保存在一个个 UProperty 实例中，这些实例又会被保存在相应的类的元信息 UStruct 实例里。UStruct 可以根据成员变量名找到对应的 UProperty，只要提供了结构体实例指针，再结合 UProperty 记录的成员变量在类内存布局中的偏移值，那么就能够计算出该成员变量的内存地址，然后根据 UProperty 的类型进行读写就可以了。因为 UClass 继承自 UStruct，所以它描述的 UObject 子类，也可以用同样的方式读写成员变量。

12.2.4 函数调用

通过元信息去调用 C++函数，首先要解决如何传参的问题。UE4 为每一个需要反射的函数都额外生成了一个中间函数，这个中间函数固定接收一个 buffer 的指针作为参数，它的主要逻辑就是把一个个实参从 buffer 里取出来，赋值给对应的临时变量，再用这些临时变量去调用真正的 C++函数。对于每个函数都有一个 UFunction 实例来描述它，UFunction 里的 UProperty 记录了每个实参在这个 buffer 里的偏移值，读写 buffer 里参数的方法与上一节读写类成员的方式一样。当想在 Lua 中调用 C++类的某个函数时，需要先通过类名找到它的 UClass 实例，再通过函数名找到目标函数的 UFunction 实例，然后通过这个 UFunction 提供的信息在内存中分配出一块 buffer，按照 UProperty 的类型从 Lua 栈中取出实参值，并按照偏移值写入 buffer 中，填充 buffer 完毕后就可以用它去调用中间函数了，中间函数再负责从 buffer 里取出实参去调用真正的目标 C++函数。

例如，下面这个函数：

```
UFUNCTION()
void TestFunction1(int Param1, float Param2);
```

UFUNCTION()就是 UE4 提供给用户的宏，标记一个函数生成元信息和中间函数。这个元信息的 UFunction 实例会保存两个 UProperty：第一个是 UIntProperty，内存偏移值为 0；第二个是 UFloatProperty，内存偏移值为 4。它的 buffer 结构如图 12.3 所示。

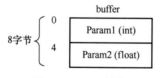

图12.3 buffer结构

当函数调用时，先根据 UIntProperty 从 Lua 栈中取出一个整数，填充到 buffer 的 0 字节处，再根据 UFloatPropery 从 Lua 栈中取出一个浮点数，填充到 buffer 的 4 字节处。填充完毕后，去调用 UObject 类的 ProcessEvent 方法就可以了，如图 12.4 所示。

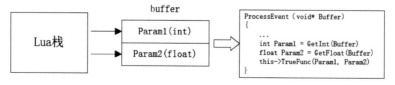

图12.4 函数调用示意图

上面的例子是比较简单的情形，函数可能还有返回值和引用类型，这些信息也都会记录在元信息中，根据需要进行处理即可。

12.2.5 C++调用 Lua

UE4 可以调用蓝图函数，用户首先需要声明一个函数，并把它的 UFUNCTION 宏加上 BlueprintImplementEvent 的标记，UnrealHeaderTool 就会自动为这个函数生成实现代码。在实现代码中，主要逻辑是用实参构造出一块 buffer，再通过函数名找到蓝图函数的 UFunction，然后用这个 buffer 去发起调用。

UE4 会用这个实参 buffer 加上 UFunction 函数签名等上下文信息构造一个被调用函数的调用栈数据，在 UE4 里是用 FFrame 实例来保存这个调用栈数据的，然后把这个 FFrame 实例传递给蓝图虚拟机，蓝图从该 FFrame 中读取实参变量，计算结束把结果写回 FFrame 实例中。假如能把该 FFrame 传递到自己自定义的函数里，根据规则把实参从 FFrame 实例中取出传入 Lua 虚拟机进行计算，并将结果写入 FFrame 中，那么就能把 C++调用蓝图变成 C++调用 Lua。

UFunction 提供了这个功能，让我们能改写传递 FFrame 的这个函数，该函数通过指针保存在 UFuntion 的 Func 成员变量中，该函数指针在 4.20 版本中的签名为 typedef void (*FNativeFuncPtr)(UObject*, FFrame&, RESULT_DECL)。下面是实现调用 Lua 函数的大致代码：

```
void CallLua( UObject* Context, FFrame& Stack, RESULT_DECL )
{
    // 这里负责调用 Lua 函数
    UFunction* FuncToCall = Stack.CurrentNativeFunction;   // 函数签名
    void* Buffer = Stack.Locals;                           // 实参 buffer
    void* ObjectPtr = Stack.Object;                        // 类实例指针

    // …取出实参压入 Lua 栈发起 lua_call
}
```

有了函数签名 FuncToCall，我们就能从 Buffer 中取出实参，压入 Lua 栈，与上一节根据函数签名从 Lua 栈中取出实参填充 Buffer 的流程正好相反，其基本原理类似。接下来要把原来 UFunction 里的 Func 设置为这个自定义函数。

上文中说到，对于每一个 C++类，都有一个 UClass 实例保存它的反射信息，查找对应的 UClass 实例方法可以通过它的名字，UClass* Class = FindObject(ANY_PACKAGE, *ClassName)，在引擎初始化之后，它的反射信息全局唯一并且只存在一份。UClass 中包含了所有的 UFunction 的信息，只要在游戏代码执行前修改对应的 UFunction 即可，例如：

```
    void ReplaceFunc(FString CLassName, FName FunctionName)
{
    UClass* Class = FindObject(ANY_PACKAGE, *ClassName);
    UFunction* Function = Class->FndFunctionByName(FName );
    Function->SetNativeFunc(CallLua);
    Function->FunctionFlags |= Func_Native;   // BlueprintImplementEvent 没有设置这个 Flag, 设置了才会去
执行 Func
}
```

当 C++ 调用这个标记了 BlueprintImplementEvent 的函数时,就不再去执行蓝图的逻辑,而是去执行我们定义的逻辑。在蓝图里调用 Lua 函数也可以通过该方式实现,不同的是 C++ 调用时,在调用到自定义函数 CallLua 时,传递进来的是被调用函数的 FFrame 实例。而蓝图调用时传递过来的 FFrame 实例是调用者的,不是被调用函数的,需要额外代码构建出被调用函数的 FFrame 实例,代码可以直接参考 ScriptCore.cpp 的 CallFunction 函数源码,或者直接从调用者的 FFrame 实例中找出实参,性能更优。

12.2.6 小结

利用 UE4 的元信息,无须生成 Lua"胶水"代码,就可以读写类成员变量和调用 C++ 函数。利用修改蓝图虚拟机指令的方式,C++ 也可以调用 Lua 中的函数。因为蓝图类也有一样的元信息,所以也就自然而然地实现了 Lua 与蓝图的交互。

12.3 通过模板元编程生成 "胶水" 代码

上一节介绍了如何通过元信息来实现 Lua 与 C++ 的交互。但是这种方式有比较大的限制,UE4 规定了只有特定类型的变量才能生成元信息,其他类型则不行,例如模板类。还有一个缺点是,在反射调用过程中,需要做类型判断来读写 Lua 栈里的变量,这会带来一定的性能损失。此外,在实际项目中,有时候可能想在脚本中调用引擎的类的某些方法,虽然加上 UFUNCTION 宏就能够达到目的,但这会修改引擎的源码,一般情况下应当避免。考虑到这些因素,有必要实现一种脱离 UE4 反射体系,也可以实现 Lua 与 C++ 交互的技术。

脱离 UE4 反射体系,就要求我们自己针对每个需要导出的函数写"胶水"函数,负责把数据从 Lua 栈里读出,然后去调用目标函数。

针对每个不同的函数写"胶水"函数带来巨大的重复性劳动,目前市面上有一些工具可以帮助生成"胶水"代码。例如 swig 和 tolua++,它们需要我们手写一份类似于 C++ 头文件的接口文件,供工具解析生成 C++ 代码。还有,借助 Clang 的 C++ 语法分析工具,可以直接分析 C++

源代码来生成"胶水"代码,但在实际项目中一般还得写一份配置文件,告诉工具该为哪些类、哪些函数和成员变量生成"胶水"代码。

一般来说,第三方代码生成工具的自由度更大,功能也可以做得更完善,但缺点是总会带来配置的麻烦,学习起来更困难。现代 C++编译器已经越来越强大,模板元编程提供了可编程的方式来控制编译器的能力,再结合宏的代码生成能力,最终实现把配置文件写到 C++源代码中,利用编译器为我们生成"胶水"代码并直接参与编译,所有错误都会在编译期被发现。这份配置代码本身也是合法的 C++代码,学习起来更容易,和项目结合得更紧密,也不需要运行额外的工具生成代码。

12.3.1 接口设计

为了方便将接口导出到 Lua 中,这份配置代码要易于书写、格式规范并且直观,只需要配置必要的信息就能自动生成"胶水"代码。在此基础上要能为绝大部分的 C++类型导出,实现 Lua 调用 C++函数的功能尽量完善,希望能够支持的特性有:读写 public 成员变量,导出不同的构造函数,导出成员函数、static 成员函数、static 外部函数、虚函数,还需要支持函数重载功能。以下是一个典型的配置代码的例子。

```
struct ExampleStruct
{
    int VarInterger;
    UObject* VarPointer;
    FVector VarStruct;
    float MemberFunc(int p1, FVector& p2, UObject* p);
    static void StaticFunc();
};
// 配置代码
LUA_GLUE_BEGIN(ExampleStruct) // 类名
LUA_GLUE_PROPERTY(VarInterger) // 成员变量导出
LUA_GLUE_PROPERTY(VarPointer)
LUA_GLUE_PROPERTY(VarStruct)
LUA_GLUE_FUNCTION(MemberFunc) // 函数导出
LUA_GLUE_FUNCTION(StaticFunc)
LUA_GLUE_END()
```

写配置代码主要使用几个宏来完成,比如每个需要导出到 Lua 中的类使用 LUA_GLUE_BEGIN 和 LUA_GLUE_END 宏包起来,需要导出的成员变量使用 LUA_GLUE_PROPERTY 宏,需要导出的成员函数或者 static 类函数使用 LUA_GLUE_FUNCTION 宏,无须指定成员变量的类型或者成员函数的类型。

默认构造函数会根据类自动导出，如果想导出不同参数的构造函数，则使用 LUA_GLUE_CTOR 宏，代码如下：

```
struct ExampleCtor
{
    ExampleCtor(int, float);
    ExampleCtor(string);
};
// 配置代码
LUA_GLUE_BEGIN(ExampleCtor)
LUA_GLUE_CTOR((int, float)) // 指定构造函数的参数类型
LUA_GLUE_CTOR((string))
LUA_GLUE_END()
```

如果需要导出重载函数，则使用 LUA_GLUE_OVERLOAD 宏，并提供重载函数的签名，代码如下：

```
struct ExampleOverload
{
    void Func(float);
    void Func(int);
};
// 配置代码
LUA_GLUE_BEGIN(ExampleOverload)
// 参数依次为：C++函数名、函数签名
LUA_GLUE_OVERLOAD(Func, void(ExampleOverload::*)(float))
LUA_GLUE_OVERLOAD(Func, void(ExampleOverload::*)(int))
LUA_GLUE_END()
```

对于有默认实参的函数，所有的函数导出宏都支持在后面写上默认实参值，该值可以与函数签名里的默认实参值不同。

```
struct ExampleDefault
{
    ExampleDefault(int = 1);
    void Func(float=2.0);
};
// 配置代码
LUA_GLUE_BEGIN(ExampleDefault)
LUA_GLUE_CTOR((int), 1)   // 在末尾加上默认实参值
LUA_GLUE_FUNCTION(Func, 2.0)
LUA_GLUE_END()
```

对于有继承关系的类，可以在 LUA_GLUE_END()中写下基类的类型，支持多个基类。

```
struct Parent{}; // 父类
struct Child{};
```

```
// 配置代码
LUA_GLUE_BEGIN(Parent)   // 先导出父类
LUA_GLUE_END()

LUA_GLUE_BEGIN(Child)    // 再导出子类
LUA_GLUE_END(Parent)     // 把父类加到 END 宏里
```

这些宏既可以被定义在.cpp 文件中，也可以被定义在.h 文件中，即使该.h 文件被多次包含也不会造成重复定义，这里利用了编译器对模板类的去重功能（后文会介绍）。配置可以与类定义在不同文件中，但配置生成的代码对被导出的类是有依赖的，需要#include 相关头文件。这样可以跨模块将接口导出到 Lua 中，例如在游戏模块里导出引擎的类，而不必去修改引擎的源码。

这些配置在使用上尽量做到了简洁，用户无须了解 Lua 与 C++交互的知识。并且配置代码只要编译成功，就能保证导出成功。

12.3.2 实现

把中间函数注册进 Lua 虚拟机的时机，必须早于 Lua 代码的执行，这里利用的是 static 变量的初始化机制，例如下面的代码：

```
struct RegisterFuncToLua
{
    static RegisterFuncToLua StaticVar;
    RegisterFuncToLua()
    {
        // 真正的注册逻辑
        doRegisterWork();
    }
};
RegisterFuncToLua RegisterFuncToLua::StaticVar;
```

当包含这段代码的动态链接库被加载时，就会调用 RegisterFuncToLua::StaticVar 的构造函数。LUA_GLUE_BEGIN 和 LUA_GLUE_END 宏主要就是用来生成这样的结构体的，LUA_GLUE_FUNCTION 和 LUA_GLUE_PROPERTY 宏用来生成具体的中间函数，把这些中间函数用{}包起来就可以生成一个 initializer_list，可以作为实参初始化一个数组容器，该数组再传入框架内，框架遍历该数组将中间函数注册进 Lua 虚拟机。

为了不引起重复定义，宏根据类型名拼接出不同的结构体，例如 LUA_GLUE_BEGIN(A)生成的是 struct RegisterFuncToLua__A，LUA_GLUE_BEGIN(B)生成的是 struct RegisterFuncToLua__B。但是如果把这段代码放在.h 头文件中，并且被多个.cpp 文件包含，那么同一个类的静态成员变量定义代码还是会产生重复定义的链接错误的。

为了解决这个问题，我们改而生成模板类，代码如下：

```
namespace NAMESPACE_T{
    RegisterFuncToLua<T> RegisterFuncToLua<T>::StaticVar;
    template<class T>
    struct RegisterFuncToLua<T>
    {
        static RegisterFuncToLua StaticVar;
        RegisterFuncToLua()
        {
            // 真正的注册逻辑
            doRegisterWork();
        }
    };
}
```

当被多个 .cpp 文件包含时，也不会出现静态成员的重复定义错误，因为 C++ 链接器会将重复的特化类去重。这里举一个生成该结构体的例子：

```
LUA_GLUE_BEGIN(Class1)
LUA_GLUE_FUNCTION(Func1)
LUA_GLUE_PROPERTY(Data1)
LUA_GLUE_END()

LUA_GLUE_BEGIN(Class1) // 展开之后包含了结构体定义的前半部分
namespace NAMESPACE_Class1{
    using TheClass = Class1;
    template<class T>
    struct RegisterFuncToLua<T>
    {
        static RegisterFuncToLua StaticVar;
        RegisterFuncToLua()
        {
            doRegisterWork("Class1",{

LUA_GLUE_FUNCTION(Func1) // 展开是 initializer_list 的一项
                {"Func1", ...}, // 具体下文解释

LUA_GLUE_PROPERTY(Data1) // 展开是 initializer_list 的一项
                {"Data1", ...}, // 具体下文解释

LUA_GLUE_END() // 展开之后就是结构体定义的后半部分
            })
        }
    }
    struct RegisterFuncToLua<T> RegisterFuncToLua<T>::StaticVar;
}
```

用类名和所包含的函数调用 doRegisterWork 进行注册，注册的结果是在 Lua 虚拟机中生成

了一个 Table，里面包含了可调用的中间函数，并为其绑定类名。LUA_GLUE_BEGIN 宏还包含一段特化模板类代码，用来在 C++中获取导出的类型名。代码如下：

```
LUA_GLUE_BEGIN(NAME) ...\
    template<>\
    struct traitstructclass<NAME> {\
        inline static const char* name() { return #NAME; }\
    };\
    ...
```

当把结构体变量压入 Lua 栈后，调用该变量类型特化的模板类找到名字，再通过名字就能在 Lua 虚拟机中找到对应的元表了。

12.3.3　读写成员变量

C++和 Lua 的类型系统有着显著区别，Lua 读写 C++中的不同类型的变量需要不同的读写方式。虽然在 C++中可以任意定义新类型，但是仍可以将它们分成 4 类对待：

（1）基础类型，例如 int、float、string 等，读写采用值拷贝形式。

（2）UObject 指针，UObject 类比较特殊，单独处理，下文有介绍。

（3）非 UObject 的结构体，读写通过指针。

（4）用户自定义读写操作的类型，通常是一些模板类型，如 UE4 的 TArray。

在默认情况下，LUA_GLUE_BEGIN 宏导出的结构体当作第 3 类来对待，如果有特殊需求，则可以针对特定类型特化读写操作，就可以完全控制它的读写。这里以压入 Lua 栈为例：

```
template<class T>
static int push(lua_State *inL, const T& value,
    typename TEnableIf<!THas_PushValueToLuaStack<T>::Value, int>::Type *p = nullptr)
{
    return pushimp(inL, value);
}

template<class T>
static int push(lua_State *inL, const T& value,
    typename TEnableIf<THas_PushValueToLuaStack<T>::Value, int>::Type *p = nullptr)
{
    return CustomTypeToLua<T>::PushValueToLuaStack(inL, value);
}
```

THas_PushValueToLuaStack 模板类用来测试类型 T 是否具有自定义压入操作，没有的话就会调用上面的特化版本。CustomTypeToLua 模板类相当于一个适配器，如果针对 T 特化 CustomTypeToLua 模板类，并给这个特化类添加一个 PushValueToLuaStack 方法，那么 THas_PushValueToLuaStack 就会测试通过，就会进入下面的特化版本。

在 Lua 中读取成员变量的值，会去调用中间函数，首先从 Lua 栈中读取实例指针，然后把成员变量的引用传到负责读取的模板函数，模板函数会根据变量类型选择对应的特化版本，最后执行对应的压入 Lua 栈的操作。写入成员变量也是类似的，根据类型执行对应的读取 Lua 栈的操作。

12.3.4 引用类型

如果函数参数中存在引用类型，则分为两种情况来讨论。第一种情况是基础类型的引用，例如整型、浮点数、字符串等，基础类型变量在 Lua 中是通过值传递的，所以当 C++修改实参值时，无论如何也无法影响到 Lua 虚拟机中变量的值。考虑到 Lua 调用函数可以接收多个返回值，所以在调用完 C++函数后，把被引用的变量再次压回 Lua 栈，当成返回值传递回 Lua。第二种情况就是结构体的引用，Lua 中持有的都是结构体的指针，所以取出该指针，然后解地址传递给引用调用。当 C++修改实参值时，会直接修改 Lua 中的这个结构体变量，达到引用传递的目的。之后为了与基础类型引用的处理方式保持一致，在调用结束时，也会把实参当成返回值压入 Lua 调用栈。

考虑到需要处理实参引用，所以需要用一个临时变量来保存 Lua 栈里的实参值，在调用完函数后，再把该临时变量压回 Lua 栈。这样的值可能会有多个，所以需要一个容器来保存。函数签名千变万化，无法直接使用某一个特定类型的容器，最后使用 Tuple 模板为每个不同的函数生成对应的容器。这里可以进行优化，为了减少结构体的拷贝，不管函数签名中的结构体参数类型是什么，Tuple 容器对应位置的实参类型都是结构体指针类型，在调用目标函数时解地址调用。这样处理后，容器中成员的类型都是基础类型，使用 Tuple 容器也不会带来额外的构造析构开销，经测试与纯手工写的"胶水"代码的性能一样。

Lua 调用 C++函数的过程如图 12.5 所示。

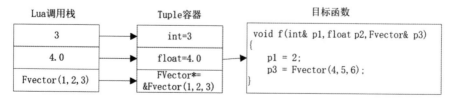

图12.5　Lua调用C++函数的过程

当调用结束后，再把 Tuple 容器中被引用的值压回 Lua 调用栈，因为结构体 FVector 通过指针传递，所以 Lua 中原来的变量已经发生了改变，但为了保持一致，也把它当成返回值压回 Lua 栈，如图 12.6 所示。

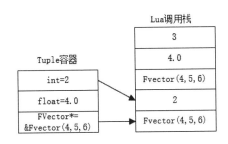

图12.6　Lua调用C++结束后把引用参数压栈

12.3.5　导出函数

Tuple 是 C++模板编程中很重要的一个容器，它可以根据传入的类型列表生成一个结构体，在这个结构体里针对传入的每个类型都生成一个成员变量，并能够按下标读写成员变量的值，下标指的是第 N 个类型对应的成员变量。按照之前的讨论，我们主要利用 Tuple 来实现对 C++函数的调用，其大致逻辑是先根据需要导出的函数的签名，利用特性萃取技术（Traits）去遍历形参列表，并为此生成一个 Tuple 容器。下面以调用一个成员函数为例来进行解释，代码如下：

```
template<class T, class Ret, class... Args>
int32 LuaPopAndCallAndReturn(lua_State*inL, Ret(T::*func)(Args...))
{
    TTuple<typename TraitTupleInerType<Args>::Type...> tuple;
}
```

有时候无法直接根据函数的形参列表生成 Tuple 容器，例如，当参数中有引用类型时，Tuple 不接收引用类型作为成员变量的类型，所以要把 const、引用&、右值引用&&等修饰符去掉。还有一种情况是之前讨论过的结构体，对于函数形参中的结构体类型，不管是指针、引用还是值类型，我们都把它转换成指针类型放在 Tuple 容器中。上面代码中的 TraitTupleInerType 模板就是用来做这个逻辑的。

当有了这个 Tuple 容器之后，接下来的逻辑就是把实参按类型从 Lua 栈中取出放入容器中，然后把 Tuple 容器解包去调用目标 C++函数，最后把返回值和引用的实参压回 Lua 栈。代码如下：

```
template<class T, class Ret, class... Args>
int32 LuaPopAndCallAndReturn(lua_State*inL, Ret(T::*func)(Args...))
```

```
{
    TTuple<typename TraitTupleInerType<Args>::Type...> tuple;
    const int FirstIndexExcludeSelf = 1;
    // 把实参按照类型从 Lua 栈复制到 Tuple 容器中
    TupleOperationHelper<Args...>::PopAllValueFromStack
                 (inL, tuple, FirstIndexExcludeSelf);
    // 从 Lua 栈中取出实例指针
    T* ptr = (T*)tovoid(inL, 1);
    auto lambda = [ptr, func]
    (typename TraitTupleInerType<Args>::Type&... args)->Ret
    { return (ptr->*func)(ConvertStructPointBack<Args>(args)...); };
    // 发起调用并把返回值压入 Lua 栈
    Pushret_or_Push<Ret>(inL, TupleOperationHelper<Args...>
                                ::CallCppFunc(tuple, lambda));
    // 把引用类型的值压回 Lua 栈
    return TupleOperationHelper<Args...>
           ::PushBackRefValue(inL, tuple, FirstIndexExcludeSelf) + 1;
}
```

因为结构体是被当成指针存在 Tuple 容器里的，而目标函数接收的可能不是结构体指针，这里的 ConvertStructPointBack 负责把指针解地址。借助这个模板函数，就可以实现 Lua 对 C++ 类成员函数的调用，而无须关心具体的成员函数的类型。其余类型的函数的调用流程是类似的，核心都是使用 Tuple 容器作为数据交换的媒介。

最终 LUA_GLUE_FUNCTION 宏定义如下：

```
#define LUA_GLUE_FUNCTION(FUNC_NAME, ...)\
    {#FUNC_NAME, [](lua_State*inL)->int32\
        { \
            return LuaPopAndCallAndReturn(inL, \
                &TheClassType::FUNC_NAME, ##__VA_ARGS__);\
        }\
    },
```

它将一个 [](lua_State*inL)->int32{} 中间函数注册到 Lua 中，当其被调用时就会使用 Lua 栈和对应的成员函数指针，调用模板函数 LuaPopAndCallAndReturn 完成真正的调用逻辑。

12.3.6 默认实参

对于 C++ 中的函数可以增加默认实参，实参补全是在编译期实现的，所以运行时无法获得某个参数的默认实参，为此需要在配置代码处手工添加默认实参，默认实参也是保存在 Tuple 容器中的。当 Lua 栈中的参数不足时，这些默认实参会被补充到临时变量的 Tuple 容器中。图 12.7（a）展示了 Lua 栈提供足够参数的例子，图 12.7（b）展示了当参数不足时，从默认实参的 Tuple 容器中读取实参的例子。

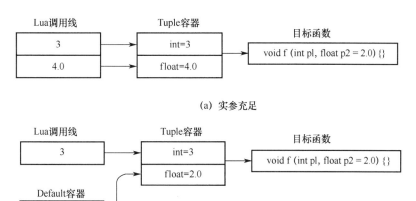

(a) 实参充足

(b) 实参充足

图12.7 默认实参示例

填充临时 Tuple 变量的代码如下所示，带默认实参相比不带默认实参，多了一处逻辑，用于判断 Lua 栈中的实参个数是否充足，所以在性能上也要差一些。

```cpp
// 不带默认实参的情况，全部从 Lua 栈中读取实参
template <typename TupleType>
static void PopAllValueFromStack(lua_State*inL, TupleType&& Tuple,
    int32 StartIndex)
{
    int Temp[] = { 0, (ReadValueFromLua(Tuple.template Get<Indices>(), inL,
    Indices + StartIndex), 0)... };
    (void)Temp;
}
// 带默认实参的情况，有一个 if...else 分支在运行时判断
template<int N, int M, class T, class... DefaultArgs>
static void PopValueOneByOne_WithDefault(lua_State* inL, T*& Value,
    uint32 Index, uint32 StackLen, TTuple<DefaultArgs...>& DefaultTuple)
{
    if (Index <= StackLen)// 从 Lua 栈中读取实参
        ReadValueFromLua(Value, inL, Index);
    else // 从默认实参的 Tuple 容器中读取实参
    {
        ReadValueFromDefault<N-M>::Read(Value, DefaultTuple);
    }
}
```

12.3.7 默认生成的函数

一般的类都有默认构造函数，operator==、operator+等基础函数，在缺省情况下自动导出这些函数，省去了为这些函数写 LUA_GLUE_FUNCTION 的工作量。但假如有的类把这些函数删除了，自动为它们生成的代码就会调用到不存在的函数，从而编译失败。

以默认构造函数为例，对于类型 T，为它自动生成的中间函数会去调用 new T()，假如这个类型 T 把默认构造函数删除了或者放在了 private 修饰符下，那么就会编译报错。

为了解决这个问题，可以特殊定义一个 LUA_GLUE_BEGIN_XXX 宏，专门针对没有构造函数的类。但这种方式有两个缺点，一是会增加宏的数量，提高了使用的复杂度；二是假如除了默认构造函数，还默认导出其他函数，例如析构函数，这时候问题又暴露出来了，必须为没有析构函数的类写特定的宏，或者干脆写一个什么函数都不会自动导出的宏，需要什么函数全由用户自己添加。

那么，如何在不增加宏的数量的情况下，又尽可能多地导出缺省函数呢？假如对于某个类不存在这些函数，让导出的代码编译不报错即可，这里可以利用模板的 SFINAE 特性，对于不符合条件的函数，让编译器不去生成错误代码。下面以默认构造函数为例：

```
template<class T>
T* TSafeCtor(
    typename TEnableIf< TSafeLuaFuncsEnum<T>::HasCtor, int>::Type* p = nullptr)
{
    return new T();
}

template<class T>
T* TSafeCtor(
    typename TEnableIf<!TSafeLuaFuncsEnum<T>::HasCtor, int>::Type* p = nullptr)
{
    return nullptr;
}
```

Lua 代码不再直接调用 new T()，而是调用模板函数 TSafeCtor()，如果类型 T 没有构造函数，那么就会调用下面的特化版本，返回一个空指针；如果类型 T 有默认构造函数，那么就会调用上面的特化版本，并返回新构造的实例指针。对其他自动导出的函数也做类似的处理，保证编译没有问题。

12.3.8 C++调用 Lua

因为已经实现了根据不同变量类型把变量压入 Lua 栈的模板函数，事情就变得很简单了。首先通过函数名找到 Lua 函数，然后把所有的变量压入 Lua 栈，当发起调用后，再从 Lua 栈中取回返回值即可。

```
template<class ReturnType, class... ArgsTypes>
static ReturnType CallLua(lua_State* L, const char* FuncName, const ArgsTypes&... Args)
{
    lua_getglobal(L, funcname);// 获得 Lua 函数
    pushall(L, Args...);// 将所有变量压入 Lua 栈
    const int32 ParamCount = sizeof...(Args);
    lua_pcall(L, ParamCount, 1, 0); // 调用
    return PopFromStack<ReturnType>::pop(L, -1); // 取出返回值
}
```

12.3.9 小结

利用宏和模板元编程，可以方便地生成 Lua 调用 C++的"胶水"函数，这种"胶水"函数按照目标函数签名将变量出栈、入栈，省去了运行期的类型判断，性能优越，并且可以给 Lua 导出几乎所有的类型，限制较小，可扩展性强。

12.4 优化

12.4.1 UObject 指针与 Table

UObject 子类在 UE4 的逻辑框架中举足轻重，它只能通过工厂函数创建实例并返回指针，对 UObject 实例的所有操作都是通过指针进行的，所以可以针对 UObject 做一些优化。当初次把一个 UObject 指针传入 Lua 虚拟机时，为它创建完整的 userdata 后，用一个字典把 UObject 指针和这个 userdata 关联起来，下次不管从哪里传入这个 UObject 指针，都先在字典里查询它之前是否传入过，是则传入之前创建的 userdata，这样做的好处是 UObject 的 userdata 在 Lua 虚拟机里就具备了唯一性，可以做相等性判断，减少了 userdata 的创建，而且当作为 Table 的索引时，不会同时存在两个相同的 UObject 指针。

更进一步，可以把 UObject 指针和 Lua 中的一个 Table 绑定起来，这样在 Lua 虚拟机中取该指针时，取到的是绑定的 Table，如图 12.8 所示。

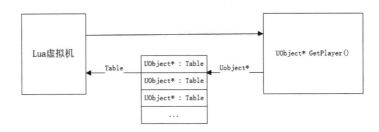

图12.8　C++向Lua传递指针会被替换为对应的Table

当这个 Table 被传给 C++ 函数时，又可以转变回真正的 UObject 指针，如图 12.9 所示。

图12.9　Lua向C++传递Table会被替换为对应的指针

这个 Table 可以扩展 UObject 指针在 Lua 虚拟机中的能力，例如为其保存一些变量、重载它的 C++ 函数等，增加了开发的便利性。

12.4.2　结构体

因为 C++ 函数返回之后栈上的内存就被释放了，如果返回值是结构体类型，那么一般需要在堆内存中分配一个结构体，并把返回值复制给这个堆内存中的实例，然后把这个实例指针返回给 Lua 虚拟机。如果高频调用这样的函数，例如每帧都查询 Actor 的 Pos，时间久了，在 Lua 虚拟机中就会存在大量堆内存中结构体的引用，一旦启动垃圾回收就会引发卡顿。另外，这些结构体实例通常也只会在当时的上下文中使用一次，本身没有必要都保存在堆上。

我们对返回结构体的函数做了优化，针对每一种结构体类型都创建了一个 RingBuffer，只能同时存储少量该类型实例，例如 30 个，当函数返回时，从 RingBuffer 中取出一个实例，把返回值复制给它，再把它的指针返回 Lua 中。RingBuffer 是常驻内存的，减少了堆内存的分配和释放开销，而且 Lua 不用管理它们的生命周期，对垃圾回收不会造成任何影响。同理，在 Lua 中传递结构体变量给 C++ 函数时，也无须在堆上分配内存，可以从 RingBuffer 中取出实例使用。

需要注意的是，RingBuffer 的内存会循环利用，无法持久化保存一个结构体变量。当需要持久化时，把 RingBuffer 的实例复制给一个堆上的实例即可。

经过简单测试，垃圾回收 100 万个结构体，在 i7 处理器上需要 0.5s 左右，经过优化后为 0.001s，可忽略不计。

12.4.3　运行时热加载

脚本语言本质上是根据"字符串"来执行一些逻辑的，当在虚拟机运行时修改这些"字符串"，并告知虚拟机时，虚拟机就能执行新的逻辑。这样游戏进程不需要关闭就能运行到新的代码，方便开发调试。

为了保证程序热加载前后状态的一致性，只有函数的逻辑可以被热加载，而除函数以外的数据保持不变。在 Lua 中通常使用 require 语法来加载 Lua 源文件，所以以文件为基本单位做热加载。假如文件里的函数代码更新了，那么就重新加载该文件，用新加载的文件生成的函数来替换原来的函数。

需要注意的是，重新加载文件，会执行文件的代码。假如代码里面有一些语句是对函数以外的数据进行了操作，那么一般会导致数据混乱。上面说文件的内容被加载到了一个匿名函数中，那么就可以修改这个匿名函数关联的环境表，给它创造一个沙盒环境，让它执行的与数据修改相关的代码不对真实的环境产生作用。但一般情况下，这个沙盒环境会导致这些代码执行失败，因为其逻辑会去查询在真实环境中存在，而在新添加的沙盒环境中不存在的数据，进而热加载失败，如下面的代码所示。

```
GlobalData = 5 --重新加载文件时不能让这句代码产生作用
ResetSomeData() -- 这句代码会导致沙盒环境执行失败，因为不存在这个函数

local T = {}
function T.func() --希望热加载这个函数
end

return T
```

把真实环境中的数据复制到沙盒环境中代价太大，所以我们给沙盒环境关联了一个特殊的元表。这个元表对所有的查询都返回一个"万能"的表，这个"万能"的表也对所有查询都返回"万能"的表，这些"万能"的表可以进行尽量多的操作而不会报错，例如可以调用不存在的函数等，尽可能让文件的代码执行成功。这主要通过 Lua 的元表机制的 __index 和 __newindex 方法来实现，其中 __index 对所有索引都返回"万能"的表，__newindex 对所有赋值操作都生效。

当成功重新加载文件后，会得到一批新的函数，为了保证数据的一致性，需要把对应的旧函数的 upvalue 复制到新函数上，之后遍历整个 Lua 虚拟机，把原来指向旧函数的表项改成指向新函数，这样就完成了以文件为粒度的函数的热加载。

第六部分

开发工具

第 13 章

使用 FASTBuild 助力 Unreal Engine 4

作者：沈育

摘　要

本章围绕如何提高 UE4 项目开发效率介绍一些解决方案和相关工具，主要介绍如何使用 FASTBuild 这款开源分布式编译工具来提高 UE4 项目的 C++代码编译和材质着色器（Shader）编译效率。

本章还将详细介绍相关测试过程，下面先简单列出主要测试结果。

- 代码编译的极限测试：重编译 UE4 代码，只使用单机资源耗时 50 分钟左右；使用 FASTBuild 分布式编译工具可以降低到 15 分钟左右；经过进一步优化降低到 11 分钟左右，效率提升了 4~5 倍。

- 着色器编译的极限测试：重编译 4 万多着色器，只使用单机资源耗时 1 小时 50 分钟左右；使用分布式可以降低到 5 分钟左右，效率提升了 20 倍左右。

- 材质编辑器的一般测试：修改某材质节点后，从"应用"到看到预览效果，只使用单机资源耗时 1 分钟左右，使用分布式可以降低到 8 秒内，让材质编辑器的"实时预览"功能变得更加的"实时"。

当然，使用分布式之后还有其他好处，例如打开 Unreal Editor（Unreal 编辑器），新场景的速度也会提高，因为其中的着色器编译效率提高了，本章限于篇幅就不一一介绍了。如果你对如何提高使用 UE4 的项目开发效率感兴趣，那么请继续阅读本章内容。需要说明的是，文中所有例子、截图和代码修改都基于 Unreal Engine 4.20.3 和 FASTBuild 0.95，不同版本的引擎代码编译时长、为实现分布式而进行的代码修改等都会有所区别。另外，文中所展示的测试结果都基于后面介绍到的测试电脑和网络配置，根据不同的硬件环境，分布式工具所能起到的效果也会有所不同，请注意区分。

13.1 引言

UE4 因其开源、开放、不断更新和追求最新技术的特性，能够较高地释放硬件性能，获取更真实的画面效果，也具有完善的游戏模块，以及丰富的插件和工具支持等特点，可以适用于几乎任何品类和平台的游戏开发,广受国内外开发商的欢迎,使用 UE4 开发的游戏大作也比较多。

然而谈起 UE4，大家也普遍会提起"重"这个字，相对而言，大家都觉得 Unity3D 引擎更"轻"。"重"除代表"功能强大，但学习曲线比较陡峭""模块比较全面，想要都用好不太容易"等观点以外，也隐含了一些开发效率方面的担忧。也许正因为 UE4 开源的特点，开发商想要"更快、更好"时往往都不自觉地想到修改源代码，增加或改善部分功能或者追求想要的效果、执行效率等，通常需要额外编译引擎源代码的工作；在开发 UE4 C++项目时因编程语言特性，虽然运行速度更快，但是编译速度较慢；更多的模块，如豪华的材质编辑、层次结构的材质支持等，虽然让逻辑更清晰、功能更强大，但也有牵一发而动全身的问题，往往会拖累整体的效率——比如修改某个材质，想要预览或者在场景中看到它的效果，往往需要等待一小段时间；完善的模块、插件和工具也使得游戏内容更加丰富，但游戏体积也更大，打开 Editor 或场景变得更慢。

如何提高 UE4 项目的开发效率呢？为每个开发人员配备一台高级工作站，肯定可以提高效率，但在不增加成本的情况下，有办法提高效率吗？这时就自然而然地想到了"分布式"。

13.2 UE4 分布式工具

UE4 自身也很重视效率问题，官方开发或引进了一些"分布式"解决方案，下面将介绍 UE4 现有的分布式技术。

13.2.1 Derived Data Cache（DDC）

官方文档：https://docs.unrealengine.com/en-us/Engine/Basics/DerivedDataCache。

Derived Data Cache 分本地 Cache 和网络 Cache，前者用于存储本地被处理过的资源数据，例如静态模型和骨骼模型、材质和全局着色器、物理数据、地形碰撞信息（高度图）、寻路碰撞信息、深度场、贴图、UV 动画、声音等，几乎包含了大部分被 UE4 编辑器直接使用的数据；

后者跟前者的性质相同，但它是存储在网络（比如局域网）上的共享目录里的，可用于整个团队。

开发人员使用 Unreal Editor 打开项目或者新的场景时，Editor 会优先从本地 DDC 里加载所需数据，而这些数据是上次运行 Editor 时被处理过后保存在本地的，这就避免了重复处理相同的数据；如果某些数据在本地 DDC 里并不存在，则会尝试从网络 DDC 里获取，如果存在则会复制到本地 DDC 且加载到 Editor 中；如果都没找到，则实时处理源文件（例如材质着色器），处理完毕后保存到本地 DDC 里供下次使用。

可以想象一下，假设团队有很多开发人员需要使用 Editor 编辑场景，如果没有网络 DDC，那么对于每个资源每个人都需要实时处理一次；而如果有网络 DDC，则大部分数据有可能只需要被处理一次。这本身就是一种"集中计算，分布使用"的经典应用场景，它能提高整个团队的工作效率。

由于需要根据实际情况设置一些 DDC 的配置信息，例如共享网络路径信息，所以默认并没有启用网络 DDC，需要根据官方文档在具体项目的配置文件中设置才能实现该功能。

13.2.2 Swarm

官方文档：https://docs.unrealengine.com/en-us/Engine/Rendering/LightingAndShadows/Lightmass/UnrealSwarmOverview。

Swarm 主要用于分布式计算光照、阴影等光照贴图，在静态物体和静态/固定灯光较多的场景中它能发挥很大的作用，加快光照贴图生成。当某个团队成员生成光照贴图时，它会分派任务到其他空闲的客户机（可以是其他成员的电脑）帮忙计算一部分，分派的比例越大，整体计算任务的完成速度就越快。这是典型的"分布式计算"场景。

就像上面所说的，在静态物体和静态/固定灯光较多的场景中，Swarm 能发挥很大的作用，例如移动端游戏项目、需要运行在低端 PC 上的游戏项目等建议使用 Swarm；而在追求真实效果，大部分都是实时光照的项目中，Swarm 的作用会小很多。所以应根据需要进行设置，在设置时请参考官方文档。

13.2.3 IncrediBuild

IncrediBuild 是第三方公司的商业解决方案，是一种较为成熟的分布式编译工具。它支持 C++项目分布式编译，也支持分布式运行独立的开发工具等，但需要各自对应的授权，单个功能的授权费还算便宜，但如果用到的功能较多，授权费则比较贵。

UE4 官方集成了该软件的接口，包含 Unreal Build Tool（UBT）和 ShaderCompiler 两方面的接口集成。如果项目团队成员的电脑上安装有 IncrediBuild 软件，设置好相应的网络环境和对应的 license，在编译 UE4 代码时 UBT 检测到本地安装有 IncrediBuild，则会优先使用它进行分布式代码编译；在启动 Unreal Editor 初始化时，会检测本地配置文件是否允许和安装了 IncrediBuild，如果检测通过，则在使用 Editor 的过程中一旦有任何着色器编译需求，就会进行分布式编译。

接下来将介绍本章的主角——开源分布式编译工具 FASTBuild。

13.2.4　FASTBuild

官网：http://www.fastbuild.org/。

语言：支持 C、C++、Objective-C 和 C#等。

编译器：VisualStudio（MSVC）、VisualStudio. Net（C#，目前仅支持本地编译）、GCC、Clang、SNC、Intel compiler、GreenHills、CodeWarrior 等。

目标平台：Windows、Linux、Mac OS X、PS 3、PS 4、Xbox 360、Xbox One、Wii、WiiU、Android 和 iOS。

工作系统：Windows、Linux、Mac OS X。

以上介绍来自 FASTBuild 官网。这是一款开源软件，基于类似 MIT 协议，自由度较高。

FASTBuild 支持那么多目标平台、那么多语言，看上去比 IncrediBuild 多一些，是怎么实现的呢？原来它利用了现代编译器大都支持的"Preprocessor"，即预处理机制。例如，C++语言在编译时有两个主要过程，首先解析语义，对一些#if、#include 等语义关键字进行处理，同时还进行宏替换、结束符替换、函数行号处理等，这个过程就称为"预处理"，然后才进一步编译成目标对象文件。现代支持预处理的语言及其编译器，大都支持显式地执行预处理过程，即可以通过参数控制进行预处理，先生成独立的中间文件，不再依赖其他头文件等第三方文件。FASTBuild 就利用了这一点，非常轻松地实现了支持那么多语言、那么多目标平台，以及可以在三大主流平台上工作。

另外，FASTBuild 也跟 IncrediBuild 一样既支持编程语言的分布式编译，也支持第三方独立程序的分布式运行，这是怎么做到的呢？原来它设计了自己的脚本——.bff 文件，在官方文档中可以查看到具体的脚本格式和语法等。以编程语言的编译为例，在一个项目上想要使用 FASTBuild 实现分布式编译，就需要针对该项目所使用的编程语言和编译工具版本等特性，在.bff 文件中详细记录。例如 C++项目，它的编译器 cl.exe 安装在哪里，它又依赖哪些.dll 文件，在这个项目里有多少个.cpp 文件需要编译（即多少个编译任务），分别是什么，又各自有什么头文件需要引用，各自使用了哪些编译参数，编译结果会是什么，等等。

还是以编程语言的分布式编译为例，我们看看 FASTBuild 的工作流程是怎样的。它会根据.bff 文件描述信息，在本地对所有编译任务进行预处理生成中间文件；接下来将中间文件编译成真正的 obj 对象时，会根据本地 CPU 空闲程度分配该编译任务是在本地执行还是发布到远程电脑，如果是后者，则在连接到可用的远程电脑后，会先将编译器程序发送过去，再将编译任务预处理后的中间文件发送过去（如果在同一次编译中同一台远程电脑被先后分配了多个任务，则每个任务本身的中间文件会单独发送，而一开始发送的编译器程序则不会重复发送）。远程电脑的 FASTBuild 主程序接收到编译任务后，直接运行之前接收的编译器程序，将该中间文件生成目标对象文件；最后将目标对象文件传回发起任务的电脑。当然，这只是主要的工作流程，实际的工作流程会复杂一些，例如部分编译任务在远程电脑中很久都没有完成怎么处理，远程电脑编译出错或者有警告怎么处理，非"编译"任务（一般称为分布式计算任务）如何处理等，有兴趣的读者可以自行深入了解，限于篇幅本章就不再进一步展开了。

那么 FASTBuild 跟 IncrediBuild 在基础工作流程上有什么区别，以及因此产生哪些具体不同的地方呢？需要声明一下，IncrediBuild 是闭源商业软件，与其工作原理相关的文档较少，因此以下与 IncrediBuild 相关的分析，都是作者本人根据工作经验做的一些个人总结，仅供参考。

还是以编程语言的分布式编译为例。IncrediBuild 也会把编译器程序发送到远程电脑，但它不对源文件进行预处理，直接根据本地 CPU 空闲程度分配编译任务是否要发布到远程电脑执行，如果是，则直接发送源文件和编译参数过去，远程电脑的 IncrediBuild 客户端使用接收到的编译器程序直接编译该源文件，当遇到某些依赖文件时，再向任务发起者索要该依赖文件，并把该文件存储到本地缓存中，下一次如果有其他编译任务也需要该文件，则直接从缓存中读取，而不需要向任务发起者索要。编译完成后，远程电脑将结果文件发送回任务发起者。

这个流程也描述得比较简单，但它正是两者的主要区别——FASTBuild 需要预处理，IncrediBuild 不需要。后者在这方面做了比较多的工作，实现起来比较复杂，获得的好处也较多。下面简单罗列两者各自有什么利弊，如表 13.1 所示。

表 13.1　FASTBuild 与 IncrediBuild 对比

	FASTBuild	IncrediBuild
CPU 消耗	需要预处理，中间文件大，发送前压缩需要消耗更多的 CPU 资源	只在发送前压缩文件需要消耗 CPU，但发送的内容少，所以 CPU 消耗也少
网络流量	每个中间文件都包含所需的头文件、宏替换等内容，网络流量大	只发送源文件，头文件等可以从缓存中获取，无须重复发送相同的内容，节约网络流量
安全性	完全没有安全性，直接压缩发送，在远程电脑的临时目录里解压后还原为原始中间文件	安全，在实现缓存时引入了 Virtual File System，文件列表会被动态加密，一般不能轻易地查看源文件内容
易用性	比较容易使用，但不方便维护	商业软件的优势所在，可以从服务器端发起版本升级，方便维护
成本费用	软件自身没有任何成本，完全免费	费用较高
使用场景自定义	自由度很高，开源，可以根据需要开发新的使用场景	官方对各种应用场景做了不同授权包，因此想要开发自定义使用场景难度较大

通过这些简单对比可以看到，IncrediBuild 还是非常有优势的，进行分布式代码编译时，在相同硬件和网络环境中它的效率一定会比 FASTBuild 高一些。但 FASTBuild 也有其优势，我们需要正确对待：即使在进行代码编译时，FASTBuild 也可以提高效率；而在进行"非代码编译"时，例如后面测试的着色器编译，虽然名字中有"编译"，但实际上是分布式运行独立工具程序进行分布式计算的任务，它就无须"预处理"，此时它们的效率应该相差无几。当然，如果想要比较"自由"地使用分布式工具，从这个角度来看，FASTBuild 有比较大的优势。

13.3　在 Windows 系统下搭建 FASTBuild 工作环境

13.3.1　网络架构

作为开源软件，FASTBuild 自身也比较崇尚自由，在社区里看到别人提问，为何不像 IncrediBuild 那样提供一个服务器程序来实现部分控制功能呢？官方人员直接用"去中心化"来解释，所以 FASTBuild 是没有中心（即服务器程序）的。

所有在同一个局域网内的电脑，都可以将某一个共同的共享目录路径作为"Broker"，当某电脑启动 FASTBuild 主程序（FBuildWorker）时，该程序会将电脑名称作为文件名在这个 Broker 目录里创建一个空文件，并且遍历该目录下的其他类似文件，从而得知网络上都有哪些电脑在，当需要发起分布式任务时，就可以通过这个列表去尝试连接它们；当本机中其他程序（不含 FASTBuild 主程序，以及协助其他电脑处理分布式任务时运行的所有子程序）的 CPU 占用超过一定阈值（20%）或退出主程序时，从该目录下删除代表本机的文件，这样其他人就不能利用该电脑帮助处理分布式任务了。

通过上面简单的描述，我们对 FASTBuild 的网络组成和各电脑联网工作有了大致的了解。接下来用两台电脑 A 和 B 来演示，在 A（在后面的截图中 IP 地址尾号为 79）上搭建编译环境和发起编译，B（IP 地址尾号为 97）做协同编译，展示如何搭建工作环境。

13.3.2 搭建基本环境

在 A 上需要安装正常的编译环境，例如 Visual Studio 2017 Community；在 B 上只需要正常的 Windows 系统环境即可，无须安装任何编译器。

实际上这两台电脑是平等的，下面都称为 Worker——如果在 B 上也安装了编译环境，那么 B 也可以发起编译，此时 A 就可以和 B 互换角色。所以，下文提到的"Worker"就是指这种情况下的任意电脑（举一反三，推导到两台电脑以上的情况）。

关于 FASTBuild 本身的安装和使用，在 FASTBuild 官网上有比较详尽的文档介绍。主要有两步：安装和配置。

从官网下载最新版本程序压缩包，解压缩到本地任何目录下。官方版本只包含 FBuildWorker.exe 和 FBuild.exe 这两个可执行文件，前者是界面（UI）程序，也是 FASTBuild 的主程序；后者是命令行程序，在发起分布式任务时，需要使用该命令行程序配合不同的参数来执行。另外，推荐下载 FBDashboard 这个第三方监控程序，可以从 FASTBuild 官网的下载页面中找到它的链接。该程序由第三方提供，本身也是基于 MIT 协议的开源软件。在后面介绍的 UE4 实际应用中，我们使用了该程序。

在简单的"安装"之后，需要进行一些配置，配置步骤基本都跟系统环境变量设置有关。

首先把解压缩的目录路径加入系统环境变量"Path"中，这样就可以在任何地方访问 FBuild.exe 执行分布式任务了。

然后设置 Broker 地址，在系统环境变量中增加 FASTBUILD_BROKERAGE_PATH = xxx 即可，xxx 是一个所有 Worker 都能读写的网络路径。请注意，FASTBuild 目前还不支持 Unicode 路径，如果共享路径确实有 Unicode 字符，则可以先把该路径映射到每个 Worker 的本地盘符，这样就可以使用仅含 ASCII 字符的短路径做 Broker 地址了。

另外，如果要用 Cache 功能，则需要设置 Cache 地址，在系统环境变量中增加 FASTBUILD_

CACHE_PATH = yyy 即可，yyy 可以是网络路径，也可以是本地电脑路径，请根据需要设置。Cache 路径也需要仅含有 ASCII 字符。注意：Cache 文件总量会递增，所以请根据实际需要保持空间大小足够。另外，在使用 MSVC 时有一些简单的限制（需要/Z7，不要/clr），在官方文档中有说明。当然，也可以不设置这个环境变量，在 FASTBuild 编译脚本中也有地方设置具有相同作用的变量，请在官方文档中查看，比较简单。

上述安装和设置步骤需要在所有 Worker 上都进行一遍，到此为止，基本环境设置就完成了。需要注意的是，环境变量的改变并不能直接应用到已经打开的程序上，例如 CMD、Visual Studio IDE 等，如有需要请重启这些程序。

13.3.3 可用性验证

在初次搭建 FASTBuild 工作环境时，有可能因网络策略、防火墙或共享目录权限等因素不能正常工作，所以我们需要通过简单的实验来验证能否正常。

首先，在每台机器上都运行 FASTBuild 主程序（FBuildWorker.exe），界面如图 13.1 所示，推荐使用参数-cpus=-1, -mode=idle 来运行。

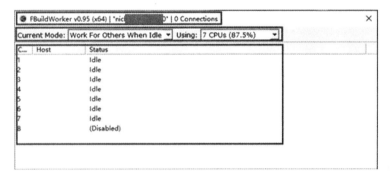

图13.1　FASTBuild主程序界面

界面上的信息介绍如下。

- 标题栏：显示当前程序名称和版本号；当前运行的是 x64 位程序；机器名以及多少人连接了这个"Worker"（什么都没做，所以是 0 Connections）。

- 工具栏：当前状态设置为"Work For Others When Idle"（参数-mode=idle），两台电脑分别贡献了 7 个逻辑核 CPU（参数-cpus=-1，即最大逻辑核数减 1）。

- 主窗口：展示每一个逻辑核的当前状态，分别是第几个逻辑核；使用它的主机名（如果此时别人发起分布式编译，这台电脑参与了协同编译，就会在这里展示每一个连接到这台电脑的主机名）；这台电脑在每个逻辑核上参与协同编译正在做的事情，当前没有参与任何任务，且电脑满足"空闲"状态判断策略，所以显示 Idle 状态（参与协同编译后，会显示正在帮助"编译 xxx.cpp"等）。

该程序运行后，如果该机器能正常使用读写权限访问 Broker 目录，且满足"空闲"状态判断策略（本机其他进程的 CPU 使用率在 20%以下，则认为是"空闲"的），它会往 Broker 目录里写入一个以本电脑的机器名为文件名的空文件；当不满足"空闲"状态判断策略时或在退出该程序之前，它会从 Broker 目录里删除该文件。所有 Worker 都可以通过遍历这个 Broker 目录里的这类文件获取当前可用的网络端其他 Worker 信息。

然后，在 A 上发起编译。

在官方文档入口，很容易找到一个"Hello World"示例，介绍如何配置 FASTBuild 的脚本文件（.bff 文件）。实际上这个示例太小了，并不能展示分布式编译的功能。所以我们直接以 FASTBuild 的源代码作为示例，可以在官网下载页面中下载到最新的源代码。

解压缩源代码到本地任意目录下，可以在 code 子目录下找到其主要的.bff 脚本文件，请用文本编辑器打开它，根据实际安装的编译器和安装路径修改它的内容（主要是 Visual Studio 安装路径、Windows SDK 安装路径等）。

在命令行窗口中进入该 code 子目录，使用 fbuild.exe -showtargets 查看所有的编译目标参数，其中有一个 solution 目标参数，可以生成 Visual Studio Solution 文件，方便查看和修改 FASTBuild 源代码；也可以使用其他编译类的 target 直接编译 FASTBuild 源代码。详细命令行操作方式，可以运行 fbuild.exe -help 查看所有命令行参数，或者查看官网相关文档。

这里使用-dist -clean 参数编译 All-x64-Release 配置，如图 13.2 所示。

从编译输出中可以看到，本机从 Broker 中发现了一个 Worker，但是实际上后面所有的编译生成.obj 文件都只提示"<LOCAL>"，并没有远程 B 机器名的提示出现，也就是说，并没有使用到远程电脑 B，问题出在哪里呢？

经过一番分析和尝试，总结出这里主要有 4 个可能出现的问题需要解决。

（1）在所有 Worker 电脑上开通 Windows 防火墙白名单。网络应用程序都绕不开对方电脑的 Windows 防火墙，一般有安装包的软件都会在安装时自动注册防火墙白名单，但 FASTBuild 的"安装"过于简单，所以需要手动为 FBuildWorker.exe 和 FBuild.exe 设置白名单。

第 13 章　使用 FASTBuild 助力 Unreal Engine 4　　217

图13.2　编译输出结果1

（2）确保 FASTBuild 所需要的 TCP 端口是开通的。部分公司会有管理策略，默认屏蔽所有非必需端口。如果是这种情况，就需要开通 FASTBuild 的端口号的使用权限，默认端口号是31264，也可以根据实际情况在代码中修改成一般不会被其他程序占用的端口号。

（3）检查 Broker 共享目录的访问权限，确保所有 Worker 机器都能从中正常读写文件。

（4）有时在一些网络环境下（如某些跨网段环境等），机器间无法直接通过主机名解析 IP 地址进行相互访问，此时就需要修改 FASTBuild 源代码，直接用本机 IP 地址注册 Broker，以便其他机器可以直接获取远程电脑的 IP 地址列表。下面这段是实现这个意图的主要代码。另外，还需要修改该函数声明和调用的地方，比较简单，请自行补充。

```
void Network::GetHostName( AString & hostName, bool bUseIPInstead )
{
    PROFILE_FUNCTION

    NetworkStartupHelper nsh;

    char buffer[ 64 ];
    if ( ::gethostname( buffer, 64 ) == 0 )
    {
        hostName = buffer;
```

```
            if (bUseIPInstead)
            {
                in_addr inaddr;
                inaddr.s_addr = GetHostIPFromName(hostName);
                if (inaddr.s_addr > 0)
                {
                    char saddr[INET_ADDRSTRLEN];
                    ::inet_ntop(AF_INET,&inaddr,saddr,INET_ADDRSTRLEN);
                    hostName = saddr;
                }
            }
        }
        else
        {
            ASSERT( false && "This should never fail" );
            hostName = "Unknown";
        }
}
```

完成编译后，在所有 Worker 电脑上替换原来"安装"的文件（FBuild.exe 和 FBuildWorker.exe），重新运行主程序。此时在主程序窗口的标题栏中已经显示了本机 IP 地址（如图 13.3 所示）；当满足"空闲"状态时，在 Broker 目录中也使用该 IP 地址进行登记（如图 13.4 所示）。

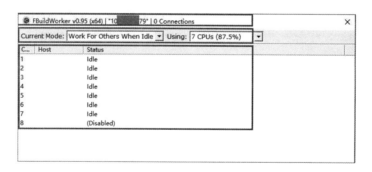

图13.3　标题栏中显示IP地址

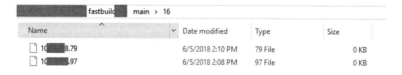

图13.4　Broker目录里出现以本机IP地址命名的空文件

通过对上述几个问题的排查和解决，再次尝试编译，发现一切正常，出现了部分编译发生在远程 Worker 上的记录，如图 13.5 所示。

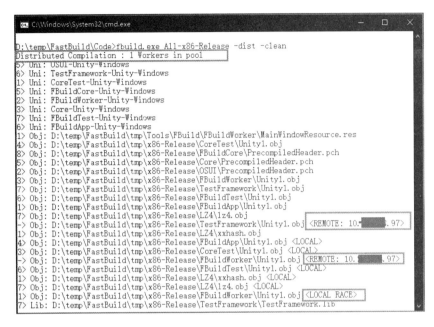

图13.5　编译输出结果2

至此，Windows 系统中的 FASTBuild 分布式工作环境已经搭建完毕，并且通过了可用性验证。下面我们将进一步介绍如何在 UE4 代码编译和材质着色器编译中使用 FASTBuild，为 UE4 插上高效的翅膀！

13.4　使用 FASTBuild 分布式编译 UE4 代码和项目代码

13.4.1　准备工作

前面介绍了 IncrediBuild 已经被 UE4 官方接入引擎编译工具 Unreal Build Tool（UBT），所以在使用 IncrediBuild 分布式编译 UE4 源代码时是不需要进行额外配置的（仅需要安装部署 IncrediBuild 联机环境即可），但是 FASTBuild 并没有跟 UE4 发生官方交集，在使用它进行分布式编译 UE4 源代码之前，需要我们自己手动修改 UBT 源代码，增加对 FASTBuild 的支持功能。

其主要思路在前面讲 FASTBuild 工作原理时已经介绍过，即：只需将当前编译器主程序（例如 cl.exe)、它依赖的 DLL 文件，项目中预设的 Include、Library 等公用目录，Windows SDK 路径等信息，以及 UBT 本次编译的所有编译任务信息（例如源文件、依赖文件、编译参数等）、链接信息等按 FASTBuild 脚本语法写入.bff 文件中即可。

说起来比较简单，但实际动手时还是有相当的难度的。还好 FASTBuild 是开源软件，它有一个小型的开源社区，有很多开源爱好者为它贡献了周边相关程序，改动 UBT 以支持 UE4 和项目代码编译也有公开的第三方贡献，甚至可以在 FASTBuild 官网的下载页面中找到相关链接，但可能存在更新不及时的问题，大家找到相关程序后，只需要根据实际使用的 UE4 版本调整相应代码即可。

无论如何，这一步是使用 FASTBuild 加速 UE4 源代码编译的前提，可能需要花一些时间调试 UBT，但相信还是值得的。

另外，前文提到开源社区还有一个比较好的软件 FBDashBoard，可以用它来可视化监控当前任务执行状态。在运行 FBDashboard 程序后，该程序会隐藏原有的 FBuildWorker 程序系统栏图标，并出现自己的图标，如图 13.6 所示。

图13.6　FBDashboard程序图标

在实际测试使用时，发现使用它可以很好地监控分布式编译任务的执行情况，但它也有不能正常工作的情况，与 UBT 接入代码类似，也可能存在更新不及时或者配合不好的问题，此时只需要重启该程序一般就可以解决。

13.4.2　部署多机 FASTBuild 环境

前文介绍了如何在 Windows 系统下搭建 FASTBuild 工作环境，我们按照该介绍在实际项目团队成员的计算机上部署了环境，并引入了开源社区贡献的 FBDashboard 程序。这样一来，我们就有了大概 15 台电脑组成的 FASTBuild 分布式网络，后面介绍的测试就是在该分布式网络下进行的。

13.4.3　编译 UE4 代码及对比测试

为了展示使用 FASTBuild 分布式编译工具的实际效果，我们进行了对比测试。

- 硬件和网络：测试电脑配置有 i7 7700 CPU，32GB 内存，512GB SSD，NVIDIA 1060 显卡；网络是千兆局域网，加入分布式网络的计算机是其他团队成员的开发机，总数量有 15 台左右，一般配置都相差无几，其中有一台是属于性能较好的工作站。
- 测试对象：相同的两份 Unreal Engine 4.20 引擎代码，其中一份为原始版本，只能使用自身的计算机资源进行编译；另一份是修改过 UBT 可以使用 FASTBuild 进行分布式编译的版本。测试时会在同一台测试机上对它们分别重编译 UE4 代码的"Development Editor"配置项（x64 平台），观察其中耗时最长的项目"UE4"完成编译所消耗的时间。

首先只用测试电脑本机资源编译 UE4 代码，以下是 Visual Studio 的输出截图，如图 13.7 所示，用时 50 分钟左右完成了 UE4 这个主要项目的编译。

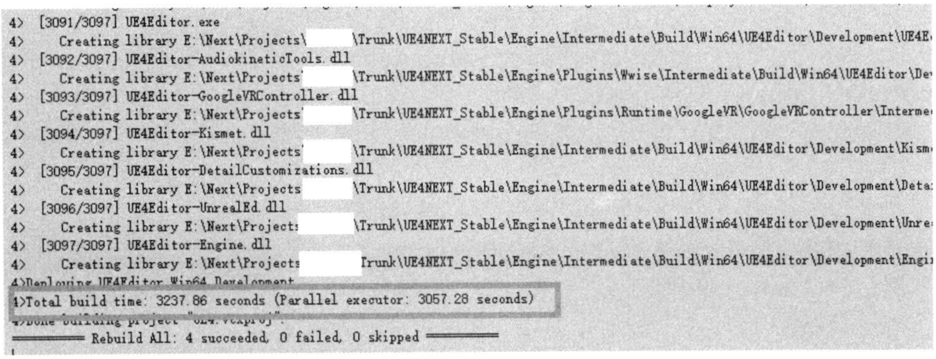

图13.7　输出截图1

接着测试接入 FASTBuild 的 UE4，同样进行编译。如图 13.8 所示，输出的 Log 格式已经发生了变化——前面没有了任务数和总数记录，有的编译任务后面有远程机器提示。

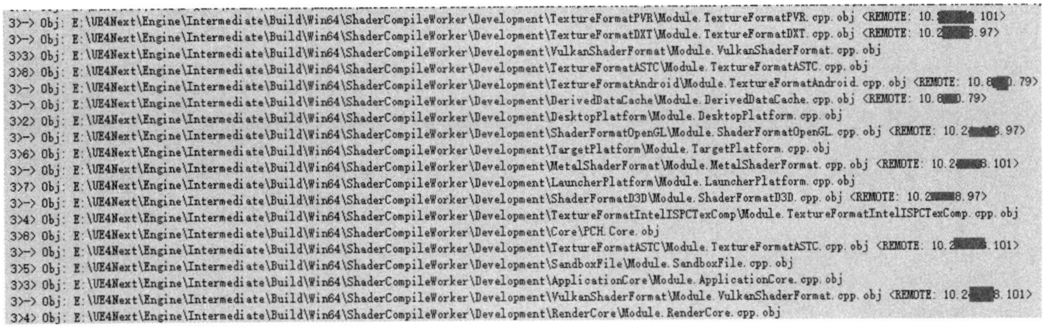

图13.8　输出截图2

编译完成后，FASTBuild 还会有详细的汇总信息，包含 Cache 的 Hit、Miss 和 Store 数目（在测试分布式编译效果时没有启用 Cache 功能，所以这几个值一片空白），以及编译完成时间（有实际时间和按 CPU 逻辑核心执行的时间大概值等），如图 13.9 所示，最终只用时 15 分钟左右就完成了 UE4 引擎代码编译，不到单机编译所需时间的三分之一。

```
4>------ Summary ------
4>                                   /------ Cache ------\
4>Build:           Seen     Built    Hit     Miss    Store   CPU
4> - File        : 31154    1875     -       -       -       0.013s
4> - Library     : 619      619      -       -       -       5m 36.637s
4> - Object      : 1873     1873     -       -       -       1h:22m 23.227s
4> - Alias       : 1        1        -       -       -       0.000s
4> - Exe         : 620      620      -       -       -       27m 37.892s
4> - Compiler    : 2        2        -       -       -       0.031s
4> - ObjectList  : 1858     1858     -       -       -       0.000s
4>Cache:
4> - Hits        : 0 (0.0 %)
4> - Misses      : 0
4> - Stores      : 0
4>Time:
4> - Real        : 14m 57.420s
4> - Local CPU   : 1h:55m 37.800s (7.7:1)
4> - Remote CPU  : 9h:12m 56.805s (37.0:1)
4>
4>FBuild: OK: all
4>Time: 14m 58.417s
4>Execute bff file in 898.5824719 seconds.
4>Deploying UE4Editor Win64 Development...
4>Total build time: 1026.90 seconds (FASTBuild executor: 904.54 seconds)
4>Done building project "UE4.vcxproj".
========== Rebuild All: 4 succeeded, 0 failed, 0 skipped ==========
```

图13.9　FASTBuild的汇总信息

再看一下 FBDashboard 的界面截图，其比较类似 IncrediBuild 的监控模式，可以非常直观地查看到本次分布式编译任务中有哪些远程机器协助处理了哪些任务，如图 13.10 所示。

因为是网络分布式工具，所以在本次测试过程中我们也注意观察了一下网络流量情况，如图 13.11 所示。

这是在发起任务的电脑上选择比较有代表性的网络流量高峰时段截图，请注意波形，其中虚线是发送数据流量，实线是接收数据流量，纵轴的每一个小格代表 100Mbps。从图中发现平均流量超过了 300Mbps，也就是说，如果使用百兆局域网，那么网络肯定会成为瓶颈；即使是千兆局域网，如果多人同时在用它发起分布式编译，且在相同时间段内达到网络流量高峰，此时也会存在总体的网络瓶颈。

第 13 章 使用 FASTBuild 助力 Unreal Engine 4

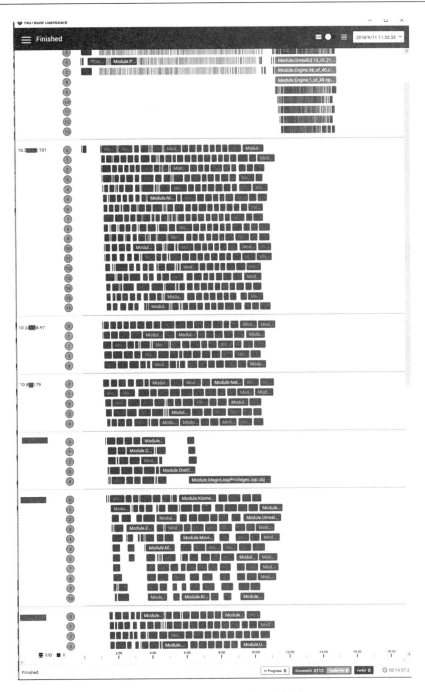

图13.10 FBDashboard的界面截图

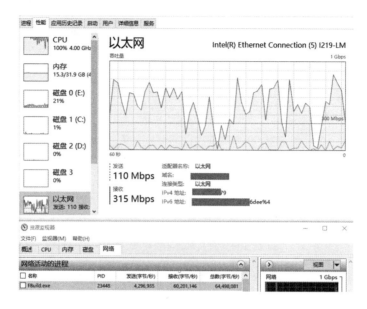

图13.11 发起编译的机器的网络流量情况

13.4.4 优化 FASTBuild

图 13.11 还隐含了一个可能需要细心观察才会发现的问题——"发送"流量和"接收"流量不成比例,"发送"比"接收"的波形基本都低很多。既然存在网络瓶颈,那么是否可以在这方面做一些优化呢?

通过详细阅读 FASTBuild 源代码发现,原来在发起分布式任务的时,发起者会使用 LZ4 快速压缩算法将经过预处理的中间文件压缩后传送到远程电脑;但是在远程电脑完成编译,生成.obj 文件后回传到发起者时,并没有经过压缩。为了验证这一发现,我们再次通过使用 FBuild.exe 的-forceremote 参数(强制所有编译任务都在远程电脑上执行)在双机环境中重编一个小项目,例如 UnrealHeadTool 项目,观察到在远程机器的网卡状态中得到的发送字节数总数,跟最终生成的.obj 文件总大小基本一致,进一步验证了回传结果时没有压缩这一结论。而如果对这些 Obj 文件进行手动执行 7z 的快速压缩,发现可以压缩掉 65%的总文件大小,这说明具有很大的优化空间。

下面是优化代码。

- Tools/FBuild/FBuildCore/WorkerPool/JobQueueRemote.cpp

// 在文件头部引用压缩算法所在的头文件

```cpp
#include "Tools/FBuild/FBuildCore/Helpers/Compressor.h"

// 在回传结果前压缩结果数据,修改 JobQueueRemote::ReadResults 函数的最后一段代码
/*static*/ bool JobQueueRemote::ReadResults( Job * job )
{
    // 省略前面一大段代码,没有改动

    // ++原先是直接把结果文件读取到内存后就直接发送回去了

    //// transfer data to job
    //job->OwnData( mem.Release(), memSize );

    // 现在改成使用快速压缩算法压缩后再发送
    Compressor c;
    c.Compress(mem.Get(), memSize);
    size_t compressedSize = c.GetResultSize();
    job->OwnData(c.ReleaseResult(), compressedSize, true);
    // --

    return true;
}
```

- Tools/FBuild/FBuildCore/Protocol/Server.cpp

```cpp
// 在发送数据字段中增加"是否压缩"布尔值
void Server::FinalizeCompletedJobs()
{
    // 省略一部分代码,没有改动
    ms.Write( job->GetMessages() );
    ms.Write( job->GetNode()->GetLastBuildTime() );
    // ++ 写入是否压缩
    ms.Write( job->IsDataCompressed() );
    // --

    // 省略后面代码
}
```

- Tools/FBuild/FBuildCore/Protocol/Client.cpp

```cpp
// 在文件头部引用压缩算法所在的头文件
#include "Tools/FBuild/FBuildCore/Helpers/Compressor.h"

// 在接收到结果后,解压缩结果数据文件
void Client::Process(const ConnectionInfo * connection,
    const Protocol::MsgJobResult *,
```

```cpp
const void * payload, size_t payloadSize )
{
    // 省略一部分代码，没有改动
    Array< AString > messages;
    ms.Read( messages );

    uint32_t buildTime;
    ms.Read( buildTime );

    // ++ 读取是否压缩信息
    bool isDataCompressed = false;
    ms.Read(isDataCompressed);
    // --

    // ...
    // 省略一部分代码，没有改动

    if ( result == true )
    {
        // built ok - serialize to disc

        ObjectNode * objectNode = job->GetNode()->CastTo< ObjectNode >();
        const AString & nodeName = objectNode->GetName();
        if ( Node::EnsurePathExistsForFile( nodeName ) == false )
        {
            FLOG_ERROR( "Failed to create path for '%s'", nodeName.Get() );
            result = false;
        }
        else
        {
            // ++ 解压缩结果
            Compressor c;
            if (isDataCompressed)
            {
                c.Decompress(data);
                data = c.GetResult();
                size = (uint32_t)c.GetResultSize();
            }
            // --

            const ObjectNode * on = job->GetNode()->CastTo< ObjectNode >();
            const uint32_t firstFileSize = *(uint32_t *)data;
            // 省略后面代码，没有改动
        }
```

```
    // 省略后面代码,没有改动
}

    // 省略后面代码,没有改动
}
```

13.4.5 再次测试分布式编译 UE4 代码

将优化后生成的 FASTBuild 程序替换掉"安装"目录里的原有程序,重新进行上述分布式编译 UE4 代码的测试。

结果如图 13.12 所示,在 FBDashboard 界面(右下角)可以看到本次测试耗时 11 分钟左右(该软件界面右下角提示使用的时间),比优化前 15 分钟左右有了不小的进步。

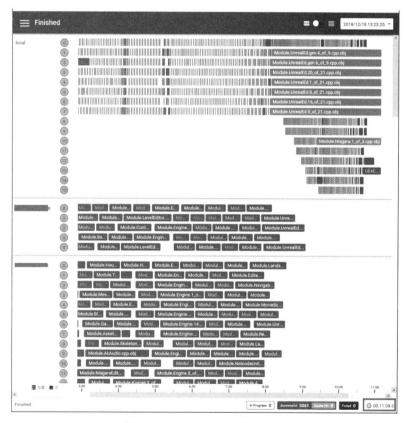

图13.12　FBDashboard监控界面

优化后网络流量情况如图 13.13 所示，"发送"和"接收"的整体波形不再相差那么大，平均流量基本在 100Mbps 左右。此次优化不仅提高了 FASTBuild 分布式编译的效率，而且前文提到的"多人同时发起分布式编译可能会触发总体网络流量瓶颈"也将得到改善。

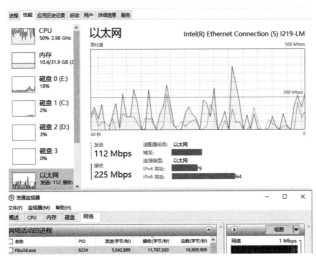

图13.13　优化后网络流量情况

13.5 "秒"编 UE4 着色器

网络共享 DDC 可以提升团队整体的工作效率，并且它也包含材质相关着色器（Shader）和全局着色器数据缓存，但它并不能解决所有着色器处理的效率问题。例如，对于日常使用 Unreal Editor 比较频繁的操作——材质编辑，UE4 提供了功能强大的节点式材质编辑器，并且支持实时预览，但每次使用它打开某个材质时都会立即实时编译一次所有相关着色器，修改任意节点后点击"应用"按钮（或"实时预览"功能开启时），也需要实时编译一次所有相关着色器。稍微复杂一些的材质涉及到的着色器总数可能会有几百或上千，每次编译完这些都需要几分钟不等，而越复杂的材质，想要调试出最终效果越需要重复若干次修改、预览的操作，每次都需要等 Editor 右下角的"编译着色器"提示结束才能看到效果，整体累加起来需要等待的时间非常可观。

接下来介绍如何使用 FASTBuild 提高材质编辑的效率，解决材质编辑、调试时头痛的"等待"问题，实现"秒"编！

13.5.1 准备工作

跟编译 UE4 代码类似，也需要动手修改 UE4 源代码着色器编译相关部分，以实现使用 FASTBuild 进行分布式着色器编译。

修改代码的思路跟 UBT 类似，最终要生成一个遵循 FASTBuild 脚本语法的 .bff 文件。与 UBT 不同的是，这种应用其实属于"独立程序"分布式执行的方式，它无须遵循什么编程语言规则，而且可以仿照 UE4 源代码中关于使用 IncrediBuild 编译着色器的部分（ShaderCompilerXGE.cpp）实现使用 FASTBuild 编译着色器，例如主要对象类 FShaderCompileFASTBuildThreadRunnable，以及如何实例化等，所以会简单一些。但无论多么简单，代码还是很长的，所以这里只简单地展示部分核心代码，其他部分请大家发挥动手能力吧！

下面是一些与初始化相关的代码。初始化时从引擎配置文件如 BaseEngine.ini 中读取配置信息"是否允许使用 FASTBuild 分布式编译着色器"；如果允许，则还需要查找看本地是否存在 FBuild.exe 程序；最后检测所有着色器文件是否在一个根目录下（引擎着色器和项目目录下的着色器），在发送到远程电脑后，这些着色器文件会在远程电脑的 FASTBuild 临时目录下存放，它们之间的相对路径关系必须没有发生改变，否则编译时依赖关系会被破坏。需要同时满足这三个条件，才可以继续使用 FASTBuild 分布式编译着色器。

```
namespace FASTBuildConsoleVariables
{
    // ...
    // 省略部分 FAutoConsoleVariableRef 定义的代码
    // 根据 XGE 原有部分和实际需要修改即可
    void Init()
    {
        static bool bInitialized = false;
        if (!bInitialized)
        {
            bool bAllowCompilingViaFASTBuild = false;
            GConfig->GetBool(TEXT("DevOptions.Shaders"),
                TEXT("bAllowDistributedCompilingWithFASTBuild"),
                bAllowCompilingViaFASTBuild, GEngineIni);

            FASTBuildConsoleVariables::Enabled =
                bAllowCompilingViaFASTBuild ? 1 : 0;

            // ...
            // 省略部分解析 CommandLine
            // 决定是否使用分布式代码
```

```cpp
            bInitialized = true;
        }
    }
}

// 定义关键常量和变量
static const FString FASTBuild_ScriptFileName(TEXT("fbshader.bff"));
static FString FASTBuild_ExecutablePath;
static const FString FASTBuild_Toolchain[]
{
    // 列举所支持的平台编译着色器所需的依赖项
    // 例如 Windows 平台
    TEXT("Engine\\Binaries\\ThirdParty\\Windows\\DirectX\\x64"),
    TEXT("Engine\\Binaries\\ThirdParty\\AppLocalDependencies\\Win64")
};

static const FString FASTBuild_InputFileName(TEXT("Worker.in"));
static const FString FASTBuild_OutputFileName(TEXT("Worker.out"));
static const FString FASTBuild_SuccessFileName(TEXT("Success"));
// 检查两个目录是否存在统一的父目录，并在参数里返回该父目录
bool GetCommonBaseDir(const FString& dir1, const FString& dir2, FString& baseDir)
{
    FString d1 = FPaths::ConvertRelativePathToFull(dir1);
    FString d2 = FPaths::ConvertRelativePathToFull(dir2);
    baseDir.Empty();
    d1.ReplaceInline(TEXT("\\"), TEXT("/"), ESearchCase::CaseSensitive);
    d2.ReplaceInline(TEXT("\\"), TEXT("/"), ESearchCase::CaseSensitive);
    TArray<FString> d1Array;
    d1.ParseIntoArray(d1Array, TEXT("/"), true);
    TArray<FString> d2Array;
    d2.ParseIntoArray(d2Array, TEXT("/"), true);
    if (d1Array.Num() && d2Array.Num())
    {
        if ((d1Array[0][1] == TEXT(':')) && (d2Array[0][1] == TEXT(':')))
        {
            if (FChar::ToUpper(d1Array[0][0]) != FChar::ToUpper(d2Array[0][0]))
                return false;
        }
    }

    int32 idx = 0;
    while (idx < d1Array.Num() && idx < d2Array.Num())
    {
        if (d1Array[idx].Compare(d2Array[idx], ESearchCase::IgnoreCase) == 0)
            ++idx;
        else
            break;
    }
```

```cpp
        for (int32 i = 0; i < idx; i++)
        {
            baseDir += dlArray[i];
            if (i + 1 < idx)
                baseDir += TEXT("/");
        }
        return idx > 0;
}

// 判断是否支持分布式编译着色器
bool FShaderCompileFASTBuildThreadRunnable::IsSupported()
{
    // 根据上面读取.ini 时的设置决定是否支持
    FASTBuildConsoleVariables::Init();

    // 如果在.ini 设置中允许使用分布式编译着色器
    // 则继续查找看本地是否有 FBuild.exe 程序
    if (FASTBuildConsoleVariables::Enabled == 1)
    {
        IPlatformFile& PlatformFile =
            FPlatformFileManager::Get().GetPlatformFile();

        // 可以在上面定义该变量的地方设置一个默认路径
        // 如果在默认路径下不存在 FBuild.exe 程序
        // 则搜索环境变量 Path 看所有路径下是否存在该文件
        if (!PlatformFile.FileExists(*FASTBuild_ExecutablePath))
        {
            LPWSTR lpFilePart;
            wchar_t filename[MAX_PATH];

            if (!SearchPathW(NULL, L"FBuild", L".exe",
                MAX_PATH, filename, &lpFilePart))
                    FASTBuildConsoleVariables::Enabled = 0;
            else
                FASTBuild_ExecutablePath = filename;
        }
    }
    // 继续检查引擎目录和游戏项目目录下的所有 Shader 是否在同一个根目录下
    if (FASTBuildConsoleVariables::Enabled == 1)
    {
        FString BaseRoot = FPaths::RootDir();
        const auto DirectoryMappings = AllShaderSourceDirectoryMappings();
        for (const auto& MappingEntry : DirectoryMappings)
        {
            if (!GetCommonBaseDir(MappingEntry.Value, BaseRoot, BaseRoot))
            {
                UE_LOG(LogShaderCompilers, Warning, TEXT("Cannot use FASTBuild to compile shader, \
```

```
            because the Shader files are not in the same Hardware Disk Drive!"));
                    FASTBuildConsoleVariables::Enabled = 0;
                    break;
            }
        }
    }
    return FASTBuildConsoleVariables::Enabled == 1;
}
```

下面是生成.bff 文件的文件头信息、自定义 Compiler 信息、依赖文件列表（ExtraFiles）。依赖文件，就是在分布式编译时，先发送给远程机器其编译所需的工具、着色器文件等。有了这些文件，远程机器一般就可以正常完成协助工作。

```
static void FASTBuildWriteScriptFileHeader(FArchive* ScriptFile,
    const FString& WorkerName)
{
    // 获取项目和引擎的所有着色器目录列表
    FString BaseRoot = FPaths::RootDir();
    const auto DirectoryMappings =
        FGenericPlatformProcess::AllShaderSourceDirectoryMappings();
    for (const auto& MappingEntry : DirectoryMappings)
        check(GetCommonBaseDir(MappingEntry.Value, BaseRoot, BaseRoot));

    // 生成 ShaderCompiler 的定义
    static const TCHAR HeaderTemplate[] =
        TEXT("Compiler('ShaderCompiler')\r\n")
        TEXT("{\r\n")
        TEXT("\t.CompilerFamily = 'custom'\r\n")
        TEXT("\t.Executable = '%s'\r\n")
        TEXT("\t.ExecutableRootPath = '%s'\r\n")
        TEXT("\t.SimpleDistributionMode = true\r\n")
        TEXT("\t.CustomEnvironmentVariables = {'SCE_ORBIS_SDK_DIR=%s'}\r\n")
        TEXT("\t.ExtraFiles = \r\n")
        TEXT("\t{\r\n");

    FString HeaderString = FString::Printf(HeaderTemplate, *WorkerName,
        *BaseRoot, *FASTBuild_OrbisSDKToolchainRoot);
    ScriptFile->Serialize((void*)StringCast<ANSICHAR>(*HeaderString,
        HeaderString.Len()).Get(), sizeof(ANSICHAR) * HeaderString.Len());

    // 自定义枚举器类，将枚举到的文件加入 ExtraFiles 列表中
    class FDependencyEnumerator : public IPlatformFile::FDirectoryVisitor
    {
    public:
```

```cpp
FDependencyEnumerator(FArchive* InScriptFile, const TCHAR* InPrefix,
    const TCHAR* InExtension, const TCHAR* InExcludeExtensions = NULL)
    : ScriptFile(InScriptFile)
    , Prefix(InPrefix)
    , Extension(InExtension)
{
    if (InExcludeExtensions != NULL)
    {
        FString Extersion = InExcludeExtensions;
        while (true)
        {
            FString CurExt = TEXT("");
            FString LeftExts = TEXT("");
            if (Extersion.Split(TEXT("|"), &CurExt, &LeftExts))
            {
                ExcludedExtersions.Add(CurExt);
                Extersion = LeftExts;
            }
            else
            {
                ExcludedExtersions.Add(Extersion);
                break;
            }
        }
    }
}

virtual bool Visit(const TCHAR* FilenameChar, bool bIsDirectory) override
{
    if (!bIsDirectory)
    {
        FString FileName = FPaths::GetBaseFilename(FilenameChar);
        FString FileExtension = FPaths::GetExtension(FilenameChar);
        bool Excluded = ExcludedExtersions.Find(FileExtension) != INDEX_NONE;

        if (!Excluded && (!Prefix || FileName.StartsWith(Prefix)) &&
            (!Extension || FileExtension.Equals(Extension)))
        {
            FString ExtraFile = TEXT("\t\t'") +
            IFileManager::Get().ConvertToAbsolutePathForExternalAppForWrite(FilenameChar) +
            TEXT("',\r\n");
            ScriptFile->Serialize((void*)StringCast<ANSICHAR>(
                *ExtraFile, ExtraFile.Len()).Get(), sizeof(ANSICHAR) * ExtraFile.Len());
        }
    }
    return true;
}
FArchive* const ScriptFile;
```

```
        const TCHAR* Prefix;
        const TCHAR* Extension;
        TArray<FString> ExcludedExtensions;
};

// 枚举平台工具链依赖目录下的所有文件
// 以便任意干净的远程 Windows 系统都可以顺利运行 ShaderCompilerWorker.exe
FDependencyEnumerator ToolChainDeps = FDependencyEnumerator(ScriptFile, NULL, NULL);
for (const FString& ExtraFilePartialPath : FASTBuild_Toolchain)
        IFileManager::Get().IterateDirectoryRecursively(
            *FPaths::Combine(*FPaths::RootDir(), *ExtraFilePartialPath), ToolChainDeps);

// 枚举所有 ShaderCompilerWorker 相关文件,仅包含 UE4 .moudules、.target、.version 和.dll 等文件
// 枚举时排除所有的 PDB 文件,以及 ShaderCompilerWorker.exe
// 该可执行文件已经在前面"生成 ShaderCompiler 的定义"时指定,不能重复
FDependencyEnumerator ModuleFileDeps = FDependencyEnumerator(ScriptFile,
        TEXT("ShaderCompileWorker"), NULL, TEXT("exe|EXE|pdb|PDB"));
IFileManager::Get().IterateDirectoryRecursively(*FPlatformProcess::GetModulesDirectory(),
        ModuleFileDeps);

// 根据着色器所在目录列表,枚举所有着色器文件
for (const auto& MappingEntry : DirectoryMappings)
{
        FDependencyEnumerator UsfDeps = FDependencyEnumerator(ScriptFile, NULL, NULL);
        IFileManager::Get().IterateDirectoryRecursively(*MappingEntry.Value, UsfDeps);
}
// 结束文件头描述
const FString ExtraFilesFooter =
        TEXT("\t}\r\n")
        TEXT("}\r\n");
ScriptFile->Serialize((void*)StringCast<ANSICHAR>(*ExtraFilesFooter,
        ExtraFilesFooter.Len()).Get(),
        sizeof(ANSICHAR) * ExtraFilesFooter.Len());
}
```

下面 CompilingLoop 函数会实际执行编译任务,根据实际着色器列表生成.bff 文件内的任务列表,并运行 FBuild.exe 进行分布式编译。

```
int32 FShaderCompileFASTBuildThreadRunnable::CompilingLoop()
{
    // …
    // 省略一大段类同代码

    // Create the XGE script file.
    // 从 ShaderCompilerXGE.cpp 中找到这句注释,修改下面的内容生成 FBuild 的.bff 文件
    FArchive* ScriptFile =
        FASTBuildShaderCompiling::CreateFileHelper(ScriptFilename);
```

```cpp
// 先生成文件头
FASTBuildWriteScriptFileHeader(ScriptFile,
    Manager->ShaderCompileWorkerName);

// 再根据实际编译的着色器任务生成 ObjectList 列表
for (FShaderBatch* Batch : ShaderBatchesInFlight)
{
    // 省略关于初始化 WorkerAbsoluteDirectory 的代码
    FString ExecFunction = FString::Printf(
        TEXT("ObjectList('ShaderBatch-%d')\r\n")
        TEXT("{\r\n")
        TEXT("\t.Compiler = 'ShaderCompiler'\r\n")
        TEXT("\t.CompilerOptions = '\"\" %d %d \"%%1\"")
        TEXT("\"%%2\" -xge_xml %s'\r\n")
        TEXT("\t.CompilerOutputExtension = '.out'\r\n")
        TEXT("\t.CompilerInputFiles = { '%s' }\r\n")
        TEXT("\t.CompilerOutputPath = '%s'\r\n")
        TEXT("}\r\n\r\n"),
        Batch->BatchIndex,
        Manager->ProcessId,
        Batch->BatchIndex,
        *FCommandLine::GetSubprocessCommandline(),
        *Batch->InputFileNameAndPath,
        *WorkerAbsoluteDirectory);

    ScriptFile->Serialize((void*)StringCast<ANSICHAR>(
        *ExecFunction, ExecFunction.Len()).Get(),
        sizeof(ANSICHAR) * ExecFunction.Len());
}

// 结束 ObjectList 列表描述
// 生成 "All Targets" 信息
FString AliasBuildTargetOpen = FString(
    TEXT("Alias('all')\r\n")
    TEXT("{\r\n")
    TEXT("\t.Targets = { \r\n")
);

for (FShaderBatch* Batch : ShaderBatchesInFlight)
{
    FString TargetExport =
        FString::Printf(TEXT("'ShaderBatch-%d', "), Batch->BatchIndex);
```

```cpp
        ScriptFile->Serialize((void*)StringCast<ANSICHAR>(*TargetExport,
            TargetExport.Len()).Get(),sizeof(ANSICHAR)*TargetExport.Len());
    }
    FString AliasBuildTargetClose = FString(TEXT(" }\r\n}\r\n"));
    // 修改到这里，下面这段是 ShaderCompilerXGE.cpp 中原有的，继续保留

    // End the XML script file and close it.
    FASTBuildWriteScriptFileFooter(ScriptFile);
    delete ScriptFile;
    ScriptFile = nullptr;
    ScriptFileCreationTime =
        IFileManager::Get().GetTimeStamp(*ScriptFilename);
    StartTime = FPlatformTime::Cycles();

    // 这里再继续处理 FBuild 的启动参数设置
    FString fbArgs = TEXT("-config \"") + ScriptFilename + TEXT("\"");
    if (FASTBuildConsoleVariables::Enabled != 0)
        fbArgs += TEXT(" -dist -monitor");

    // 根据当前编译线程数逻辑判断结果
    // 限制 FBuild 启动 ShaderCompilerWorker 本地进程的数量
    FString threadNumStr = FString::Printf(TEXT(" -j%d"),
        Manager->NumShaderCompilingThreads);
    fbArgs += threadNumStr;

    // 下面将使用上面的参数和指定该.bff 文件运行 FBuild，以及启动守护进程的代码
    // 与 ShaderCompilerXGE.cpp 原有启动 IBConsole.exe 类似，请自行添加
    // ...

}
```

通过上面代码的脚本设置 CompilerOptions = \"\" %d %d \"%%1\" \"%%2\" -xge_xml %s"\r\n" 可以发现，我们在这里取（偷）了个巧（懒），在 Unreal Editor 调用 ShaderCompileWorker 这个工具编译着色器时，传入了 IncrediBuild 的参数，这样 ShaderCompileWorker 工具就会当成正在使用 IncrediBuild 来运行而不用额外修改这个工具软件的源代码了。跟 UBT 一样，这一步是实现分布式着色器编译的关键，所以请大家花一些时间好好调试一下，确保能正常工作。

接下来我们将进行两项测试：大规模着色器编译测试和材质编辑器内着色器编译测试。这两项测试分别对应修改全局着色器，尤其是修改.ush 文件时可能会遇到的情形，以及一般工作中常见的调试材质效果的情形，验证 FASTBuild 是否对着色器编译效率有所提升。测试机器仍旧是前文介绍引擎代码分布式编译时的机器，网络联机环境也一致。

13.5.2 大规模着色器编译测试

为了能客观地评估使用 FASTBuild 分布式编译着色器会带来多大的好处，首先进行一次"极限"测试，即大规模着色器编译测试，模拟修改全局着色器头文件 Common.ush 后面临的情形。单机编译着色器的操作步骤大概如下：

（1）禁用 FASTBuild 分布式编译着色器。

（2）打开 Editor，打开 Demo 场景。

（3）修改 Common.ush，随便加几个空格保存。

（4）在 Editor 中按"Ctrl+Shift+."快捷键编译着色器，观察 Editor 各个编译阶段以及"编译着色器"数量的提示。

因为编译着色器跟编译代码不一样，它没有最终的汇总报告，所以在测试着色器编译时使用了 Windows 时钟计时器的方式来记录最终时间。这里只给出编译开始、显示编译着色器数量的提示和编译结束的截图，如图 13.14 至图 13.16 所示。

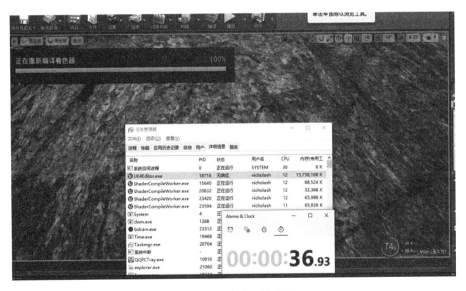

图13.14 编译开始截图

图13.15　显示编译着色器数量的提示截图

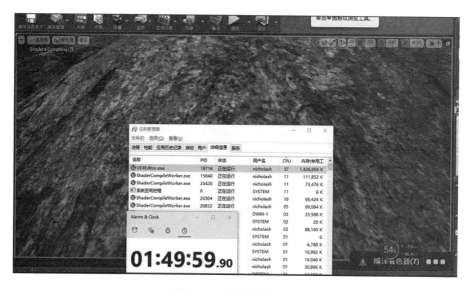

图13.16　编译结束截图

从上述图中可以看到，实际编译的着色器数量有 44000 多个，从开始编译，到最终提示"编译着色器"消失，总共用时 1 小时 50 分左右。

分布式编译着色器的操作步骤与之类似，只是一开始需要在 BaseEngine.ini 中启用 FASTBuild 进行分布式着色器编译，重新运行 Unreal Editor 并且修改 Common.ush 后进行同样的操作，如图 13.17 至图 13.19 所示。

图13.17　分布式着色器编译1

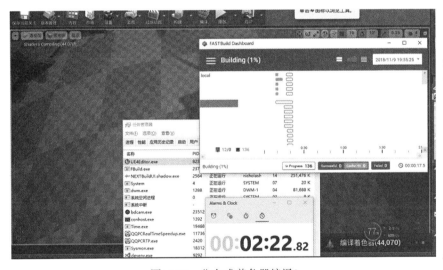

图13.18　分布式着色器编译2

编译的着色器总数是一样的（上面的图是从录屏视频里截取的，中间显示的着色器总数有细微区别，是由于暂停视频的时机不能那么精确造成的，实际上总数是一样的），只用时 5 分钟左右就完成了所有着色器的编译。

极限测试的结果让我们很惊讶，经过了较长时间的结果检查和视觉效果对比，才确认着色器编译结果是正确的，使用 FASTBuild 分布式编译着色器对效率的提升确实非常明显。

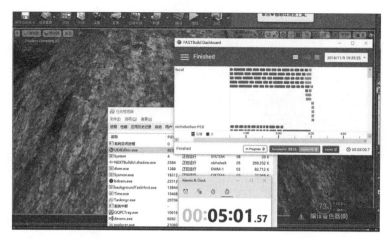

图13.19 分布式着色器编译3

13.5.3 材质编辑器内着色器编译测试

平时开发时,虽然有需要修改全局着色器的情形,但这种操作一般比较少,与着色器编译更密切的操作是使用材质编辑器修改和调试材质效果。所以我们又使用 Unreal Editor 的材质编辑器进行了进一步测试。在测试时选择了一个略微复杂一些的材质,也进行了单机编译和使用 FASTBuild 分布式编译的两次对比测试。测试步骤很简单,只简单地修改了材质某个相同的节点,观察从点击"应用"到实际看到预览效果的时长。

单机着色器编译如图 13.20 至图 13.22 所示。

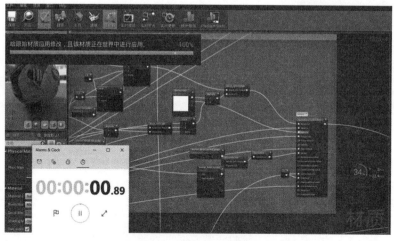

图13.20 单机着色器编译1

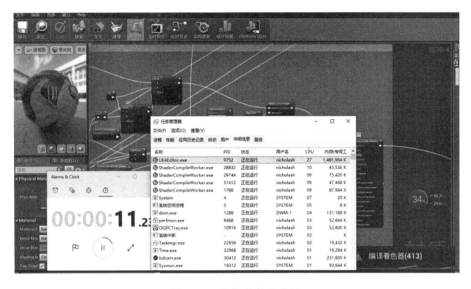

图13.21　单机着色器编译2

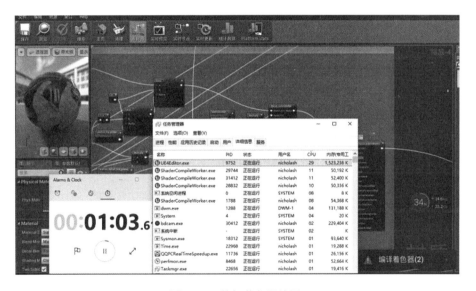

图13.22　单机着色器编译3

从上述图中可以发现，只进行了将其中一个"Color 红通道输出到高光通道"这么简单的修改，然后应用修改后提示有 413 个着色器需要编译，直到完成编译，总耗时 1 分钟多点。

启用 FASTBuild 分布式着色器编译测试如图 13.23 至图 13.25 所示。

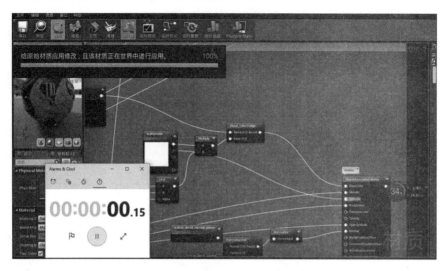

图13.23 分布式着色器编译（修改材质）1

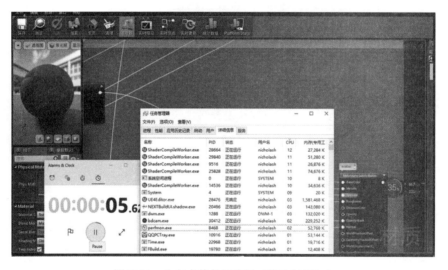

图13.24 分布式着色器编译（修改材质）2

我们进行了相同的操作，应用修改后，8秒不到就完成了。材质作为主要的画面表现手段之一，在UE4项目中进行材质编辑也是日常工作中的重点。通过本项测试可以看到，FASTBuild分布式编译着色器也可以帮助我们提高这方面的工作效率，有效缩短频繁调试材质效果带来的等待时间。此外，UE4材质编辑器的"实时预览"功能也将更加"实时"和实用，避免在每次调试时必须点击按钮才能查看效果，使得调试材质这项工作更加方便。

第 13 章　使用 FASTBuild 助力 Unreal Engine 4

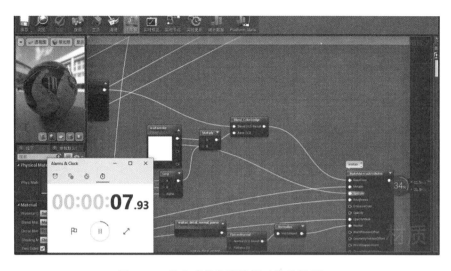

图13.25　分布式着色器编译（修改材质）3

13.6　总结

通过上面介绍的分布式编译 UE4 着色器的用例可以看到，它利用了 FASTBuild 支持独立工具程序 ShaderCompileWorker.exe 的分布式运行来实现效率的提升，这进一步证实了 FASTBuild 并不仅仅是一个分布式编译代码的工具，它还可以实现很多分布式计算任务，在这一点上大家可以发挥想象力——希望本章能起到抛砖引玉的作用，让大家发现更多的分布式应用场景，提高开发效率。

第 14 章
一种高效的帧同步全过程日志输出方案*

作者：唐声福

摘　要

在大部分情况下，采用帧同步技术方案的游戏，其所有逻辑都运行在客户端，服务器只用于数据的转发和校验。一旦客户端之间的逻辑出现了不一致，服务器就无法对其进行修正了，从而造成当前这一单局无法补救的后果。为了解决这个问题，在此提供一种用于定位客户端之间不一致 Bug 的解决方案。

全过程日志，是指整个游戏逻辑中每一次函数调用的日志。该日志包含函数的名字、所在的文件名、文件行数以及函数的实参信息。可以预见到这样的全过程日志，其数据量一定是非常大的，并且输出这些日志所产生的 CPU 开销也是非常高的。

那么，就需要利用巧妙的压缩方案来减少数据量，以及巧妙的优化方案来提升性能。最后能够达到的效果是，在盲测中，当日志开关一直打开时，玩家感觉不到与日志开关未打开时有何区别。并且在低端机型（骁龙 625）的量化测试中，对 fps 的影响在 1%左右；在中高端机型中，因为始终是满帧（30fps）运行的，所以测不出数值差别。

14.1　引言

现代游戏引擎都自带日志系统，并且功能强大而实用，但是考虑到游戏引擎具有一定的通

---

* 本章相关内容已申请技术专利。

用性，它们的日志系统首先也是基于通用性目的而设计的，对性能的考虑反而放在其次。正是因为如此，在实际的应用中，App 通常会设置一个日志开关，用于在 App 的 Release 版中将重要级别不高的日志关掉。但是如果遇到 Bug，没有足够多的日志信息，则可能无法准确定位 Bug 的逻辑触发点；同样因为如此，日志无法完全覆盖所有的相关逻辑，可能正好没有覆盖到 Bug 的逻辑触发点，于是，即使在 App 的 Debug 版中遇到 Bug，也可能缺失能够准确定位 Bug 的日志信息。

如果有一个高性能的全日志系统，情况就完全不同了。我们可以在每一个函数的入口、每一个逻辑分支处，甚至每一个我们认为关键的逻辑点都输出日志；并且，在 App 的 Release 版中，我们也可以将日志开关打开，而不用担心当 Bug 发生时缺失日志信息的问题。

在不同的具体应用场景下，对于高性能全日志系统的具体实现有所不同。本章将介绍一种已经成功应用于一个基于 Unity 的帧同步游戏项目的具体实现，并且该日志方案的实现思路也完全可以被借鉴到其他应用场景中。

14.2 帧同步的基础理论

基于帧同步的游戏项目是本方案的一种非常典型的应用场景。在介绍本方案的具体实现之前，有必要先介绍一下帧同步的相关知识。如果读者对帧同步已经有所了解，则可以跳过这一节。

14.2.1 基本原理

一般来讲，网游的同步方式可以分为三种：P2P、C/S 和帧同步。P2P 已经很少出现在现代网游中了；C/S 是最为普遍和通用的一种网络同步方式，现代游戏引擎自带的网络同步方式都是基于 C/S 模式的；帧同步是相对特异化的一种网络同步方式，但是它在以下情况下具有 C/S 模式无法比拟的优势：

- 高一致性。
- 开发周期短。

如图 14.1 所示，Server 将逻辑时间切分为一个个等长的逻辑时间片，每一个时间片对应一个 Frame，每一个 Frame 有一个代表逻辑时间的序号。Client 的输入模块在接收到玩家输入的命令（Cmd）后，并没有将 Cmd 直接传给游戏逻辑，而是发送给了 Server。如果 Server 在同一个时间片（比如 Frame 3）的周期里，收到了 Client A 与 Client B 的输入，那么就会将这两个 Client 的输入以 Cmd 列表的形式包含在 Frame 3 里。等到 Frame 3 的周期结束时，就会将 Frame 3 分别发送给 Client A 和 Client B。那么，两个 Client 在相同的逻辑时间里，就会收到完全相同的 Cmd 列表。

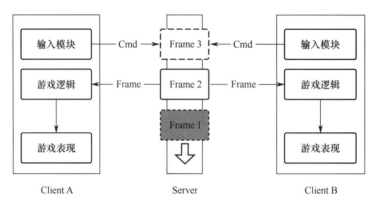

图14.1　帧同步原理示意图

如果 Client A 与 Client B 的逻辑也完全相同，那么对于完全相同的 Cmd 输入，理论上，将会计算得出完全相同的逻辑结果，从而实现了高一致性的网络同步。

由于帧同步的特点，可以灵活采用多种 RUDP 方案来适应弱网络，并且达到非常高的实时性。由于 Server 不包含具体的游戏逻辑，所以可以大大缩短开发周期。

14.2.2　系统抽象

可以进一步将上述帧同步的游戏逻辑模块抽象为如图 14.2 所示。

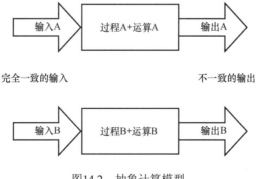

图14.2　抽象计算模型

整个模块可以抽象为"输入->过程+运算->输出"。如果要做到：当输入 A 与输入 B 完全一致时，输出 A 与输出 B 也完全一致——理论上，只需要过程 A 与过程 B 完全一致，并且运算 A 与运算 B 也完全一致，即它们的 Client 逻辑代码完全一致即可。

然而，事情并没有这么简单，随着模块的规模越来越大，依赖和被依赖的关系越来越复杂，总是会无意中引入一些 Bug，从而造成不一致的问题出现。出现这些不一致问题的可能原因可以归纳为如表 14.1 和表 14.2 所示。

表 14.1　运算不一致的可能原因

原　因	解决方案	是否可控
浮点数计算	提供基于定点数的完整数学库	完全可控
变量未初始化	很多成熟的工具可以静态检查出来	完全可控
静态变量未重置	禁止或者避免使用静态变量	相对可控
指针参与运算	通过规范来避免这种使用	相对可控

表 14.2　过程不一致的可能原因

原　因	解决方案	是否可控
外部（或表现）逻辑异常调入	通过架构设计去解决	因架构而异
不确定的外部（或系统）调用	改用确定性的外部库	完全可控
回调外部逻辑异常导致内部逻辑中断	使用 TryCatch 进行异常隔离	相对可控

可以看出，有一部分原因，比如浮点数在不同硬件上的精度不一样所造成的计算结果不一致等，可以在研发过程中通过一定的技术手段进行完全控制。而对于相对可控的原因，比如静态变量未重置等所造成的 Bug，最终肯定会表现在后续的逻辑过程中。在实际项目中，因为架构设计的原因，核心逻辑层会提供一些函数给外部（或者表现）逻辑正常调用，但是在这些调用里，如果改变了核心逻辑状态，就有可能会造成 Bug。

这个时候，如果每次逻辑过程的调用都有对应的日志生成，那么，对于准确定位 Bug 无疑是有着巨大的帮助的。特别地，在项目的中后期，以及上线运营期间，整个系统越来越稳定，不一致问题的出现也越来越随机和偶现。这个时候，就非常依赖日志系统来帮助定位和解决问题。

14.3　本方案最终解决的问题

对于帧同步项目而言，本方案最终解决的问题是，当两个客户端出现不一致时，怎么快速而准确地定位造成不一致的 Bug 的触发点。

一般的定位过程如图 14.3 所示。由于大部分日志系统性能消耗较大，所以日志开关一般是关闭的。当发现了一个 Bug 时，需要重新打开日志开关，然后重现 Bug，这个时候才能获取到日志进行分析。同样由于大部分日志系统的性能问题，日志无法全面覆盖所有的逻辑过程，所以有可能无法从现有的日志中发现线索，或者发现的线索无法明确定位到问题。于是，又需要增加日志代码，重新构建版本，再重现一次 Bug。随着项目越来越成熟，Bug 的出现概率越来越低，那么重现 Bug 的时间成本将会越来越高。如此循环反复，定位一个 Bug 的效率无疑十分低下。

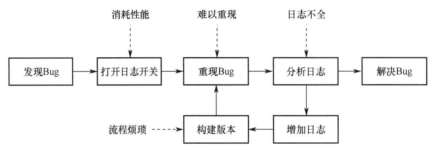

图14.3　一般的定位过程

理想中的定位过程如图 14.4 所示。需要有一个高性能的日志系统，可以使得日志开关是常开的，并且可以覆盖整个系统全部的逻辑过程。那么，一旦发现了不一致，通过对比两个 Client 的"全过程日志"，找到日志中不同的那一行，通过日志所附带的信息，就可以准确而快速地定位到产生不一致的那个函数。

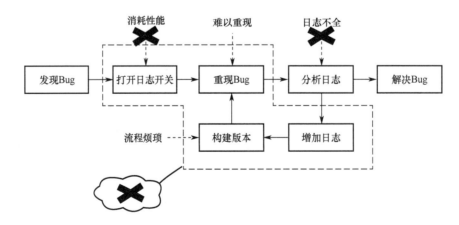

图14.4　理想的定位过程

如图 14.5 所示，展示了不一致的两个过程对比示例。

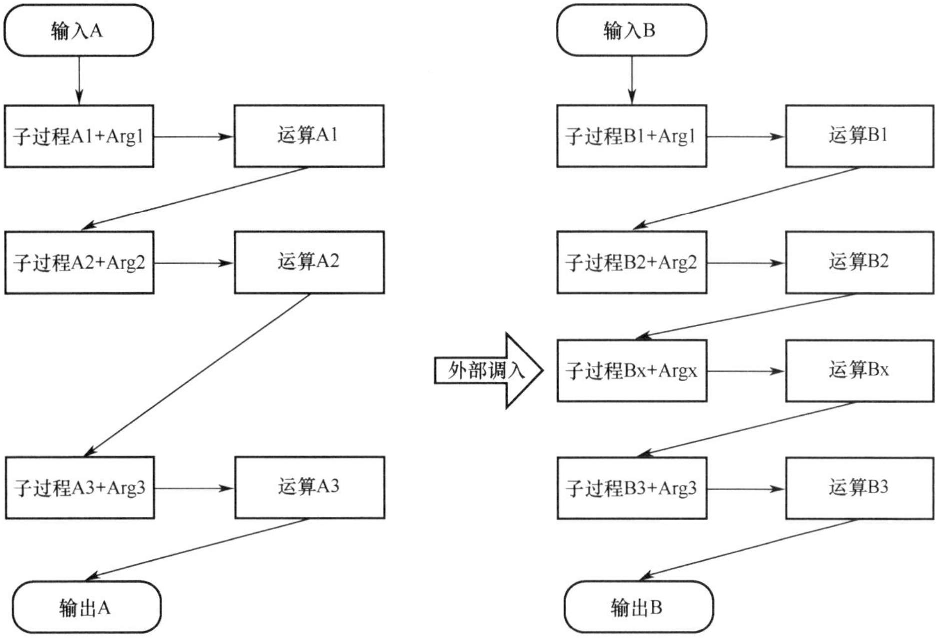

图14.5　不一致的两个过程对比示例

从理论上，通过对比过程 A 与过程 B 的"子过程名+参数"日志序列，就可以定位到造成不一致的 Bug 所在的逻辑点。

为了尽可能精确定位到出问题的逻辑点，日志的覆盖率要尽可能高。如果上述子过程是一个函数，那么就需要在调用每一个函数时都输出日志。如果上述子过程是函数中的一个逻辑分支语句块，那么就需要在执行这个语句块时都输出日志。

如果整个系统的函数数量非常大，那么就需要采用一种方法自动在函数的第一行代码之前插入日志代码。同时，为了实现在函数内部的特定逻辑点输出日志，还需要支持以手动的方式在函数内部任何位置插入日志代码。

为了实现高性能的日志输出，需要对每一行日志代码进行 Hash 计算，得到一个表示这一行日志代码的唯一 ID，在日志文件中只需要保存该行日志的 ID 以及日志参数，而不需要保存其他用于提高日志可读性的文本信息。

在解析日志时，通过日志 ID 从 LogPdb（一个保存了日志 ID 对应的可读性信息的数据库文件）文件中获取该行日志对应的可读性文本信息，与日志参数结合起来显示可读性的日志文本。

14.4 全日志的自动插入

14.4.1 在函数第一行代码之前自动插入日志代码

为了尽可能提高日志的逻辑覆盖率，不可能手动在每个函数第一行代码之前插入日志代码。这里采用正则表达式来识别出所有函数（函数头+函数体）。

采用以下正则表达式可以识别出 C#源码中绝大部分函数代码（根据不同开发人员的编码习惯，有些人喜欢将 static 等修饰符放在 public 等限定符前面，只需要调整正则表达式即可。以下正则表达式只是一个实际的示例，你可以根据项目的实际情况编写合适的正则表达式。如果你的项目是基于 C++的，那么也可以用合适的正则表达式识别出函数代码）：

```
(public|private|protected)((\s+(static|override|virtual)*\s+)|\s+)\w+(<\w+>)*(\[\])*\s+\w+(<\w+>)*\s*\(([^\)]+\s*)?\)\s*\{[^\{\}]*(((?'Open'\{)[^\{\}]*)+((?'-Open'\})[^\{\}]*)+)*(?(Open)(?!))\}
```

采用以下正则表达式可以在函数代码的基础上识别出函数头，并以此分析出函数名和形参列表：

```
(public|private|protected)((\s+(static|override|virtual)*\s+)|\s+)\w+(<\w+>)*(\[\])*\s+\w+(<\w+>)*\s*\(([^\)]+\s*)?\)
```

通过已经识别出的函数头和形参列表，可以在函数的首行自动插入对应的日志代码。例如，函数为

```
public virtual void FuncName(int arg1, object arg2, int arg3)
```

那么对应插入的日志代码为

```
FSPDebuger.LogTrack(0,arg1,arg3); /#FuncName#/
```

其中，FSPDebuger.LogTrack 是本方案中用于输出日志的函数，其第一个参数是这行日志的唯一 ID，后续在对日志进行唯一编码时会填充这个参数；后面参数是函数的参数列表，但是有一个细节，arg2 因为不是基础数值类型，无法直接参与数学运算，从而不输出到日志中。如果arg2 可能会间接影响数学运算的结果，那么可以在适当的位置手动插入日志代码（在实际的帧同步系统中，这种情况并不多见）。FuncName 作为日志代码的自定义"注释"，这里有一个细节，它没有采用通常 C#或者 C++的注释语法：/* 注释 */。这是为了让编译器无法编译这行代码，因为在后续的流程中将会用到这段自定义的"注释"。

当然，如果发现函数的首行已经存在日志代码了，或者用 FSPDebuger.IgnoreTrack() 标识为不需要插入日志代码，则不进行插入。那么在什么情况下可以标识为不插入日志代码呢？比如一些纯粹的 Getter 函数，或者一些开发人员万分确定不会有问题，并且没有扇出的函数。

14.4.2　处理手动插入的日志代码

为了完善自动插入日志代码无法覆盖到函数内部一些逻辑分支的不足，可以手动在函数的任何位置插入日志代码。 比如：

```
FSPDebuger.LogTrack(0, arg1, arg2, arg3, …);/*可读性文本信息*/
```

其与自动插入日志代码唯一的区别是，后面的"可读性文本信息"采用的是符合当前语法的注释格式。

14.4.3　对每行日志代码进行唯一编码

有多种算法可以用于计算一行日志代码的唯一编码。比如，通过该行日志代码的"文件路径+代码行号"字符串来计算其 HashCode，以 HashCode 作为该行日志代码的唯一编码。但是一方面，字符串的 HashCode 有一定的概率会重复；另一方面，字符串的 HashCode 是一个 32 位的 Int 类型，可以表示 2 147 483 647 行日志代码，而在实际的项目中是不可能有这么多行日志代码的。

根据实际情况，我们的项目核心模块中有 2 400 多行日志代码，用一个 Short 类型的数值足够了，在运行时可以节省很多日志内存（当然，如果经过统计项目的日志代码行数确实无法用 Short 类型来表示，那么就不得不使用 Int 类型）。

于是，我们采用了一种比较简单的算法来计算日志代码的唯一编码。

首先，为了尽量不去修改上次处理时已经编码过的日志代码，在这一次正式编码前，先遍历当前所有的日志代码，找出已经编码过的日志代码，从上一次的 LogPdb 中获取该行日志代码的部分信息（理论上，也可以不依赖上一次的 LogPdb，而是直接分析该行日志代码及其上下文代码以获取所有信息。那么依赖上一次的 LogPdb 是为了在一定程度上提高工具的性能，比如，如果整个项目代码没有大的改动，那么依赖上一次的 LogPdb 可以避免大量的正则表达式的处理），结合该行日志代码的"文件路径+代码行号+函数参数个数"存入这一次的 LogPdb 中。

其次，再一次遍历所有的日志代码，找出未编码过的日志代码，从 ID=1 开始尝试从 LogPdb 中查询该 ID 是否已经被占用。如果找到 ID=N 未被占用，则 N 用于该行日志代码的编码，并存入 LogPdb 中。然后从 ID=N+1 开始查找下一行日志的 ID，直到所有未编码过的日志代码都被编码。在存入 LogPdb 中时，还会存储该行日志代码后面的注释：/#FuncName#/或者/*可读性文本信息*/。其中，通过/# #/和/* */来区别后面的注释是否为函数名。最后会将/#FuncName#/删除，不然无法编译通过。

14.4.4 构建版本

需要注意的是，以上操作在每一次构建版本之前都会进行，所生成的 LogPdb 会与此次构建的版本号关联。所以，每一个版本都会有一个与之对应的 LogPdb 文件，不同版本的 LogPdb 文件内容有可能不同。

14.4.5 整体工具流程及代码清单

如图 14.6 所示为整体工具流程。

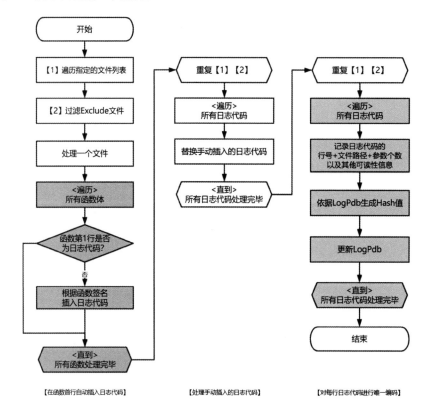

图14.6 整体工具流程

关键代码如下：

- 在函数首行插入日志代码。

```csharp
public static void InsertLogTrackCode(string baseDir, string subPath)
{
    bool hasChanged = false;
    var fullPath = baseDir + subPath;
    if (!File.Exists(fullPath))
    {
        return;
    }

    var text = File.ReadAllText(fullPath);
    var matches = ms_regexFuncAll.Matches(text);
    int cnt = matches.Count;

    for (int i = cnt - 1; i >= 0; i--)
    {
        var matchFuncAll = matches[i];
        var matchFuncHead = ms_regexFuncHead.Match(
            text, matchFuncAll.Index, matchFuncAll.Length);

        var matchLeftBrace = ms_regexLeftBrace.Match(text,
            matchFuncAll.Index, matchFuncAll.Length);

        if (matchLeftBrace.Success)// 如果没找到，则不是一个规则的函数体，不打印日志
        {
            // 如果找到第1个左括号，则寻找第1行代码
            int len = matchFuncAll.Index + matchFuncAll.Length -
                (matchLeftBrace.Index + matchLeftBrace.Length);

            var matchFirstCode = ms_regexFirstCode.Match(
                text, matchLeftBrace.Index + matchLeftBrace.Length, len);

            if (matchFirstCode.Success)// 如果没有找到，则是一个空函数，不需要打印日志
            {
                // 如果找到代码，则判断是否是日志代码
                if (!ms_regexLogTrackCode.IsMatch(matchFirstCode.Value))
                {
                    if (!ms_regexLogTrackCodeIgnore.IsMatch(
                        matchFirstCode.Value))
                    {
                        // 如果不是日志代码，则需要打印日志
                        string textLogCode = GetLogTrackCode(
                            matchFuncHead.Value);
```

```csharp
                    // 不增加文件的行数
                    text = text.Insert(
                        matchLeftBrace.Index + matchLeftBrace.Length,
                        textLogCode);

                    hasChanged = true;
                }
            }
        }
    }

    if (hasChanged)
    {
        File.WriteAllText(baseDir + subPath, text);
    }
}
```

- 处理手动插入的日志代码。

```csharp
public static void HandleLogTrackMacro(string baseDir, string subPath)
{
    if (ms_logTrackMacro == ms_logTrackClass)
    {
        return;
    }

    bool hasChanged = false;

    var fullPath = baseDir + subPath;
    if (!File.Exists(fullPath))
    {
        return;
    }

    var lines = File.ReadAllLines(fullPath);
    for (int i = 0; i < lines.Length; i++)
    {
        var line = lines[i];
        if (ms_regexLogTrackMacro.IsMatch(line))
        {
            line = line.Replace(ms_logTrackMacro, ms_logTrackClass);
            lines[i] = line;
            hasChanged = true;
        }
    }
```

```
        if (hasChanged)
        {
            File.WriteAllLines(baseDir + subPath, lines);
        }
}
```

- 对每行日志代码进行唯一编码。

```
public static void HashLogTrackCode(string baseDir, string subPath,
    LogTrackPdbFile pdb, LogHashType hashType)
{
    bool hasChanged = false;
    var fullPath = baseDir + subPath;
    if (!File.Exists(fullPath))
    {
        return;
    }

    var lines = File.ReadAllLines(fullPath);
    for (int i = 0; i < lines.Length; i++)
    {
        var line = lines[i];
        var matchLogCode = ms_regexLogTrackCode.Match(line);
        if (matchLogCode.Success)
        {
            var matchLogHash = ms_regexNumber.Match(
                line, matchLogCode.Index, matchLogCode.Length);

            if (matchLogHash.Success)
            {
                int hash = 0;
                int.TryParse(matchLogHash.Value, out hash);
                int argCnt = GetLogTrackArgCnt(matchLogCode.Value);

                // 寻找可能的注释
                var dbgStr = GetLogTrackDebugString(
                    ref line, matchLogCode.Index + matchLogCode.Length);


                if ((hashType == LogHashType.NewHash && hash == 0) ||
                    (hashType == LogHashType.OldHash && hash != 0))
                {
                    int validHash = pdb.AddItem(
                        hash, argCnt, subPath, i + 1, dbgStr);
```

```
                    if (validHash != hash)
                    {
                        // 替换 Hash 值
                        line = line.Remove(
                            matchLogHash.Index, matchLogHash.Length);

                        line = line.Insert(
                            matchLogHash.Index, validHash.ToString());

                        lines[i] = line;
                        hasChanged = true;
                    }
                }
            }
        }
    }
    if (hasChanged)
    {
        File.WriteAllLines(baseDir + subPath, lines);
    }
}
```

14.4.6 为什么不采用 IL 注入

对于 C#，通过编译会生成 IL 文件。由于编写源代码的习惯多种多样，而 IL 的格式是统一的，那么基于 IL 的注入会比基于源代码的正则表达式识别更加方便。但是，为什么不采用 IL 注入呢？原因如下：

- 如果采用 IL 注入的话，无法获取可读性的注释信息。

- 采用正则表达式分析源代码，可以很方便地移植到 C++项目中。

14.5 运行时的日志收集

14.5.1 整体业务流程

如图 14.7 所示，展示了运行时收集日志，发现两个客户端不一致，并且上传日志进行对比的整体业务流程。

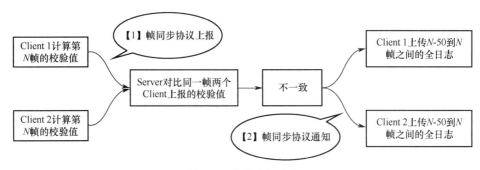

图14.7 整体业务流程

考虑到帧同步系统的特点,当前帧的逻辑结果=上一帧的逻辑结果+(当前帧的逻辑过程+运算),一旦发现了逻辑结果不一致,并不需要对比从第1帧开始的全部日志。理论上,只需要对比当前帧(或者上一帧,视校验值是在帧结束时计算的,还是在帧开始时计算的)的日志即可。

但是由于网络传输的耗时(如图 14.7 中的【1】与【2】所示),以及不同的校验值计算方案可能会不同程度地延迟发现问题(比如为了性能,有时候不会对所有的状态计算校验值,而是计算关键状态的校验值,或者采用其他方案计算校验值),因此客户端需要保存最近 50 帧(或者 100 帧)的日志,这个数值可以根据平均网络延时以及逻辑帧率而进行动态调整。

基于上述介绍,我们定义一个 FSPDebuger 类,如图 14.8 所示。

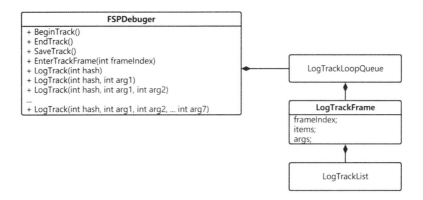

图14.8 FSPDebuger类

FSPDebuger.LogTrack()重载了多个实现,用于支持不同数量的参数。LogTrackLoopQueue 实现了一个循环队列,用于保存最近的 50 帧日志。LogTrackFrame 用于保存一帧的日志数据,其中 items 和 args 分别用于存储日志的 ID 和参数列表。考虑到用系统的 List 类，会产生一定的 GC，所以还需要另外封装一个 LogTrackList。

关键代码如下：

- 当进入一帧时，用于切换 LogTrackFrame。

```
public static void EnterTrackFrame(int frameIndex)
{
    if (!EnableLogTrackInternal) return;

    ms_currLogTrackFrame = ms_currLogTrackQueue.GetNext();
    ms_currLogTrackFrame.frameIndex = frameIndex;
    ms_currFrameIndex = frameIndex;
    ms_currLogTrackItems = ms_currLogTrackFrame.items_internal;
    ms_currLogTrackItems.Clear();
    ms_currLogTrackArgs = ms_currLogTrackFrame.args_internal;
    ms_currLogTrackArgs.Clear();

    LogTrackStatistics.EnterTrackFrame(frameIndex);
}
```

- 用于输出一条日志（hash，即日志 ID）。

```
public static void LogTrack(int hash, int arg1, int arg2)
{
    LogTrackStatistics.LogTrack(2);
    Profiler.BeginSample("LogTrack2");
    ms_currLogTrackItems.Add((ushort)hash);
    ms_currLogTrackArgs.Add(arg1);
    ms_currLogTrackArgs.Add(arg2);
    Profiler.EndSample();
}
```

14.5.2 高效的存储格式

为了最大可能地节省内存，采用非常紧凑的结构来存储运行时的日志数据。

如图 14.9 所示，用一个 List<ushort> 来存储日志 ID，用一个 List<int> 来存储日志参数。没有浪费一个字节的存储空间，因此其实时存储效率是最高的（不考虑离线压缩的话）。

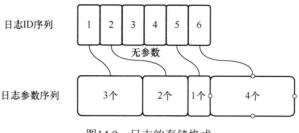

图14.9 日志的存储格式

这是本方案的核心思路之一。

14.5.3 高性能的日志输出

由于日志函数的参数均为整数（相对于传统日志系统，为了提高日志可读性会传入字符串参数），并且最终也不会进行日志文本的拼接，而是直接存入线性数组中，毋庸置疑，其性能有了数量级的提升。而借助于 LogPdb 的存在，在最终导出日志时，依然可以获得与传统日志系统相同的可读性。

这也是本方案的思路核心之一。

14.5.4 正确选择合适的校验算法

在图中，不同的校验算法对整个业务流程的效率会产生一定的影响。一般有如下几种方案。

（1）在需要时，对所有游戏对象的所有状态计算 Hash 值。由于所需计算的状态数量巨大，无法做到每一帧都进行计算。当服务器通过该 Hash 值判断出不一致时，可能真正发生不一致的时间点已经过去很多帧了。

（2）在需要时，对常用或者关键状态计算 Hash 值，可以做到每一帧都进行计算。但是，当服务器判断出该 Hash 值不一致时，可能在这之前的若干帧有非常用状态不一致了。

（3）通过累加和校验，每一次对状态赋值时，将该状态的值累加到校验值上。由于累加计算的性能是非常高的，并且在一帧里不会每一个状态都会出现赋值的变化，所以整体性能也比全部状态的 Hash 计算要高很多，可以做到每一帧都上报校验值。但是其检错能力一般，由于位数限制和算法的关系，计算结果可能会出现碰撞，导致校验结果失准。并且这些状态离散分布在游戏的各个角落，在校验时很难不产生遗漏。

（4）通过对每条日志的内容（即日志 ID 与参数）进行累加和计算校验值。该方案正好与最终需要通过对比日志序列来定位 Bug 的做法遥相呼应，从而实现逻辑自洽。但是该校验算法依然存在一定的碰撞概率，可以通过连续每帧校验来降低概率，也可以采用类似 MD5 这种本身碰撞概率就极低的算法。

在实际的应用中，可以根据项目的实际情况来选择不同的校验方案和算法。

14.6 导出可读性日志信息

由于日志在存储时非常紧凑，必须配合 LogPdb 才能还原出可读性日志信息。

如图 14.10 所示，从"日志 ID 序列"中遍历日志 ID，从 LogPdb 中查询到该行日志代码的参数个数 ArgCnt，然后通过 ArgCnt 从"日志参数序列"中获取对应个数的参数值，最后结合 LogPdb 中该行日志代码的其他信息（文件名、代码行、函数名、注释）生成可读性日志信息。

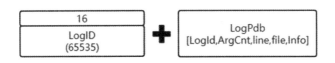

图14.10　从LogPdb中导出可读性日志信息

14.7 本方案思路的可移植性

本方案的思路也可以被应用于非帧同步项目中。从方案的实现中可以得出结论：无论是在存储效率还是日志输出的性能上，它已经比传统日志系统更具优势了。

本方案的思路也可以被应用于 C++ 项目中。虽然在 C++ 项目中习惯使用宏来输出日志，在 Release 版中可以通过重定义宏来完全剔除不需要的日志，这样整个逻辑的性能是提升了，但是同样面临着一些非常偶现的 Bug——因为当时没有日志——而无法高效定位 Bug 的问题。本方案虽然有一定的日志性能消耗，但是从方案的实现来看，其性能消耗已经做到日志系统中最低了，并且在实际项目中得到验证，其性能影响几乎可以忽略。如果该 C++ 项目也是基于帧同步的项目，那么完整移植本方案就变得更加有必要了。

14.8　总结

本章介绍了一种已经实现应用于帧同步项目的全日志输出方案，由于它在存储效率和输出性能上极为出色，已经可以做到在输出整个帧同步系统全部函数调用过程日志的前提下，将日志开关常开，以此来极大地提高当帧同步系统出现 Bug 时，定位 Bug 的工作效率。

在我们即将上线的一个项目中，平均每帧约输出 1 750 条日志，平均每条日志带有 1 个参数，每帧的日志数据量大约为 10KB，理论上缓存 50 帧的数据量为 500KB。但是，为了更加极致地优化性能，避免频繁的内存分配，我们会为每帧预先分配 10 240 条日志 ID 和 10 240 个参数的容量。所以，我们项目整个 LogTrack 实际占用内存 3MB 左右，压缩后的日志文件约为 50KB，可以快速地上传至日志服务器。

希望本方案及其思路，可以给读者带来一些启发。

第15章

基于解析符号表，使用注入的方式进行 Profiler 采样的技术

作者：汪淘

摘　　要

　　大多数时候，当在工程中遇到一些需要测量性能的需求时，我们可以选择通用工具，也可以选择在代码中写一段用来统计运行效率的特殊代码来实现。在生产环境中，使用通用工具如 VTune 等进行性能测量会比较方便，但是在运营环境中，或者在一个需要很长时间获得部分性能数据的环境中，使用通用工具就不那么方便了。于是，可以选择在代码中留一些性能统计代码的方法。但是，传统的使用特殊代码来统计信息的方法有着极大的局限性。首先，必须在业务代码中加入或多或少的性能统计代码，破坏了原先代码的完整性。其次，对统计代码的每一次修改，都必须进行一次编译和发布的过程，这样会使得周期变得很长，更严重的是很容易错过偶现和意外的高负载状况。最后，在运营环境中，它的局限性依然是非常大的，不但需要预先埋点，还需要经常维护，否则长时间后，项目会被大量的性能统计数据所淹没。

　　无论是使用传统的工具还是传统的代码方法来进行性能统计，都有着不可避免的局限性，为了解决以上问题，我们便探索看是否有一种方法能够既高效又灵活地进行性能统计。于是就有了本章中提到的方法。

　　本章介绍一种基于注入的技巧修改运行时代码的二进制内容来实现高效的性能数据统计的方法。为了更方便地获得目标程序的二进制内容，需要借助于符号表。最终实现了一个高效的性能测量工具，在生产和运营环境中帮助我们更好地了解工程的运行状况并进行优化。本章所讨论的技术和平台、语言都息息相关，但是限于篇幅，在本章中出现的所有代码和例子都以

x86 平台 Windows 7 操作系统下的 Visual Studio 2015 环境为基准，其他环境有若干差异，但思想是一致的。

在实践中比较依赖可控的运行环境，如果在不可控的客户环境下，该方法可能会被杀毒软件当作病毒处理。在过去的实践中，往往在服务器应用或开发环境下使用。

15.1 进行测量之前的准备工作

在正式进行测量之前，先阐述能在运行时修改代码行为，并实现插入测量的采样代码的技术，下面便讲讲如何进行二进制代码的注入。

我们知道，最终在 PC 上运行的程序都是二进制数据，无论什么语言，在最终运行时都是二进制形式的。如果能够直接修改二进制代码数据，那么就可以实时地改变程序的行为。而这种方法在很早的时候就已经在计算机病毒和软件破解中频繁使用了，被命名为"注入"，为了区分 SQL 的注入，这里加上前缀，被命名为"二进制代码注入"。

15.1.1 注入的简单例子

在讲二进制代码注入之前，我们先用一小段代码来铺垫：

```
int main()
{
    printf("Hello World");
    return 0;
}
```

这个最简单的 HelloWorld 的代码被编译后的样子是：

```
011D1000 68 F8 20 1D 01 push offset string "Hello World" (011D20F8h)
011D1005 E8 16 00 00 00 call printf (011D1020h)
011D100A 83 C4 04 add esp,4
011D100D 33 C0 xor eax,eax
011D100F C3 ret

011D20F8 48 65 6c 6c 6f 20 57 6f 72 6c 64 00 "Hello World"
```

如果将地址 011D20F8 上的内容更改为：

```
011D20F8 48 65 6d 6d 6f 20 57 6f 72 6c 64 00 "Hemmo World"
```

那么相应的输出也会跟着更改。这样就实现了一个最简单的注入的例子。从这个例子中可以看到，注入技术能够通过修改正在运行的程序的二进制内容来改变程序的运行。运用注入技术，可以把目标程序完全改造成我们希望的样子，包括执行全新的代码、记录所需要的数据。

15.1.2 注入额外的代码

马上进入正题，将一个函数注入远程进程中，示例如下：

```
DWORD __stdcall test(void* param)
{
    return 0;
}
void test_1()
{
}

int main()
{
    DWORD process_id = 0;

    scanf("%u", &process_id);

    HANDLE process_handle = OpenProcess(
        PROCESS_ALL_ACCESS, FALSE, process_id);
    if (process_handle == 0)
        return -1;

    SIZE_T function_size = (SIZE_T)test_1 - (SIZE_T)test;

    LPVOID target_address = VirtualAllocEx(
        process_handle, NULL, function_size,
        MEM_COMMIT, PAGE_EXECUTE_READWRITE);
    SIZE_T write_number = 0;

    WriteProcessMemory(
        process_handle, target_address,
        (LPCVOID)test, function_size, &write_number);

    DWORD thread_id = 0;
    CreateRemoteThread(
        process_handle, NULL, 0,
        (DWORD(__stdcall *)(void *))target_address,
        NULL, 0, &thread_id);

    return 0;
}
```

以上例子中,核心内容为 VirutalAllocEx 和 WriteProcessMemory 两个 API 的调用,分别在远程进程中创建了一个内存空间,以及把对应的二进制代码注入远程进程中。最后调用 CreateRemoteThread 创建了一个执行注入函数的子线程,来实现注入函数在远程进程中的运行。

15.1.3 注入的注意事项

对字符串的处理是在注入过程中很容易犯的错误之一。

```
DWORD __stdcall test(void* param)
{
    char* str = "Hello World";
    // 这里 Hello World 的内容被存储在操作进程的数据段中
    // 但在二进制代码中,这里的汇编代码只是存放一个地址
    // 当注入远程进程中后,这里的赋值操作会失败,因为指向了一个空的地址
}
```

就如例子中所说明的,在代码中对字符串的存储一般都是一个字符串地址指针,该指针指向数据段中的具体内容,当跨进程空间后,指针指向的内存地址是无意义的,所以我们不能在要注入的代码中使用直接的字符串定义。

除对字符串的操作要特别谨慎外,还要特别注意函数的调用。

```
DWORD __stdcall test(void* param)
{
    putchar(31);
    // 根据编译器的选项来决定函数地址是编译到代码段中还是使用 DLL 的连接
    // 但无论是静态编译到代码段中还是调用 DLL,它的地址都不是固定的
    // 也就意味着不同的程序 putchar 的地址不一样
    // 如果注入远程进程中,该地址的调用就会出现错误
}
```

函数的本质是函数指针的跳转。总结以上两个问题,凡是涉及指针和内存地址的问题,在注入的代码中都会出现跨进程空间后指向的内存地址无意义的问题。

特别提示:在 VS 的 Debug 模式下生成的代码如果开启了/RTC 开关进行堆栈检测,则会生成与 __RTC_CheckEsp 相关的代码,这部分代码会使注入的代码变得不可用。所以,当使用编译的函数来注入时,记得关闭/RTC 开关。

那么,如何解决上面所提及的字符串处理和函数调用的问题呢?看以下例子:

```
typedef HMODULE(__stdcall *LoadLib)(LPCSTR);
typedef BOOL(__stdcall *FreeLib)(HMODULE);
typedef FARPROC(__stdcall *GetProcAddr)(HMODULE, LPCSTR);
```

```cpp
typedef HANDLE(__stdcall *GetConsole)(DWORD);
typedef BOOL(__stdcall *Output)(
    HANDLE, const void*, DWORD, LPDWORD, LPVOID);
struct param_t
{
    LoadLib load_lib;
    FreeLib free_lib;
    GetConsole get_console;
    Output out;
    char* dll_name;
    char* str;
    int length;
    int ret;
};

static DWORD __stdcall test(param_t* param)
{
    HMODULE mod = param->load_lib(param->dll_name);
    HANDLE console = param->get_console(STD_OUTPUT_HANDLE);
    param->out(
        console, param->str, param->length,
        (LPDWORD)&param->ret, NULL);
    param->free_lib(mod);
    return 0;
}

int main()
{
    // 由于篇幅有限，省略代码：打开远程进程

    char* comment = "Hello\n";
    HMODULE hMod = LoadLibrary("kernel32.dll");

    param_t* param = new param_t();
    param->load_lib = (LoadLib)GetProcAddress(hMod, "LoadLibraryA");
    param->free_lib = (FreeLib)GetProcAddress(hMod, "FreeLibrary");
    param->get_console = (GetConsole)GetProcAddress(hMod, "GetStdHandle");
    param->out = (Output)GetProcAddress(hMod, "WriteConsoleA");

    LPVOID dll_address = VirtualAllocEx(
        process_handle, NULL, 16, MEM_COMMIT, PAGE_EXECUTE_READWRITE);
    WriteProcessMemory(
        process_handle, dll_address,
        (LPCVOID)"kernel32.dll", 13, &write_number);
    param->dll_name = (char*)dll_address;

    LPVOID string_address = VirtualAllocEx(
        process_handle, NULL, 16, MEM_COMMIT, PAGE_EXECUTE_READWRITE);
```

```
WriteProcessMemory(
    process_handle, string_address,
    (LPCVOID)Comment, strlen(Comment) + 1, &write_number);
param->str = (char*)string_address;

param->length = strlen(Comment);
param->ret = 0;

LPVOID param_address = VirtualAllocEx(
    process_handle, NULL, sizeof(param_t),
    MEM_COMMIT, PAGE_EXECUTE_READWRITE);
WriteProcessMemory(
    process_handle, param_address,
    (LPCVOID)param, sizeof(param_t), &write_number);

// 由于篇幅有限,省略代码:关闭之前打开的进程,请做退出前的清理工作

VirtualFreeEx(process_handle, param_address, 0, MEM_FREE);
VirtualFreeEx(process_handle, param_address, 0, MEM_FREE);
VirtualFreeEx(process_handle, param_address, 0, MEM_FREE);
return 0;
}
```

在这个例子中,核心在于通过获得 Kernel32.dll 中的函数地址用来在远程函数中执行,以及在远程进程中创建一个内存空间,把需要使用的字符串复制过去。其思想是要分清楚通过代码编译出来的内容哪些是指针指向内存地址的,哪些是编译成二进制内容的,凡是指针指向内存地址的内容,都需要做额外处理。

15.2 性能的测量

使用符号表的注入就先介绍到这里,接下来进入另一个主题:性能的测量。这个是主要的目的,需要对目标进程进行运行效率的测量,并且尝试使用合适的方式呈现出来。

15.2.1 时间的统计方法

在统计 CPU 开销时,比较倾向于使用的统计方法是在开始位置记录一个时间,并且在结束位置获取的时间和开始的时间相减得到的时间差值便为运行开销。

在实践过程中,需要考虑测量方法的精度,以及测量方法对测量本身的干扰。先举几个例子:

```
GetTickCount();
```

最常用的 Windows API，可以获得毫秒的精度，但并不推荐作为测量的时间函数使用。因为其精度并不够，并且属于操作系统级别的函数，其本身的开销足以影响到测量本身。

```
unsigned __int64 __rdtscp(unsigned int * Aux);
```

推荐使用 __rdtscp 函数，该函数只有一条 CPU 指令，精度为 CPU 运行周期。它属于 CPU 支持的函数，无论是精度还是本身对测量的干扰都属于最优的选择。

15.2.2 针对函数的采样

针对函数的采样，首先要能够在二进制文件中找到需要采样的函数地址，然后需要在进入函数和离开函数的两个位置进行采样的代码注入。进入函数的采样需要在函数的所有行为发生之前进行，所以我们选择注入函数被调用的地址的位置。而离开函数的采样比较复杂，因为不能确认函数只有一个出口，一旦调用 ret 后，便离开这个函数，但是并没有任何硬性的规则保证只能有一个 ret 存在，所以基于此原因，并不能通过进入函数采样的方法在固定的位置注入代码。因此，必须使用一个小技巧来保证在函数退出时调用退出函数的采样函数。

1. 获得被采样函数的地址

下面用一个简单的例子来说明使用符号表获得对应变量和函数的地址。

远程进程的代码：

```
void TargetFunc()
{
    printf("This is Target Function.\n");
}

int main()
{
    while (true) {
        TargetFunc();
    }
    return 0;
}
```

尝试获得远程进程中 TargetFunc 的地址：

```
int main()
{
    DWORD process_id;

    scanf("%d", &process_id);
    HANDLE process_handle = OpenProcess(
```

```
        PROCESS_ALL_ACCESS, TRUE, process_id);
    if (process_handle == 0)
        return -1;

    BOOL ret_init = SymInitialize(process_handle, NULL, FALSE);
    if (ret_init == FALSE)
    {
        CloseHandle(process_handle);
        return -1;
    }

    BOOL ret_refresh = SymRefreshModuleList(process_handle);
    if (ret_refresh == FALSE)
    {
        SymCleanup(process_handle);
        CloseHandle(process_handle);
        return -1;
    }

    char memory[1024];
    SYMBOL_INFO* symbol_info_pointer = (SYMBOL_INFO*)memory;
    symbol_info_pointer->SizeOfStruct = sizeof(SYMBOL_INFO);
    symbol_info_pointer->MaxNameLen = sizeof(memory) - sizeof(SYMBOL_INFO);

    BOOL ret_from = SymFromName(
        process_handle, "Test!TestFunc", symbol_info_pointer);
    if (ret_from == TRUE)
    {
        printf("Test!Func 0x%08X", symbol_info_pointer->Address);
    }

    SymCleanup(process_handle);
    CloseHandle(process_handle);

    return 0;
}
```

以上例子中，先关注符号表操作的一系列函数，这些函数在 DbgHelp.h 中。在该例子中以 Sym 关键字开头的一系列函数都属于符号表操作的 API，如 SymInitialize 和 SymRefreshModuleList 根据进程句柄来初始化符号表内容，SymFromName 是核心操作，通过命名来获取目标进程中的地址。当获取地址后，接下来就是使用注入的手段，将代码段注入该地址的对应位置进行测量的过程了。

2. 进入函数的采样

这个步骤的目的是在原有代码中插入一段定制的代码，在不影响原有代码运行的前提下将时间记录下来。当然，如果需要记录更多的信息也是没问题的，但在这里就不花篇幅来重复讲述了。下面为远程进程中的函数的原有代码。

```
000817B0 55                      push    ebp
000817B1 8B EC                   mov     ebp,esp
000817B3 81 EC AC 06 00 00       sub     esp,6ACh
000817B9 53                      push    ebx
000817BA 56                      push    esi
000817BB 57                      push    edi
000817BC 8D BD 54 F9 FF FF       lea     edi,[ebp-6ACh]
000817C2 B9 AB 01 00 00          mov     ecx,1ABh
000817C7 B8 CC CC CC CC          mov     eax,0CCCCCCCCh
```

我们希望在最开始的地方插入一段代码来记录这个函数被调用的次数。那么要插入的代码如下：

```
00030000 FF 05 00 00 12 00       inc     dword ptr ds:[120000h]
```

在该例子中，事先在 0x120000 的内存地址中申请了一个 dword 大小的变量，当运行到这段代码时，就可以将变量+1。需要将这段代码放到上一个例子的 push ebp 之前运行。因为已经编译好的二进制文件中的地址都是确定的，所以不能随意地偏移和扩充内容。这就需要另外申请一块内存来存放额外的代码，并且使用 jmp 指令跳转过去运行，并跳转回来。

```
???????? FF 25 00 00 03 00       jmp     dword ptr ds:[30000h]
```

于是便有了这么一段代码，接下来需要做的是把这段代码放到目标位置。统计 jmp 指令的代码总共占 6 字节，那么就需要在目标代码中扣掉 6 字节的位置来放入 jmp 指令，这将导致原来占着那些位置的指令需要挪出来放到新申请的内存段中运行。一条汇编指令的内容是不能被截断的，所以当 6 字节会截断原有的指令时，则需要把原有的指令整个都挪出来。于是，总共从目标位置挪出了 9 字节的内容放到新申请的内存段中，最后还需要使用 6 字节跳回到原有代码中，最终申请 21 字节存放新注入的代码。修改后便是下面的样子：

```
000817B0 FF 25 00 00 03 00       jmp     dword ptr ds:[30000h]
000817B6 90                      nop
000817B7 90                      nop
000817B8 90                      nop
000817B9 53                      push    ebx
000817BA 56                      push    esi
000817BB 57                      push    edi
000817BC 8D BD 54 F9 FF FF       lea     edi,[ebp-6ACh]
```

```
000817C2 B9 AB 01 00 00        mov     ecx,1ABh
000817C7 B8 CC CC CC CC        mov     eax,0CCCCCCCCh

00030000 FF 05 00 00 12 00     inc     dword ptr ds:[120000h]
00030006 55                    push    ebp
00030007 8B EC                 mov     ebp,esp
00030009 81 EC AC 06 00 00     sub     esp,6ACh
0003000F FF 25 B9 17 08 00     jmp     dword ptr ds:[817B9h]
```

至此，在例子中做到了凡是调用入口为 0x000817B0 的函数，就会使得地址为 0x120000 的计数器的计数加 1。

3. 离开函数的采样

前面提到，因为无法保证一个函数只有一个 ret 离开它，所以没有办法在 ret 的位置注入对应的采样代码来获取函数的结束。这时候可以引入一个小技巧：Return Call。

所谓的 Return Call，就是在 A 函数中注册一个 B 函数的调用，在结束 A 函数时，B 函数被调用，然后再返回到调用 A 函数的上层堆栈。下面的例子用简单的两行汇编代码实现了 Return Call。

```
push eax
ret
```

以上简单的两行汇编代码可以让 ret 后跳转到 eax 所指向的地址。这里需要分析 ret 的行为。ret 相当于 jmp 到栈顶所存放的地址，然后执行一次 pop 操作，它并不会去管到底是不是这个地址调用过来的。

这个特性让程序有了很大的操作空间，只需要在函数的开头，所有指令都还没有执行时，把需要调用的 Return Call 函数地址入栈即可。当函数结束它的流程后，会在 ret 之前维护栈平衡，所有在函数中发生的栈的变化都会被恢复到函数调用之前，此时栈顶的值便是之前 push 进去的 Return Call 的地址，在 ret 后进入采样函数。当进入采样函数时，栈顶的地址是调用函数的上层返回地址，在采样函数内的操作必须维护栈平衡，在采样函数结束后再 ret 就可以回到调用函数的原地址。

如果需要传入参数，则可以先把参数入栈，再把函数地址入栈，最后在 Return Call 函数中把参数出栈即可维护栈平衡。

4. 修改正在运行的函数

如果当前程序正处于运行中，那么不能排除需要采样的函数正在插入采样函数的时间点上运行，有极小的概率正好运行到注入的指令段中。而在恢复环境时，也有概率正在运行采样函数，如果在这些时间点上进行插入或释放采样函数的话，则会引起程序崩溃。所以，在操作中需要避免这一状况的发生。

```cpp
BOOL CheckEIPAndSuspendByTargetProcessId(
    DWORD process_id, DWORD addr, size_t size)
{
    BOOL ret = FALSE;
    HANDLE hThreadSnap = CreateToolhelp32Snapshot(TH32CS_SNAPTHREAD, 0);
    if (hThreadSnap == INVALID_HANDLE_VALUE)
        return false;

    THREADENTRY32 th32;
    th32.dwSize = sizeof(THREADENTRY32);
    bool bOK = false;
    for (bOK = Thread32First(hThreadSnap, &th32);
        bOK; bOK = Thread32Next(hThreadSnap, &th32))
    {
        if (th32.th32OwnerProcessID == process_id)
        {
            CONTEXT context = { 0 };

            HANDLE thread_handle = OpenThread(
                THREAD_ALL_ACCESS, FALSE, th32.th32ThreadID);
            SuspendThread(thread_handle);
            context.ContextFlags = CONTEXT_CONTROL;
            ret = GetThreadContext(thread_handle, &context);
            if (!ret)
                continue;

            if (context.Eip >= addr && context.Eip <= addr + size)
                return false;
        }
    }
    return true;
}

void RusumeByTargetProcessId(DWORD process_id)
{
    HANDLE hThreadSnap = CreateToolhelp32Snapshot(TH32CS_SNAPTHREAD, 0);
    if (hThreadSnap == INVALID_HANDLE_VALUE)
        return;

    THREADENTRY32 th32;
    th32.dwSize = sizeof(THREADENTRY32);
    bool bOK = false;
    for (bOK = Thread32First(hThreadSnap, &th32);
```

```
        bOK; bOK = Thread32Next(hThreadSnap, &th32))
    {
        if (th32.th32OwnerProcessID == process_id)
        {
            HANDLE thread_handle = OpenThread(
                THREAD_ALL_ACCESS, FALSE, th32.th32ThreadID);
            ResumeThread(thread_handle);
        }
    }
}
```

以上例子实现了两个函数,暂停与对应进程 ID 相关的所有线程,并判断线程的 EIP 是否在需要保护的代码段中,以及恢复与对应进程 ID 相关的所有线程。这样就可以选择一个不在修改的地址上运行的时刻进行注入操作。

15.2.3 测量实战

使用上面提到的两个小技巧,就可以实现在一个函数开始执行的时候开始计时,结束执行的时候统计消耗,以及做更多的事情。如果需要进行更复杂的统计,则可以把统计函数写在 DLL 中,注入代码仅仅是对 DLL 的加载和调用。以下便是一个例子:

```
char* InsertOpCode(
    char* dst_buffer, char* op_code, uint32_t op_size,
    char* arg, uint32_t arg_size)
{
    if (op_code) memcpy(dst_buffer, op_code, op_size);
    if (arg) memcpy(dst_buffer + op_size, arg, arg_size);
    return dst_buffer + op_size + arg_size;
}

int main()
{
    // 由于篇幅有限,省略代码:打开并且挂在目标进程上

    char code_buffer[1024];
    char* code_offset = NULL;
    DWORD ReadBytes = 0;

    LPVOID addr = SymFromName(
        process_handle, "TargetProcess!TargetFunction");

    char move_code[64];
    ReadProcessMemory(process_handle, addr, code_buffer, 64, &ReadBytes);

    uint32_t move_size = GetMoveCodeSize(code_buffer);
```

```cpp
LPVOID restore_addr = (LPVOID)((char*)addr + move_size);
memcpy(move_code, code_buffer, move_size);

// 计时使用的内存段
LPVOID Tick = VirtualAllocEx(
    process_handle, NULL, sizeof(uint64_t),
    MEM_COMMIT, PAGE_EXECUTE_READWRITE);

LPVOID TickHigh32 = (LPVOID)((int)Tick + 4);

// 结果输出使用的内存段
LPVOID Ret = VirtualAllocEx(process_handle, NULL, sizeof(uint64_t),
 MEM_COMMIT, PAGE_EXECUTE_READWRITE);
LPVOID RetHigh32 = (LPVOID)((int)Ret + 4);

LPVOID restore_jmp = VirtualAllocEx(
    process_handle, NULL,
    sizeof(ptrdiff_t), MEM_COMMIT, PAGE_EXECUTE_READWRITE);
LPVOID code_jmp = VirtualAllocEx(
    process_handle, NULL,
    sizeof(ptrdiff_t), MEM_COMMIT, PAGE_EXECUTE_READWRITE);

// 这里是结束时统计的注入代码
code_offset = code_buffer;
// push eax; push edx; push ecx
code_offset = InsertOpCode(code_offset, "\x50\x51\x52", 3, NULL, 0);
// rdtscp
code_offset = InsertOpCode(code_offset, "\x0F\x01\xF9", 3, NULL, 0);
// sub eax, [Tick]
code_offset = InsertOpCode(code_offset, "\x2B\x05", 2, (char*)&Tick, 4);
// sbb edx, [Tick + 4]
code_offset = InsertOpCode(
    code_offset, "\x1B\x15", 2, (char*)&TickHigh32, 4);
// mov [Tick], eax
code_offset = InsertOpCode(code_offset, "\x89\x05", 2, (char*)&Ret, 4);
// mov [Tick + 4], edx
code_offset = InsertOpCode(
    code_offset, "\x89\x15", 2, (char*)&RetHigh32, 4);
// pop ecx; push edx; push eax
code_offset = InsertOpCode(code_offset, "\x5A\x59\x58", 3, NULL, 0);
// pop ecx; push edx; push eax
code_offset = InsertOpCode(code_offset, "\xC3", 1, NULL, 0);
uint32_t ret_call_size = code_offset - code_buffer;

LPVOID ret_call = VirtualAllocEx(
    process_handle, NULL, ret_call_size,
    MEM_COMMIT, PAGE_EXECUTE_READWRITE);
WriteProcessMemory(
```

第 15 章　基于解析符号表，使用注入的方式进行 Profiler 采样的技术

```
        process_handle, ret_call, code_buffer, ret_call_size, &write_number);

// 这里是开始时统计的注入代码
code_offset = code_buffer;
// add esp, 4
code_offset = InsertOpCode(code_offset, "\x68", 1, (char*)&ret_call, 4);
// push eax; push edx; push ecx
code_offset = InsertOpCode(code_offset, "\x50\x51\x52", 3, NULL, 0);
// rdtscp
code_offset = InsertOpCode(code_offset, "\x0F\x01\xF9", 3, NULL, 0);
// mov [Tick], eax
code_offset = InsertOpCode(
    code_offset, "\x89\x05", 2, (char*)&Tick, 4);
// mov [Tick + 4], edx
code_offset = InsertOpCode(
    code_offset, "\x89\x15", 2, (char*)&TickHigh32, 4);
// pop ecx; push edx; push eax
code_offset = InsertOpCode(code_offset, "\x5A\x59\x58", 3, NULL, 0);
code_offset = InsertOpCode(code_offset, move_code, move_size, NULL, 0);
code_offset = InsertOpCode(
    code_offset, "\xFF\x25", 2, (char*)&restore_jmp, 4);
uint32_t code_size = code_offset - code_buffer;

LPVOID code = VirtualAllocEx(
    process_handle, NULL, code_size,
    MEM_COMMIT, PAGE_EXECUTE_READWRITE);
WriteProcessMemory(
    process_handle, code, code_buffer, code_size, &write_number);

// 把两个跳转点的地址放入内存中，方便 jmp 时使用内存寻址
WriteProcessMemory(
    process_handle, restore_jmp,
    &restore_addr, sizeof(ptrdiff_t), &write_number);
WriteProcessMemory(
    process_handle, code_jmp,
    &code, sizeof(ptrdiff_t), &write_number);
// Hook 原来地址的内容，跳转到开始统计的代码处
code_offset = code_buffer;
code_offset = InsertOpCode(
    code_offset, "\xFF\x25", 2, (char*)&code_jmp, 4);
for (int i = JMP_CMD_SIZE; i < move_size; i++)
    code_offset = InsertOpCode(code_offset, "\x90", 1, NULL, 0);

// 暂停远程进程，并确保当前的 EIP 没有指向注入的目标地址
// 如果失败，则恢复目标进程，yield 当前进程
while (!CheckEIPAndSuspendByTargetProcessId(process_id, (DWORD)addr, move_size))
{
    RusumeByTargetProcessId(process_id);
```

```
        Sleep(1); // 我们简单地使用系统的 Sleep 来达到 yield 的效果
    }

    WriteProcessMemory(
        process_handle, addr, code_buffer, move_size, &write_number);

    RusumeByTargetProcessId(process_id);
    // 由于篇幅原因，省略了代码：读取并输出采样数据

    // 由于篇幅原因，省略了代码：暂停远程进程，并确保当前的 EIP 没有指向需要恢复的地址段
    // 由于篇幅原因，省略了代码：恢复内容，恢复远程进程，最后退出
}
```

在该例子中，总共生成了 3 段二进制代码，分别对应于测量函数退出时的处理、注入的函数开头的处理和修改原有函数进行跳转的处理。并且在例子中着重提到需要判断目标进程当前运行的位置不能再被操作的部分，否则会导致目标进程出错。在释放还原的步骤中，依然需要注意这个细节。特别需要注意的是，对申请的代码段的释放，也需要在目标进程并没有运行该代码段时进行。

当注入完成后，就可以使用

```
uint64_t tick_num = 0;
ReadProcessMemory(process_handle, Ret, &tick_num, sizeof(uint64_t));
```

来读取结果了，按照例子中的测量方法，读出来的值是 rtdscp 的返回值。当需要更复杂的测量时，可以使用一个数据结构来存放希望得到的结果。

15.3 总结

通过使用符号表帮助我们得到详细的目标进程地址信息后，并辅助以二进制代码注入的手段来修改目标进程的行为，实现了对目标进程中特定函数的性能测量，并且可以得到所有希望得到的数据供程序员在开发中使用。由于只修改了需要测量部分的代码，并且在不需要再去测量时可以把它恢复原状，所以测量对性能的影响微乎其微。它不需要重新编译，也不需要额外的工具辅助，只要开发在特定环境下对应的工具就可以进行测量，非常适合在运营环境中使用，对突发的性能测量需求有非常好的支持。

同时，该方法并不仅仅用于测量，其应用范围可以覆盖到二进制热更新、随时随地增加 log 的输出、复杂的代码调试等方面，由于篇幅有限这里就不提了，不过思想是相通的。